车载移动测量系统
集成关键技术

陈长军　闫　利　著

科学出版社

北京

内 容 简 介

随着基础设施和城市建设规模化推进,传统测量手段已无法满足全空间、全要素、全三维、高精度及高效率的测绘需求,移动测量系统以其快速、广泛、精确、真实等特点,已成为实景三维空间信息获取的最有力工具之一。本书深入探讨车载移动测量系统集成的关键技术,阐述移动测量技术国内外发展情况及移动测量系统常见模式,详细分析和研究移动测量系统软硬件集成技术、全景成像技术、多传感器时空同步技术、GNSS/INS 组合定位定姿技术、车载立体影像量测技术、激光扫描移动测量技术以及多传感器集成系统的整体标定等核心技术,并对移动测量系统工作流程及典型工程应用进行介绍,为测绘地理空间信息的快速获取提供理论和实践支持。

本书可供测绘地理信息专业人员及研究者参考,也可作为高等院校测绘相关专业本科生和研究生的参考教材。

图书在版编目(CIP)数据

车载移动测量系统集成关键技术 / 陈长军,闫利著. -- 北京 : 科学出版社, 2024. 9. -- ISBN 978-7-03-079386-7

I. P2

中国国家版本馆 CIP 数据核字第 2024FW1126 号

责任编辑:刘 畅/责任校对:高 嵘
责任印制:彭 超/封面设计:苏 波

科 学 出 版 社 出版
北京东黄城根北街 16 号
邮政编码:100717
http://www.sciencep.com
武汉精一佳印刷有限公司印刷
科学出版社发行 各地新华书店经销

*

开本:787×1092 1/16
2024 年 9 月第 一 版 印张:15 1/2
2024 年 9 月第一次印刷 字数:386 000
定价:186.00 元
(如有印装质量问题,我社负责调换)

前　言

地球空间信息的快速获取和智能化处理是当前测绘领域的研究热点，也是"数字地球""数字城市""数字孪生"中亟待解决的问题，随着时空信息基础设施建设及时空赋能的紧迫需求，高效率（快）、多类型（广）、高精度（精）和强现势（真）地获取时空信息，已经成为时空数据动态感知应用的普遍共识。

移动测量系统集成了三维激光扫描测量、高分辨率成像、全景成像、高精度/低成本定位定姿技术，它的出现与快速发展为高效率、高精度、多源化信息采集奠定了技术基础，推动测绘手段从静态向动态、从单一仪器向多传感器集成、从外业测量向办公室测绘、从几何测量向地球空间信息获取等方面转变，测绘成果也从点信息到面信息、从二维到三维、从线划图到实景三维等方面扩展，并在近十年取得迅速发展和不断深化拓展应用。移动测量系统为全空间、全三维、全要素、高效率、高精度、高品质地获取地球空间信息提供了可能，是目前的地形级、城市级和部件级实景三维构建的重要技术手段。

目前，Trimble、Leica、Topcon、RIGEL、Optech 等国外公司已实现车载移动测量系统的商业化，但其所售移动测量系统价格昂贵且不完全适合国内需要，阻碍了移动测量系统在国内的应用，因此，研究移动测量系统的集成关键技术及工程化应用具有重要意义。

由于系统体积大、重量重、结构复杂、模块化程度低，且价格昂贵，移动测量系统的搭载平台主要为地面车辆，早期的移动测量系统被称为"车载移动测量系统"。近年来，随着系统中各核心部件的性能极大提高、价格大幅降低、小型化和轻量化，且国内无人机技术发展迅猛，给移动测量系统带来了新的搭载平台（除车辆外，增加了有人机、无人机、船只及背包），多平台移动测量系统得到迅速发展和普及，并已经成为移动测量系统的主流构架，移动测量系统不再需要冠以"车载"二字，本书阐述的车载移动测量系统的关键技术，同样适用于移动测量系统。

本书对移动测量系统集成中的核心技术进行了广泛而深入的研究，包括多传感器时空同步技术、DGPS/INS 组合定位定姿技术、立体影像量测技术、激光扫描测量技术、多传感器的联合标定等，以便读者能够较全面地理解移动测量系统的理论与实践。

全书共 7 章，第 1 章绪论，介绍车载移动测量系统的背景与意义，以及支撑该系统的各项技术，包括 GNSS/INS 组合定位定姿技术、激光扫描技术、数字图像传感技术等。此外，还概述国内外移动测量技术的发展现状，并探讨车载移动测量系统的常见模式和发展趋势。第 2 章车载移动测量系统集成，详细阐述车载移动测量系统的体系构架和核心设备，包括组合定位及定姿传感器、图像测量传感器和激光扫描传感器。此外，还深入讨论面向不同应用场景的硬件设计和软件集成策略。第 3 章全景成像相机集成，专注于全景成像技术的原理和全景相机的集成方法，包括基于不同类型相机的全景相机设计，以及全景影像的生成流程和影像处理技术。第 4 章车载多传感器实时同步数据采集技术，分析 GNSS 的时空特性和其他多种传感器的时空特性，探讨 GNSS 同步时钟控制器设计和传感器同步方法，以及系统同步控制设计和同步数据采集的实践。第 5 章车载移动测量系统三维测量技术，介绍车载移动测量中的坐标系统和组合定位定姿原理，以及基于立体影像和车载激光扫描技术的三维测量方法。第 6 章多传感器系统整体标定，深入探讨车载立体测量系统的相对标定和绝对标定方法，包括二维/三维一体化激光扫描仪和二维路面激光扫描仪的绝对标定，以及无控制点车载激光扫描仪标定和全景影像与激光点云联合标定。第 7 章移动测量系统典型应用，展示车载移动测量系统的研究成果和多平台激光雷达系统的作业流程，以及车载移动测量系统在城市级全景影像采集、部件级实景三维、高速公路改扩建、应急与救灾测绘、自动驾驶高精度地图等多个工程化应用领域的实际案例。

在研究移动测量系统集成各个核心技术的基础上，研制多种移动测量系统的集成。研制的面向城市测量的移动测量系统和面向空间信息采集与发布的移动测量系统的软、硬件及应用成果分别通过宁波市自然资源和规划局及原国家测绘地理信息局的科技成果鉴定，并获得测绘科技进步奖一等奖；研究和开发成果"厘米级型谱化移动测量装备关键技术及规模化工程应用"获得 2020 年国家科学技术进步奖二等奖。本书相关研究成果在国土勘测、公铁交通、水利电力、实景三维中国建设、应急救灾等重大工程中得到良好的应用，促进了我国移动测量系统集成技术的发展。

在移动测量系统集成关键技术研究和本书编写的过程中，笔者团队得到很多单位、个人及家人的大力支持，谨向他们表示最深切的感谢。

首先，要特别感谢笔者所在武汉大学移动测量与智能测绘机器人研发团队的成员，尤其是刘华博士、谢洪博士、费亮博士、胡晓斌博士、戴集成博士、谭骏祥博士和苏珊博士，他们不仅在项目实施过程中给予了极大的支持和帮助，而且为研究工作和本书编写做出了重要贡献。

同时，也要向武汉珞珈新空科技有限公司的研发团队表示衷心感谢。张雄、薛利荣、陈丽、蒋文利等团队成员在移动测量系统的研发和实践中发挥了重要作用。他们的创新思维和扎实的工作为本书提供了重要的技术支持和实践基础。

此外，还要感谢上海华测导航技术股份有限公司王安邦、侯勇涛、袁本银带领的移动测量产品线团队的全体成员。他们对移动测量技术的资源配置、产品开发和应用拓展为本书提供了深刻的见解和丰富的案例。

最后，要特别感谢南京师范大学的闾国年教授、盛业华教授和叶春老师，他们在笔者从事移动测量技术研究和开发的不同阶段，都给予了大力的支持和重要的指导。

由于时间有限，本书难免存在不足之处，敬请读者批评指正。

闫　利

2024 年 5 月

目　录

移动测量技术（mobile mapping technology，MMT）是测绘地理信息科学领域的一个重要分支。随着科技的不断进步，移动测量系统（mobile mapping system，MMS）已经成为测绘行业的重要技术装备，在获取地理空间数据方面发挥着越来越重要的作用。这些系统通过集成多种传感器和先进的数据处理技术，能够在车辆行驶过程中高效地收集地理空间数据。本章旨在为读者提供一个关于车载移动测量系统的综合性介绍，涵盖技术的背景、支撑技术、国内外的发展现状，以及系统的常见模式和未来发展趋势。

1.1　背景与意义

城市空间三维信息的快速获取是测绘研究领域的一大难点和热点。城市建筑密度大，同时建筑物、道路及其他城市部件交错复杂，传统的以全站仪为主要技术手段的城市测量不再能够满足城市测量对高时效、低成本、非接触的需求。集成全球导航卫星系统/惯性导航系统（global navigation satellite system/inertial navigation system，GNSS/INS）定位定姿单元、三维激光扫描仪、面阵/全景成像相机等多传感器的车载移动测量系统成为解决城市三维空间信息快速获取的重要技术选择。

移动测量技术诞生于 20 世纪 90 年代初，其综合应用全球卫星定位技术、惯性导航技术、图像处理技术、摄影测量技术、激光扫描技术、地理信息系统技术及多传感器集成控制技术等，通过激光扫描传感器以及成像传感器采集地物的三维激光点云与影像，由卫星及惯性定位确定平台的位置和姿态，采用直接地理定位（direct georeferencing）技术，获得大地坐标系下的测量成果。移动测量技术从诞生之初就成为测绘领域的前沿科技之一（李德仁，2006）。

多年的研究和应用表明，车载移动测量技术在获取相应数据和信息方面具有明显的优势，即获取信息全面、快捷、准确，能够实现自动化数据处理以及可采用多种形式对信息进行展示。鉴于这些优势，车载移动测量系统得到相关研究机构的支持与关注，并进行了深入研究。

国内外几乎同时于 20 世纪 90 年代开始车载移动测量技术的研究，美国俄亥俄州立大学率先研制成功了 GPS Van（global positioning system van）系统，原武汉测绘科技大学也于相近的时间开始车载移动测量系统的研制。2000 年以前的车载移动测量系统使用一对或多对立体相机通过摄影测量原理进行地物的三维坐标量测，这一阶段车载移动测量系统的特点是使用影像进行量测、定位精度低、数据处理复杂。

2001 年，迪尼斯·马南达尔（Dinesh Manandhar）等在车载移动测量系统中集成了激光扫描仪（laser scaner，LS），系统中使用 4 台线激光扫描仪直接获取地物的三维空间坐标，同时使用 4 台电荷耦合器件（charge coupled device，CCD）相机获取影像，为激光点云提供纹理信息，车载移动测量系统的发展进入新阶段。在该阶段中，系统使用差分全球定位系统（differential global positioning system，DGPS）或者实时动态（real time kinematic，RTK）差分定位技术获得更高的定位精度，使用高精度的惯性导航系统获得更高的姿态测量精度，系统中采用激光扫描仪直接获取地物的密集三维点云，省去了影像处理中的影像匹配及前方交会等内容，使数据处理更简单方便。

为了缓解我国城市空间三维数据采集及相关领域的应用需求，首都师范大学和中国测绘科学研究院在刘先林院士的带领下，联合开发了新型的车载移动测量系统 SSW，该系统以 SICK 激光扫描仪及高速线阵 CCD 相机为主要数据采集设备，以高精度全球导航卫星系统/惯性测量单元（global navigation satellite system/inertial measurement unit，GNSS/IMU）组合以及车轮编码器作为定位定姿传感器（韩友美，2011）。经过不断改型和改善，系统的构架已经趋于成熟。

笔者及团队在 2000 年参与了武汉大学车载移动测量系统的研发；在 2010～2013 年与原宁波市测绘设计研究院合作完成了国内最早的高精度车载激光扫描系统的研制；在 2016~2022 年与上海华测导航技术股份有限公司合作完成了型谱化厘米级精度的多平台移动测量系统研制，并成功实现产业化。基于长期从事车载移动测量技术的研究，笔者在车载移动测量系统的集成方面具有丰富的经验和较为深厚的积累，研究成果"车载激光扫描与全景成像城市测量系统"获 2013 年测绘科技进步奖一等奖，研究成果"厘米级型谱化移动测量装备关键技术及规模化工程应用"获 2020 年国家科学技术进步奖二等奖。车载移动测量系统是多传感器集成的复杂系统，涉及机械、电子、计算机、测绘等多个学科，学术界阐述车载移动测量系统集成相关技术的专门著作较少。笔者基于自身在车载移动测量系统研制方面的经验和积累，在本书中，对车载移动测量系统集成涉及的组合定位定姿技术、激光扫描技术、光学成像技术、多传感器集成技术、系统标定技术等关键技术进行阐述，以飨读者。

1.2　车载移动测量系统支撑技术

车载移动测量系统中常集成 GNSS/INS 组合定位定姿系统（position and orientation system，POS）、激光扫描传感器、面阵相机、全景相机等传感器，是 GNSS/INS 组合定位定姿技术、激光扫描技术、数字图像传感技术和全景成像技术等发展与结合的产物，本小节对车载移动测量系统所涉及的核心支撑技术进行阐述。

1.2.1 GNSS/INS 组合定位定姿技术

组合导航技术是指使用两种或两种以上的导航系统（或设备）对同一信息源作测量，利用不同导航设备性能上的互补特性，从这些测量值的比较值中提取各系统的误差并校正，以提高整个导航系统性能的方法和手段。

GNSS 与 INS 具有不同的定位和定姿原理，并且具有互补性。将 GNSS 与 INS 通过硬件和算法的集成组合起来，构成的组合导航系统 GNSS/INS，可以同时获得两种定位定姿系统的优点：GNSS 的高精度定位信息及 GNSS 轨迹中的航向信息，可以作为外部观测值输入，在运动过程中持续修正 INS 推算出来的位置和航向，以控制其漂移误差随时间的积累；短时间内 INS 推算出来的高精度的定位和定姿结果，可以很好地解决 GNSS 动态环境中由遮挡而造成信号失锁的问题（方鹏，2008）。GNSS/INS 集成系统如图 1-1 所示。

图 1-1　GNSS/INS 集成系统（Applanix 公司 POS/LV 610）

GNSS/INS 组合导航系统是构建高效率和高精度车载移动三维测量系统的最重要部件。GNSS 具有定位精度高、全球覆盖等特点，但卫星信号在受到阻挡时会对定位结果产生影响，而且 GNSS 一般只能提供每秒一次的定位数据，对高速车载移动测量来说，测量车可能在一秒内移动了 10～20 m 的距离，并且经过了持续的姿态变化。因此，必须采用其他传感器弥补 GNSS 定位和定姿的不足，使定位导航信息更加精确，采用 GNSS/INS 组合定位系统正好能够解决这个问题。

成套的惯性定位定姿系统主要有德国 IGI 公司的 AEROcontrol 系列、美国 Applanix 公司的 POS/LV 系列、加拿大 NovAtel 公司的 SPAN 系列、美国 Topcon 公司的 Euro112T（GPS）+Sharman2（IMU）等。

1.2.2 激光扫描技术

三维激光扫描技术是一项迅速发展的高新技术，它的出现为空间三维信息的获取提供了全新的技术手段。三维激光扫描技术主要采用激光测距原理，瞬时测得空间三维坐标值。其巨大优势就在于可以快速扫描被测物体，不需要反射棱镜即可直接获得高精度的扫描点云数据，这样一来可以高效地对真实世界进行三维建模和虚拟重现。目前此项技术已广泛应用于变形监测、工程测量、地形测量、城市规划、智能交通、防震减灾等领域。

三维激光扫描技术是 20 世纪 90 年代突破的一种快速获取三维空间信息的技术手段，它采用非接触主动测量方式直接高速获取高精度、超高分辨率三维空间信息，具有点位测量精度高、采集密度大、无须控制点等特点，且融合了激光点云反射强度和物体色彩等光谱信息，可以真实描述目标的光谱、形态和结构等特征，从而为测量目标的识别分析提供了更为丰富的研究内容，迎合了测绘发展的趋势，满足了空间信息获取和表达的需要，因而在众多的工程应用领域显现出技术优势，并引发了一场新的技术革命。

三维激光扫描技术是一个迅速发展起来的测量技术，与传统测量手段相比，它具有无可比拟的优势，主要体现在速度快、精度高、自动化程度高、劳动强度低、使用方便、环境依赖性小等方面。随着激光扫描仪价格的降低和性能的提高，它将逐渐被普及，并将大大降低生产成本和提高工作效率。伴随三维激光扫描技术的不断完善与发展，充分发掘三维激光扫描技术在测量领域的利用价值，将会给测量学科带来新的发展机遇，也将给广大测量工作者创造更好的工作条件（谢媛媛，2012）。

在车载移动测量研究过程中，主要使用的扫描仪有德国 SICK 公司的 LMS 系列，加拿大 OPTECH 公司的二维扫描仪，美国 FARO 公司的 Focus 3D，原美国 Velodyne 公司的 VLP 和 HDL 系列，奥地利 RIGEL 公司的 VZ、VQ 和 VUX 系列，深圳市大疆创新科技有限公司的 Livox 系列，禾赛科技公司的 XT 系列，以及近年来广州中海达卫星导航技术股份有限公司、上海华测导航技术股份有限公司、广州南方测绘科技股份有限公司、武汉珞珈伊云光电技术有限公司等国内企业研发的测绘型激光扫描仪。

1.2.3　数字图像传感技术

数字照相机不使用传统胶卷，而是采用电荷耦合器件（CCD）或互补金属氧化物半导体（complementary metal-oxide-semiconductor，CMOS）光敏元件组成的图像传感器将光信号转变为电信号，电信号经过模数转换（A/D 转换器）并进行数字处理和压缩，最后将图像数据保存在计算机内外存储介质内。图像可以通过显示设备（如计算机显示器或电视屏幕）显示，也可以通过输出设备（如彩色打印机、数码彩色扩印机）输出，整个过程不需要暗室，操作十分方便。数字照相机获得的数字影像可以利用计算机对所拍影像进行数字加工和处理，处理方法比传统照片快捷、精确、多样、无耗，而且具有柔性，因此具有极大的优越性。

CCD 相机采用电荷耦合器件作为光传感元件。当光照射到 CCD 传感器上时，光子激发光敏元件产生电子-空穴对，引起电荷在每像素的势阱中积累，通过电荷转移电路推动电荷沿 CCD 阵列移动到整列边缘，电路读取转移的电荷并转换成电压信号，然后通过模数转换器（analog-to-digital converter，ADC）转换成数字信号。CCD器件光传感灵敏度极高，甚至可以达到光子级别，因此CCD相机的图像质量较高、色彩还原准确，在低光条件下也能获取清晰的图像，在专业和高端应用中保持着其独特的地位。

基于CCD传感器的数字照相机的出现是照相机家族发展中重要的里程碑，数字照相机采用CCD光敏元件和数字化电路，它能把被拍摄景物和图文二维色彩和亮度变化以数字形式而非银盐胶片形式记录在计算机或数字电路中。自1990年第一台数字照相机问世以来，数字摄影成像技术得到迅猛发展，最早该技术被美国用于太空卫星拍照并传向地面，以后这一项在航天航空领域发展起来的高科技迅速转为民用，并不断拓宽应用范围，到目前为止，以美国柯达公司衰落为标志，传统光学相机已经几乎被完全淘汰。

CCD相机也存在一些局限，其结构复杂、工艺制造难度大，导致成像速度不快、功耗较高、体积较大、成本较高等问题，这些问题可能限制其在更广范围的推广应用。

CMOS相机的全称为互补金属氧化物半导体相机，即采用CMOS技术来转换光信号为电信号的图像传感器相机。当光照射到CMOS传感器上时，每个像素的感光区和读出电路共同工作，将光信号转换为电压信号，然后通过模ADC转换成数字信号。

CMOS系相机结构相对简单、制造工艺难度低，因此具有成像速度快、功耗低、体积小、成本低等特点，随着CMOS图像传感器技术的发展与成熟，CMOS相机在许多应用中已经取代了CCD相机，尤其是移动终端、工业及生产加工、政府及安防、体育及娱乐、智能交通系统等领域。

从技术的发展趋势来看，无论是CCD相机还是CMOS相机，数字相机将向高感光能力、高动态性、高分辨率、高速度、高图像质量、高色彩还原度及智能化等方向发展。

数字图像传感器的提供商有很多，主要有法国FLIR的PointGrey、德国的Basler、美国的UniqVision、日本的JAI、我国的海康微视等。这些公司提供了不同分辨率和接口的数字CCD/CMOS图像传感器，但分辨率在500万及以上的图像传感器价格都比较高。

1.2.4 全景成像技术

随着图像传感器和数字图像处理技术的发展，越来越多的场合不但需要高分辨率和高保真的图像，而且需要更大的成像视场。全景成像（panoramic imaging）是采用特殊的成像装置获得水平方向或者垂直方向上的大于180°的半球视场或者360°近似完整球形的视场。全景成像技术第一时间提供了关于对象的或者拍摄者周围的全方位信息，现场环境记录的完整性为后续的图像处理赢得了时间（肖潇 等，2007）。

全景图像是一种超广角视野表达方式，它包含了比图像序列更直观、更完整的场景信息，同时可供用户自由转换视角，从而得到真实场景漫游的感觉。目前，全景图像已被广泛应用于虚拟场景构建、空间信息采集、深空探测及数字娱乐等领域。

由于制造工艺日趋成熟，价格适中、与普通测量仪器体积相当的全景相机已经上市。引入全景相机后，外业采集的信息将更加全面，而且由于全景相机可以同时拍摄360°范围内的所有景物，外业作业时有很多路只需单向采一次就可以将全部信息都采集下来。这样在提升信息采集全面性的同时降低了生产成本，提高了采集效率。

全景相机的出现，将会改变地理信息数据采集的方式，提高地理信息数据的采集效率，提高导航电子地图的质量，缩短导航电子地图的更新和发布周期，影响各地图生产厂商的市场占有率（孙茳 等，2007）。

目前，商业全景相机主要还是加拿大 PointGrey 公司（2016 年被法国 FLIR 公司收购）提供的 Ladybug 系列相机，其他厂家如美国的 Elphel 的 Eyesis 3π、4π 只是少批量供货。2010 年，PointGrey 公司推出的 Ladybug3 全景相机分辨率非常低，单个相机的分辨率只有 200 万像素，由 6 个相机（水平 5 个环形布置、顶部 1 个）组成全景合成分辨率总共也不到 1 200 万像素；2013 年和 2017 年 PointGrey 公司分别推出 Ladybug5 和 Ladybug5+全景相机，单个相机分辨率达到 500 万像素，结构与 Ladybug3 类似，合成全景分辨率可以达到 3000 万像素；2022 年 FLIR 公司推出 Ladybug6 相机，单个相机分辨率达到 1 200 万像素，合成全景分辨率可以达到 7 200 万像素。由于 Ladybug 系列相机基于高分辨率工业级 CCD 图像传感器和鱼眼镜头做了板级实时处理，并提供良好的采集和处理软件开发工具包（software development kit，SDK），全景图像具有很高的图像分辨率和精度，到目前为止，在车载移动测量系统中，主要采用的是 Ladybug5+和 Ladybug6 全景相机[①]。

1.2.5 多传感器集成与同步技术

车载移动测量系统中通常使用 GNSS、INS 及车轮编码器等确定平台的位置和姿态，使用激光扫描传感器获得地物的点云信息，使用面阵/全景成像传感器获得环境的光谱/纹理信息。各传感器自身均可独立运行和工作，在车载移动测量系统中如何实现多传感器最优空间布局，如何实现多传感器的集中控制、时间同步、数据传输和存储，进而使车载移动测量系统在给定传感器的情况下实现最佳性能是车载移动测量技术的重要研究内容。

目前车载移动测量系统中通常采用易于安装和拆卸的一体化设计，GNSS、INS、激光扫描传感器、成像传感器以及控制板卡紧凑刚性地固定在一个平台中，该平台可通过简单的插销和卡扣轻易地固定于车顶平台并从车顶平台拆卸。

车载移动测量系统中通常采用嵌入式系统实现对各传感器的控制、数据传输和存储。通过嵌入式系统，可方便地向各传感器发送控制命令控制各传感器的运行，各传感器采集的数据通过数据传输端口传输至嵌入式系统，再由嵌入式系统统一负责存储。用户通过开关、按钮及触控显示屏等实现对系统的操作和控制。

如果不经控制，车载移动测量系统中的各传感器在各自的时间系统中工作，后续的数据将无法处理，因此车载移动测量系统中的时间同步及其精度直接关系到系统的定位精度。在车载移动测量系统中，通常以 GNSS 时间为统一的时间系统，通过同步技

---

① https://www.flir.com/products/ladybug6/.

术，使 IMU、激光扫描仪、相机等统一使用 GNSS 时间。

1.2.6　车载移动测量系统整体标定技术

车载移动测量系统中的标定包括各传感器自身参数的标定以及传感器之间安置参数的标定。传感器自身参数的标定，包括惯性导航系统的加速度计尺度参数、加速度计偏置、陀螺偏置等，相机的焦距、主点及畸变参数等，激光扫描仪的测距误差、测角误差参数等。

车载移动测量系统中的激光扫描仪、相机、IMU 等传感器各自工作在自身的坐标系中，各传感器之间的坐标系不一致，各传感器之间的安置参数是影响车载移动测量系统定位精度的重要参数，因此需对各传感器之间的安置参数进行标定。安置参数通常包括偏移量和旋转角，偏移量通常可通过直接测量的方式获得或者采用设计值，旋转角则无法直接测量，由于安装过程中存在误差，也无法直接采用设计值，通常需要采用实际数据进行标定。

车载移动测量系统中的安置参数包括 GNSS 天线相位中心在 IMU 坐标系中的偏移量、车轮编码器在 IMU 坐标系中的偏移量、激光扫描仪坐标系到 IMU 坐标系的转换参数、相机坐标系到 IMU 坐标系的转换参数。

1.2.7　直接地理定位技术

激光扫描仪及相机在各自的坐标系中实现测量，其测量结果属于相对测量，无法直接应用。融合激光扫描仪/相机的相对测量结果、GNSS/INS 定位定姿结果及各传感器之间安置参数实现绝对定位的过程称为直接地理定位技术。

直接地理定位技术通常先将激光扫描仪/相机的相对测量结果通过激光扫描仪/相机与惯性导航系统之间的安置参数将激光扫描仪/相机的测量结果转换至惯导坐标系，再通过 GNSS/INS 组合定位定姿系统提供的姿态角将惯导坐标系下的测量结果转换至当地水平坐标系中，继而通过 GNSS/INS 组合定位定姿系统提供的经纬度和大地高将当地水平坐标系下的定位结果转换至地心地固（earth centered earth fixed，ECEF）坐标系中，继而可根据需要通过大地坐标系转换技术转换为经纬度及投影坐标等各种形式。

1.3　国内外移动测量技术发展现状

车载移动测量技术出现于 20 世纪 80 年代末 90 年代初，国内外各大科研机构、院校及商业公司对车载移动测量技术进行了广泛而深入的研究。

早期的移动测量系统多采用相机作为核心传感器，并采用摄影测量的原理进行地物的测量与定位。随着 GNSS/IMU 组合导航定位定姿精度的提高以及激光扫描技术的成熟，2000 年以后开始出现集成激光扫描仪的移动测量系统。目前，车载移动测量系统普遍集成有影像采集系统及激光扫描系统。

加拿大卡尔加里大学、德国斯图加特大学、美国俄亥俄州立大学等最早开始移动测量系统的研发，日本东京大学则是最早开始移动激光扫描系统的科研机构之一。随着技术的成熟，过去 10 年，移动测量技术已经实现商业化。目前商业市场上的移动测量系统主要有 Google 公司的街景采集系统、RIGEL 公司的 VMX-250 激光扫描测量系统、Topcon 的 IP-S2 全景与激光系统、武汉立得空间信息技术股份有限公司（简称立得空间）的 LD2000-R 型系列移动道路测量系统[①]等。国内外主要移动测量系统如表 1-1 所示。

表 1-1　国内外主要移动测量系统

系统	研发者	定位定姿传感器	其他传感器
GPS Van	俄亥俄州立大学，美国	GPS/Gyro/车轮计数器	2CCD，话音记录器
Kiss	慕尼黑联邦国防军大学，德国	GPS/IMU/测斜仪/里程计/气压表	1SVHS/2 BW CCD/话音记录器
ON-SIGHT	TransMap，美国	GPS/INS	4 台彩色 CCD
Truck Map	John E.Channce/Engg，美国	GPS/Gyro/WA-DGPS	激光测距仪，1 台摄像机
VISAT	卡尔加里大学，加拿大	DGPS/IMU/ABS	8 BW CCD/1 台彩色 SBHS
LD-2000R	立得空间/武汉大学，中国	GPS/Gyro /车轮计数器	8 台彩色 CCD
Spider-Van	GPSKorea，韩国/武汉大学，中国	DGPS/IMU/ABS	4 BW 数字 CCD/1 台录像机
Integrated Laser System	东京大学，日本	DGPS/INS	3 台激光扫描仪
3DRMS	武汉大学/南京师范大学，中国	DGPS/IMU(Javad、iMar)/车轮计数器	4 台彩色数字 CCD/1 3CCDVideo/3 台激光扫描仪
Street View	Google，美国	GPS/IMU	8CCD，3 台激光扫描仪
Earthmine	Earthmine，美国	GPS/IMU(Span-CPT)	CCD
Lynx	OPTECH，加拿大	GPS/INS	LiDAR
VMX-250	RIGEL，奥地利	GPS/IMU	VQ-250/ CCD
IP-S2	Topcon，美国	GPS/IMU	Ladybug3 /3 台激光扫描仪
StreetMapper	3D Laser Mapping，英国/IGI，德国	DGPS /IMU	LiDAR
MX8	Trimble，美国	DGPS /IMU	VQ250/CCD

1.3.1　国外移动测量系统

1. 加拿大卡尔加里大学 VISAT 系统

加拿大卡尔加里大学开发的 VISAT 系统（El-Sheimy et al.，1999）如图 1-2 所示。

---

① https://www.leador.com.cn/MobileMeasurements/index.aspx

图 1-2　加拿大 VISAT 系统

该移动测量系统中安装了高精度的 DGPS/IMU 定位定姿传感器及车轮计数器；车辆的顶部安装了 8 台黑白 CCD 工业相机及一台彩色视频摄像机。DGPS/IMU 用于测量运行过程中车辆的地理位置坐标(X, Y, H)及车辆运行过程中的实时姿态(roll, picth, heading)；8 台黑白相机形成四对立体像对用于道路及道路两旁地物的可视化测量；1 台彩色视频摄像机摄录道路的不间断视频，用于道路属性的记录。

VISAT 系统开发时间比较早，系统集成的测量设备主要是多路黑白的立体相机，系统用于道路资产管理等方面。该系统是世界上较早开发完成并投入使用的比较完善的车载移动测量系统，在车载移动测量系统研究方面具有里程碑式的意义。

2. 日本东京大学车载激光道路测量系统

日本东京大学是世界上较早（2003 年）把激光扫描仪集成到车载移动测量系统中并做了大量相关研究的科研机构，东京大学车载激光道路测量系统如图 1-3 所示。

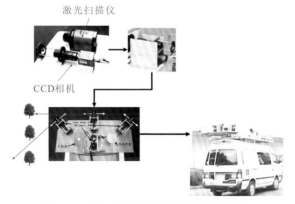

图 1-3　东京大学车载激光道路测量系统

在该移动测量系统中，安装了 DGPS/IMU 定位定姿传感器；在车辆的顶部，安装了 3 台线型激光扫描仪及 3 台 CCD 相机。DGPS/IMU 用于测量在运行过程中的车辆的地理位置坐标以及车辆运行过程中的实时姿态；3 台线型激光扫描仪用于扫描道路及道路两旁地物的点坐标；3台CCD相机与3台激光扫描仪配合，用于采集地物照片及被扫描目标地物的纹理。

与现在相比，尽管当时所使用的激光扫描传感器性能比较低下，但该系统较早把激光扫描技术应用于车载移动测量系统，在车载激光扫描测量方面做了很多有益的探索。

3. Google 公司的街景采集系统

Google 公司的街景采集系统（图1-4）装备有一台惯性定位定姿单元、三台激光扫描仪及一台全景相机。全景相机采用多个面阵感光元件按照近似共投影中心安置，拍摄多幅共投影中心的影像进行拼接以得到具有 360°的全景影像，该类相机的特点是具有360°全方位视角，同时具有分辨率高、帧率高等优势，因此2007年开始被 Google 公司用于全球的街景（street view）采集计划。

图 1-4　用于 Google 街景采集系统

Google 公司的街景采集系统引领了全景成像系统进入公共服务的潮流，目前 Google 公司的街景服务已经广泛覆盖到欧洲、美洲、亚洲主要发达国家和地区。Google 公司是目前最大的基于全景影像的街景服务运营商，基于全景的 Google 街景是 Google 公司继 GoogleEarth 之后又一个具有划时代意义的地理信息公众服务产品。

4. RIGEL 公司的 VMX/VMY/VMZ 车载移动激光扫描测量系统

RIEGL 公司有近 50 年的研发激光测量产品历史，RIEGL 的产品线包括地面激光扫描仪、无人机载激光扫描仪、移动激光扫描系统和航空激光扫描仪等。

基于自己生产的二维/三维激光扫描单元，RIEGL 公司也研发了 VMY/VMX/VMZ 车载移动激光扫描测量系统。

RIEGL 公司的 VMX/VMY/VMZ 车载移动激光扫描测量系统如图 1.5 所示。

VMY-2[图 1-5（a）]由两台 RIEGL 自研 miniVUX-HA 扫描仪、GNSS/IMU 系统构成及数据采集/控制系统构成，于 2021 年出产，是一款紧凑且价格经济的双激光扫描头测绘系统。

VMZ[图 1-5（b）]由一台 RIEGL 自研 VZ 系列（VZ-400i、VZ-1000 或 VZ-2000i）三维扫描仪、GNSS/IMU 系统构成及数据采集/控制系统构成，于 2015 年出产，是一款紧凑、高精度、动态/静态一体化的车载移动激光扫描测绘系统。

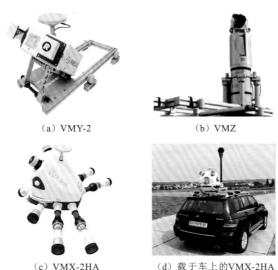

（a）VMY-2　　　　　　　　（b）VMZ

（c）VMX-2HA　　　　（d）载于车上的VMX-2HA

图 1.5　VMY/VMZ/VMX 车载移动激光扫描测量系统

引自 http://www.riegl.com

VMX-2HA［图 1-5（c）和（d）］由两台 RIEGL 自研 VUX-1HA 扫描仪、GNSS/IMU 系统及 8 台面阵工业相机或 1 台全景相机构成及数据采集/控制系统构成，2015 年出产，是一款高速、高性能的双扫描仪移动测绘系统，它能够在高速公路速度下提供密集、精确且功能丰富的数据。

VMX/VMY/VMZ 车载移动激光扫描测量系统集成在一个刚体平台中，可根据客户的不同需求方便安装在汽车车顶、火车前部或尾部以及轮船中，从而使其广泛应用于交通基础设施测图、城市建模、隧道断面测量等领域。

奥地利的 RIEGL 公司是世界上最著名的激光扫描仪生产厂家，其产品具有高精度、高速度和高可靠性的特点，是全球创新的激光雷达技术领导者。研究单位和研发企业，大多以 RIEGL 研发的二维/三维激光扫描仪为基础，研发了多种形式和不同用途的移动激光扫描测量系统，到目前为止，RIEGL 公司依旧是高精度、高性能激光扫描单元的主要供应商。

5. Teledyne OPTECH 车载移动激光扫描测量系统 Lynx

Lynx 是以机载激光扫描为主业的 OPTECH 公司 2011 年研发的一套车载移动激光扫描测量系统，如图 1-6 所示。

图 1-6　车载移动激光扫描测量系统 Lynx

引自 https://www.teledyneoptech.com

相比于其他同类设备，Lynx 配备的两台激光扫描仪能够最大限度地避免数据盲区的产生，高达 100 000 点/s 的数据采样率不仅保证了足够的数据采集密度，同时也提高了测量、测绘效率。Lynx 可以广泛用于道路两侧建筑三维数据采集、城市三维信息化建模、高效地籍测量及监视、涵洞及桥坝勘测等各种高效、高精度三维测量。

Optech Lynx HS600 是 Lynx HS 系列的高端移动地图解决方案，搭载的传感器凭借每秒 600 条扫描线的性能，能够提供高分辨率、均匀分布的点云数据，完全满足在高速公路进行移动测图的任务需求。

Optech Lynx HS600 具有两种配置方案，双头 Lynx HS600-D 和单头 Lynx HS600-S（图 1-7）。Lynx HS600-D 配置旨在最大限度地提高勘测项目的准确性和效率，其多视角激光雷达覆盖范围最大限度地减少阴影，显著提高数据收集效率和质量；Lynx HS600-S 是一款重量更轻、成本较低的型号，设备投放使用后期也可完全升级到 Lynx HS600-D 双头配置。

图 1-7　车载移动激光扫描测量系统 Optech Lynx HS600

引自 https://www.teledyneoptech.com

6. 3D Laser Mapping 公司车载激光扫描系统 StreetMapper

3D Laser Mapping 公司生产的 StreetMapper 集成了 IGI 公司高精度的 GPS/INS 系统和 RIGEL 公司的 LMS 系列扫描仪，可提供 360°全方位视野，如图 1-8 所示。

图 1-8　车载激光雷达及数码成像系统 StreetMapper

用光学测距仪代替传统的车轮测距，可测量 300 m 范围内的地物，单个传感器的扫描频率为 300 Hz，典型定位精度优于 20 mm，点对点精度为 10 mm，在轨导航系统包括一个 GNSS 接收机，一个光纤陀螺仪 IMU 和最新的 DIA 辅助导航系统。

StreetMapper 系统使用先进的 DGPS 和 IMU 组件，并集成 TERRAcontrol 辅助导航系统。车顶安装有激光扫描仪平台和机架式 PC 仪器箱。每个测量车均配备一个可定制电源和操作站，并装有两个 12 兆像素的相机拍摄并记录影像。

得益于 IGI 公司的高精度惯性导航系统和 RIGEL 公司的扫描仪，StreetMapper 激光扫描车宣称是目前世界上精度最高的车载激光扫描系统[①]。

7. Earthmine 立体全景测量系统

Earthmine 是首个开发成功的基于立体全景测量技术的移动测量系统。该系统主要设备有惯性组合定位定姿系统（SPAN-CPT）、两台全景相机，其中两台全景相机组成一套立体全景测量系统。通过结合惯性组合定位定姿系统和高保真度、高分辨率的三维全景图像，为图像的每个像素提供三维坐标（Ristevski et al.，2010）。图 1-9 所示为 Earthmine 公司的立体全景测量车。

图 1-9　Earthmine 公司的立体全景测量车

该系统最大特点是采用立体全景测量技术。该系统全景相机中每个相机单元，与美国国家航空航天局（National Aeronautics and Space Administration，NASA）的火星探测车所用的相机相同，其立体全景图像的三维点云生成采用美国 NASA 的火星无人探测车的立体视觉技术，因此该系统也称为 MARS 采集系统[②]。目前该公司已经被 Nokia 收购，用于构建 Nokia 的基于网络的地图应用 Here 服务。

8. Topcon 公司 IP-S2/IP-S3 系统

Topcon 公司 2011 年发布的 IP-S2 激光扫描测量系统（图 1-10），该系统由一台 Ladybug3 全景相机、3 台 SICK 激光扫描仪和定位定姿系统构成。

---

① https://www.igi-systems.com/streetmapper.html.

② https://en.wikipedia.org/wiki/Earthmine

图 1-10　Topcon 公司的 IP-S2 激光扫描测量系统

图 1-11　Topcon 公司的 IP-S3
高清移动测量系统

引自 https://topconchina.cn

该系统集成度比较高，相机、激光扫描仪和惯性导航系统都集成在一起，可以方便地在车顶安装和拆卸。该系统是一个全景成像与激光扫描相结合的系统，软硬件集成度较高，国内有几家单位采购，是最早进入国内的基于激光扫描与全景成像的移动测量系统，但由于所采用的激光扫描仪和定位定姿系统性能较低，系统使用效果一般。

Topcon 公司推出 IP-S3 高清移动测量系统，是集成度较高、体积小巧的移动测量系统（图 1-11）。它集成了双频 GNSS 接收机、惯性导航单元、Velodyne 公司（现已被美国 Ouster 公司并购）的 HDL-32E 多线激光扫描仪和 Ladybug5 全景相机。

IP-S3 高清移动测量系统可以快速采集行进方向可量测的全景三维数据。在道路测量、铁路带状测图、数字交通、园区数字管理、市政规划、高精度地图等众多领域有着显著的优势。

9. Trimble MX 系列移动测量系统

Trimble 公司 2018 年推出的 MX7 是一款车载式移动影像系统，可以快速高产地采集道路、基础设施和城市环境方面的数据（图 1-12）。该系统将 360° Ladybug5 全景相机与集成式 Trimble GNSS/INS 系统相结合，使用户能够沿着准确的车辆轨迹以摄影测量的方式查找和定位物体。利用 Trimble MX7 系统以高速公路行驶速度采集 360° 影像，具有地理参考信息，可以显著降低项目作业成本，同时提高公众安全。此外，使用 Trimble MX 软件进行组织、可视化处理、解译和有效提取结构化数据，将这些数据集成到 GIS 中，可以通过局域网或互联网进行数据共享。

Trimble 公司 2018 年推出的 MX50 移动测量系统使用先进的激光雷达（light detection and ranging, LiDAR）技术，并集成到成熟可靠的移动平台中，精确的点云可以用于路面、高速公路养护或资产管理等应用领域，该系统提供了非常准确的点云环境（图 1-13）。

图 1-12　Trimble MX7 车载式全景影像移动测量系统

Trimble 公司还将精确的 LiDAR 数据与 360°沉浸式全景影像结合在一起，显著提高作业效率。MX50 采用 Trimble 成熟的移动测量和软件工作流程，数据采集后，集成的办公软件工具会生成可交付成果。MX50 中集成的 2 台激光扫描仪扫描距离为 80 m，扫描测距精度为 2.5 mm（30 m 处），激光扫描测量频率达 96 万点/s；集成的定位定姿系统精度达到 0.005°/0.005°/0.015°（AP60 GNSS 惯性导航系统）或 0.015°/0.015°/0.25°（AP20 GNSS 惯性导航系统）；集成的全景相机为 Ladybug5+。MX50 可提供一套实用型内外业一体化移动测量解决方案。

图 1-13　Trimble MX50 激光扫描全景影像移动测量系统

　　Trimble 公司 2024 年推出 MX90 移动测量系统，将最先进的硬件与直观的外业软件及功能强大的集成式内业软件工作流程结合在一起，可提供一套完整的内外业一体化移动影像测量解决方案。它集成了 2 台长距离 RIGEL VUX-1HA 激光扫描头、1 台 Ladybug5+全景相机、2 台 1 200 万像素的侧方面阵相机、1 台后置下视 1 200 万像素面阵相机及高精度的惯性导航 AP60 传感器（图 1-14）。

　　用户驾驶移动测量车辆沿道路作业，Trimble MX90 能够以高速公路容许的速度采集丰富的高精度、高密度和高逼真数据，避免了由传统测量手段在高速公路上作业必须封路而带来的高昂成本，并且消除了测绘人员在高速公路上作业所带来的风险。这套高性能移动影像测量系统能够产生极高密集点云，能够在典型工作条件下达到 150 m 以上测程。对于大型测绘工程项目的数据采集，Trimble MX90 是一套高性能的移动激光与影像测量系统[1]。

---

① https://geospatial. trimble.com

图 1-14　Trimble MX90 移动测量系统

10. Leica 测量系统公司 Pegasus 系列激光扫描测量系统

Pegasus：Two 是由瑞士 Leica 测量系统公司 2018 年推出的一款先进的移动式激光扫描测量系统（图 1-15）。该系统采用激光雷达技术，能够在移动过程中快速而准确地获取三维点云数据，通过集成高精度的全球导航卫星系统（GNSS）和惯性导航系统（INS），确保采集的数据具有精确的地理位置信息，它将激光扫描仪和高清晰可量测相机完美融合在一起。Pegasus：Two 的设计注重高度的移动性，可安装在车辆或轻型平台上，广泛应用于城市规划、基础设施管理、道路巡检等领域。Leica 测量系统公司还提供强大的后处理软件平台，通过进行数据融合、数据信息提取、线化特征提取等一系列地理信息采集，支持用户处理和分析从 Pegasus：Two 获取的点云数据，将其转化为实用的地图、模型或其他形式，为用户提供全面而精准的地理信息解决方案，用户可以更好地理解和管理复杂的空间环境。

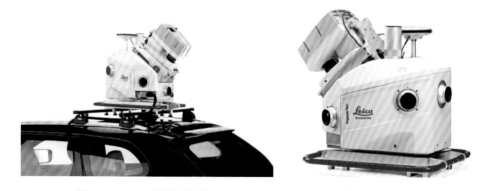

图 1-15　Leica 测量系统公司 Pegasus：Two（P40）激光扫描测量系统

Leica 测量系统公司作为移动三维实景扫描的引领者，在激光扫描测量系统 Pegasus：Two 高度集成三维激光扫描仪、GNSS 和 IMU 定位定姿系统的基础上，全面升级相机系统，推出具有更高拍照水准的 Pegasus：Two Ulitimate 激光扫描测量系统（图 1-16），重新定义移动三维实景扫描，满足各种高清实景的测量需求。

图 1-16　Leica 测量系统公司 Pegasus：Two Ulitimate 激光扫描测量系统

随后，2022 年 Leica 测量系统公司推出了 Pegasus TRK 系列产品，高度集成了激光雷达、全景相机、GNSS、IMU、同步定位与制图（simultaneous localization and mapping，SLAM）及机器学习芯片的移动实景采集系统，可搭载于汽车、火车或船上采集毫米级的高精度点云和全景数据，智能软件可以自主实现从路线优化、校准、数据处理到提取成果等功能。

Pegasus TRK 具有自主智能、简单易用、性能可靠等优点，轻松胜任城市实景三维、道路部件普查、高速公路、铁路复测等场景。Pegasus TRK 系列可分为 Pegasus TRK Neo、Pegasus TRK EVO 和 Pegasus TRK 100 三大产品（图 1-17）。

（a）Pegasus TRK Neo　　　　（b）Pegasus TRK EVO　　　　（c）Pegasus TRK 100

图 1-17　Leica 测量系统公司 Pegasus TRK 系列激光扫描测量系统

Leica 测量系统公司新推出的这些系统，首次在移动测量中引入了 SLAM 技术，改善移动测量系统在卫星信号遮挡、多路径影响的城市环境内测量精度[①]。

1.3.2　国内移动测量系统

1. LD2000-R 型系列移动道路测量系统

2004 年，武汉立得空间信息技术股份有限公司在武汉大学的支持下自主开发的 LD2000-R 型系列移动道路测量系统（图 1-18），是当时在国内首套具有世界先进水平的车载移动道路测量产品。该系统综合应用了 GPS 全球定位、INS 惯性定位定姿、CCD

---

① https://www.leica-geosystems.com.cn/

立体视频以及自动化控制和集成等多种技术，以车载非接触的方式，实现了对道路及道路两旁地物的空间几何数据、属性数据的快速获取。采集的海量数据通过专用软件加工，可生成能满足不同用户需要的三维空间数据库、专题图及电子地图。

图 1-18　LD2000-R 型移动道路测量系统

立得空间是国内最早开展车载移动测量系统技术研发，并进行规模化应用的单位，在 2018 年前，该公司的车载移动测量系统以多路立体图像测量系统为主，系统应用主要面向数字城管、城市部件普查及数字城市（李德仁 等，2008）。

立得空间于 2018 年推出高精度地图移动测量系统采集车——"闪电侠"，如图 1-19 所示。

图 1-19　"闪电侠"高精度地图移动测量系统采集车

引自 https://www.leador.com.cn/

"闪电侠"高精度地图移动测量系统采集车采用模块化设计，全系统由数据采集系统（即由全景相机、激光扫描仪、立体测量相机、GNSS/INS 构成的移动测量核心系统）、监控系统和电源系统三部分构成，系统之间通过航插连接。数据采集系统中 INS 与相机、LiDAR 扫描仪之间通过精密刚性互连，出厂前完成了室内精确的一体化标校；监控系统由加固计算单元和同步控制单元组成，用于系统的工作状态监控、数据显示和存储等；电源系统可保证系统供电并支持车载供电。"闪电侠"是一套结合了激光扫描与立体摄影两种测量方式的车载移动测量系统，主要应用于高精度地图数据采集、道路数据采集、定标点数据采集以及智慧城市行业地图采集等方面。

立得空间随后继续推出了"背包侠"背负式移动测量系统、无人机快速测绘系统、便携式勘察系统、手持全景移动测量系统等多种形式的移动测量产品。在智慧城管和智慧城市等领域，立得空间的产品处于领先地位。

2. 中海达 Hiscan-R 轻量化三维激光移动测量系统

广州中海达卫星导航技术股份有限公司（简称中海达）于 2017 年研发了 Hiscan-R 轻量化三维激光移动测量系统[①]（图 1-20）。该系统集成三维激光扫描设备、卫星定位模块、惯性导航装置、车轮编码器、全景相机、总成控制模块和高性能板卡计算机等，可实时采集点云数据及全景影像，可方便安装于汽车、沙滩车、船舶或其他移动载体，在移动过程中可轻松完成矢量地图数据、街景数据和三维地理数据的生产处理，可广泛应用于地形测量、城市市政部件普查、城市园林普查、交通勘测设计、交通信息化普查、街景地图服务、数字三维城市建设、航道海岛测量等领域。

图 1-20　Hiscan-R 轻量化三维激光移动测量系统

引自 https://www.zhdgps.com

Hiscan-R 车载移动测量系统集成了 RIEGL VUX-1HA 车载专用激光扫描仪和 Ladybug5 全景相机及高精度的 GNSS/INS 系统，系统精度达 5 cm（100 m 处）是一套性能较好的移动测量系统。

中海达于 2019 年推出多平台移动测量系统 ARS-1000 系列，如图 1-21 所示。ARS-1000 系统集高精度激光扫描仪、航测相机、GNSS、INS 和存储控制单元等多种传感器于一体，可以高效快速获取多场景三维激光点云和影像数据。ARS-1000 系统可适配为无人机、车辆和背包模式。通过配备行业应用软件，可快速生成数字表面模型（digital surface model，DSM）、数字高程模型（digital elevation model，DEM）、数字

---

① https://www.zhdgps.com/detail/car_portable-HiScan-R

正射影像图（digital orthophoto map，DOM）、数字矢量地图（digital line graph，DLG）等数字产品，广泛应用于应急测绘、地形测绘、电力巡检、公路勘测、海岸岛礁测量、挖填方计算、考古调查与测绘等领域。

图 1-21　ARS-1000 三维激光移动测量系统

3. 华测导航 Alpha3D 车载激光扫描测量系统

Alpha3D 是上海华测导航技术股份有限公司（简称华测导航）于 2018 年自主研发集成的一款长距离高精度车载移动测量系统（图 1-22）。该系统集成了超强性能的组件，如高精度长测程的激光传感器、高分辨率 HDR 全景相机、GNSS 设备及高精度惯性导航系统，形成轻量化、一体化的牢固设计，可在动态环境中连续获取海量空间数据，快速精确地完成测量工作。该系统拥有旋转载体平台，性能卓越，具有可拓展性强、稳定性好等优点。这些优点使该系统具有广泛的应用：测绘、勘测部门的道路测量、地图修测；智能交通领域（ITS）的导航电子地图的数据采集和生成；公安部门的交通事故勘测、流动违章处理；交通运输部门的高速公路的修测、监控及管理；城市规划中城市地图、规划图等的更新等。

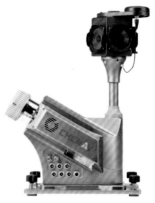

图 1-22　华测导航 Alpha3D 车载移动测量系统

Alpha3D 以既满足传统城市及道路测绘业务（如大比例尺道路成图、建筑成图、三维数据城市建模、数字地形等），又满足新型信息化测绘业务（如数字城市、智慧城市等）为该系统关键设备选型、设计、集成和软件配置的目标，系统构建以先进性、可靠性、安全性、实用性、扩展性及面向应用性为原则①。

基于基本相同的激光扫描仪、全景相机及 GNSS/IMU 系统核心部件，2018 年，华测导航同步推出了 AU 系列（AU300、AU900、AU1300）多平台激光扫描移动测量系统，该系统首次实现移动测量系统的多平台化，并解决了移动测量系统在多种移动平台下的厘米级精度和数据一致性问题，极大地推动了基于激光扫描的移动测量系统在各行业的规模化应用。

4. 南方测绘 SZT-R1000 移动测量系统

SZT-R1000 高精度移动测量系统是广州南方测绘科技股份有限公司（简称南方测绘）于 2020 年研发的多平台移动测量系统（图 1-23）。该系统将高精度三维激光扫描仪、GNSS 卫星定位系统、高精度惯性导航系统、360°全景相机，以及控制模块、时间同步模块等高度集成，融合多种定位模式，方便快捷地安装于汽车、船舶等移动载体上。

图 1-23　SZT-R1000 高精度移动测量系统

引自 http://www.ztlidar.com/index.php

SZT-R1000 移动测量系统可快速获取高精度多元数据，通过配套软件进行数据处理和加工，获取 4D 数据成果及三维模型，可广泛应用于测绘、交通、数字城市和自动驾驶高精度地图等领域。

1.3.3　基于国产激光扫描的移动测量系统

2020 年以前，国内高精度的移动测量系统，几乎都是以进口的 RIEGL VUX 系列 2D 线激光扫描仪为基础进行集成开发完成，如中海达的 ARS-1000 系列、华测导航的 Alpha3D 和 AU 系列、南方测绘的 SZT-R100 系统等，其核心部件包括激光扫描仪、GNSS/IMU 和全景相机基本相同。在这些核心部件中，激光扫描仪尤为昂贵，其成本要

---

① 华测导航，2018. https://www.huace.cn/pdDetail/186

占到整个移动测量系统的70%以上，一套基于激光扫描的高精度激光雷达系统，售价往往要达到200万元以上，这极大阻碍了移动测量的普及。

随着国产激光扫描技术的不断发展，我国在全国产核心部件的移动测量系统方面取得了明显的进步和显著的成果。基于国产激光扫描仪的移动测量系统包括中海达HiScan-C轻量化三维激光移动测量系统、华测导航AU20长距高精度激光雷达测量系统及南方测绘机载SAL-1500三维激光扫描测量系统。这些系统攻克了激光扫描测量技术，在一定的程度上，实现了2D线激光扫描仪的国产替代。

HiScan-C系列三维激光移动测量系统采用中海达自主研发的激光扫描仪，同时集成了卫星定位模块（GNSS）、惯性导航装置（IMU）、里程编码器、360°全景相机、总成控制模块和高性能计算机等传感器，可方便安装于汽车、船舶或其他移动载体上，在移动过程中能快速获取高密度激光点云和高清全景影像，如图1-24所示。

图1-24　HiScan-C轻量化三维激光移动测量系统
引自 https://www.zhdgps.com

HiScan-C系列车载移动测量系统的激光扫描单元为中海达2020年自主研发的国产iLSP系列线激光扫描仪，激光扫描仪采用1 550 nm脉冲激光器，最长扫描距离为650 m，测距精度为5 mm（100 m处），激光测量频率为100万Hz，最大扫描线速为200线/s，扫描视场角为360°，扫描角分辨率为0.001°，是国内首先研发成功并投入实际测绘应用的激光雷达产品。

2022年，中海达推出了PM-1500长测程机载激光雷达系统，扫描角为75°，激光测量距离达到1 500 m，激光点频为200万Hz，扫描线速达到400线/s，回波（echoes）次数为4次，是一款高点频、高线频、高精度及高集成度的国产机载移动测量系统。

SAL-1500机载三维激光多平台移动测量系统（图1-25）由南方测绘于2023年研发生产，该系统采用自主研发的国产的线激光扫描仪，通过集成高精度的全球导航卫星系统（GNSS）和惯性导航系统确保采集的数据具有出色的地理定位精度，SAL-1500能够在飞行过程中迅速而准确地获取地表的高分辨率三维点云数据，适用于多种复杂地形和城市环境。

南方测绘自主研发的国产线激光扫描仪，采用1 550 nm脉冲激光器，测量距离达到1 500 m，测距精度为15 mm（100 m处重复精度5 mm），激光测量频率为200万Hz，最大扫描线速为200线/s，扫描视场角为360°，扫描角分辨率为0.001°，其性能达到先进水平。

图 1-25　SAL-1500 多平台三维激光移动测量系统

引自 http://www.southsurvey.com/

　　AU20 是华测导航于 2022～2023 年自主研发的新一代长距高精度三维激光多平台移动测量系统（图 1-26），AU20 可以每秒扫描 200 万个点，确保了高效的数据采集速度。同时，AU20 测量系统提供高精度的测距能力，其重复测距精度可达 5 mm，系统还具备出色的长测距能力，可以实现 1 500 m 的测距，即使在地形复杂且起伏较大的地区，也能够应对高落差的挑战。在 200 m 航高范围内，可以满足 1∶500 比例的测图需求，而在 400 m 航高范围内，也能满足 1∶1 000 比例的测图要求。AU20 测量系统还具备出色的多回波能力，它能够获取多达 16 次回波数据，在植被茂密的地区，也能够获得足够的地面点数据，无须进行外业调绘。系统支持多周期的数据解算，最多可达 7 次多周期，这使得在相同航高下能够获得更高的数据密度，从而提升点云的精细度。

图 1-26　AU20 三维激光多平台移动测量系统

　　AU20 三维激光多平台移动测量系统中华测导航自主研发的 2D 线激光扫描仪，采用 1 550 nm 脉冲激光器，测量距离达到 1 500 m，测距精度为 15 mm（100 m 处，重复精度为 5 mm），激光测量频率为 200 万 Hz，最大扫描线速为 200 线/s，扫描视场角为 360°，扫描角分辨率为 0.001°，16 次回波，7 次多周期，其性能在国内处于领先水平，在国际上也具有非常强的竞争力。

　　2023～2024 年，华测导航继续推出了 AA10 轻小型中距离机载激光移动测量系统和 AA15 长距离机载激光移动测量系统。其中 AA15 长距离机载激光移动测量系统，扫描角为 75°，激光测量距离达到 1 800 m，激光点频为 180 万 Hz，扫描线速达到 600 线/s，16 次回波，7 次多周期，是一款高点频、高线频、高精度、高性能及高集成度的国产机载移动测量系统。

AU20 三维激光多平台移动测量系统支持机载、车载、背包等多平台使用，可根据不同作业场景需要轻松切换。综合而言，AU20 场景适用性强、稳定性好，可广泛应用于实景三维、地形测绘、水利勘察、交通勘察、电力巡检、矿山测量、自然资源调查、应急测绘等领域。

1.4　车载移动测量系统常见模式

从 1.3 节的国内外车载移动测量系统发展情况来看，无论是高等院校，还是商业公司，都花费了相当多的人力、物力和财力对车载多传感器集成系统进行了积极的探索和研究，探讨其应用的场合和环境，推广该技术在各行业中的应用。

按照系统配置的传感器和基本测量原理，常见车载多传感器集成的移动测量系统的典型模式有如下 6 种。

1.4.1　GNSS/IMU+单相机模式

GNSS/IMU+单相机模式仅在车载移动测量系统中集成 GNSS、IMU 和单相机，经软件对 GNSS、IMU 数据处理后得到车辆行驶的轨迹信息，参考单相机拍摄的照片或视频判读，可用于电子地图的制作。该类系统主要用于传统导航电子地图数据采集。

1.4.2　GNSS/IMU+立体相机模式

该类系统除在系统中集成 GNSS/IMU 作为定位定姿模块外，还在系统中集成一对或多对立体相机。立体相机通过摄影测量方式进行测量获得地物的三维坐标，结合 GNSS/IMU 定位定姿系统提供的位置和姿态信息获得地物在大地坐标系中的三维坐标。这类系统的典型代表为武汉立得空间信息技术股份有限公司自主开发的 LD2000-R 型系列移动道路测量系统。该类系统以系列影像的立体摄影测量技术为基础，实现了对道路及道路两旁地物的空间几何数据、属性数据的快速获取，在城市部件测量中得到广泛应用。

1.4.3　GNSS/IMU+激光扫描模式

该类系统除在系统中集成 GNSS/IMU 作为定位定姿模块外，还在系统中集成一个或多个激光扫描仪。激光扫描仪获得地物在激光扫描仪坐标系下的坐标，结合 GNSS/IMU 定位定姿系统提供的位置和姿态信息获得地物在大地坐标系中的三维坐标。相比于 GNSS/IMU+立体相机的模式，GNSS/IMU+激光扫描模式无须通过同名像点，而是通过摄影测量模式获得地物的三维坐标，可达到更高的数据处理效率、精度和自动化程度。

1.4.4 GNSS/IMU+激光扫描+面阵相机模式

GNSS/IMU+激光扫描模式可以获取地物的三维激光点云，点云虽有强度信息，但相比于相机提供的颜色信息，其不直观，不利于作业人员对数据进行处理，因此常在 GNSS/IMU+激光扫描模式的基础上，集成面阵相机，使用面阵相机获取的影像对点云进行着色。该类系统的典型代表包括 RIGEL 公司的 VMX-250、Trimble 公司的 MX8 等。该类系统以激光扫描仪作为主要测量手段，是目前移动测量系统的主流方案之一，大量应用于高速公路的维护、道路表面评估、交通基础设施测图、城市建模、隧道断面测量等领域。

1.4.5 GNSS/IMU+全景相机模式

该模式在系统中集成 GNSS/IMU 用于获取平台的位置和姿态，集成 360°全景相机用于获取 360°全景影像，该类系统主要用于获取城市和道路的街景影像，以在百度、谷歌、天地图等互联网平台中提供街景图层，在 2007～2015 年曾得到大规模的部署和应用。

1.4.6 GNSS/IMU+激光扫描+全景相机模式

该类系统除集成 GNSS/IMU 作为定位定姿模块外，还集成一个或多个激光扫描仪及 360°全景相机。该类系统在应用中多以激光扫描仪为主测量传感器，提供高精度高密度三维点云，全景相机既可用于点云的着色，也可用于提供 360°全景影像。

1.5 车载移动测量系统发展趋势

通过前文对移动测量技术国内外发展状况及车载移动测量常见模式的介绍可以看出，在早期的车载移动测量系统的研究中，由于传感器种类较少且性能比较低下，系统测量精度受到了一定的限制，也限制了系统的应用和推广。

随着社会发展进步，现代城市发展及其基础设施建设日新月异，对城市基础数据获取产生了快、广、精、真的需求：①快，城市快速发展要求地理空间信息更新快；②广，城市地理空间信息应用需求广泛、类型多、信息丰富；③精，精度高、品质高；④真，真实表现 360°范围内现场真实场景。

随着社会需求的不断增加、需求层次的不断提高，建立与城市发展相适应的测绘保障体系显得尤为重要。随着硬件设备等相关技术的进步，出现了更多新型的、高性能的传感器，这就为车载多传感器集成系统提供了基本的技术保障，也使车载多传感器集成系统进一步朝集成化、高性能及智能化方向发展。

（1）国产化。随着国产卫星导航定位芯片、国产惯性导航系统、国产激光扫描仪技术的发展和进步，越来越多的车载激光扫描系统采用国产传感器，实现车载激光扫描装备的国产化。目前采用国产传感器的车载激光扫描系统在性能上已经接近甚至在部分参数指标上超过进口产品。

（2）一体化小型化。早期的车载激光扫描系统通常使用一个或多个工业计算机，导致系统普遍比较庞大和笨重。随着嵌入式技术的发展以及移动计算机平台计算能力的提升，目前车载激光扫描系统中已经使用嵌入式系统代替工业计算机，使车载移动测量系统的一体化小型化设计成为可能。目前，大部分车载移动测量系统实现了一体化设计，使用笔记本电脑、平板电脑甚至手机操作和控制系统的运行。

（3）多平台搭载。虽然近年来惯性导航系统及激光扫描仪等传感器的成本大幅降低，但车载激光扫描系统仍属于贵重设备。为提高设备的利用率，同一套设备同时应用于车载平台、有人机/无人机平台、船载、背包甚至手持 SLAM 平台越来越得到大家的关注。未来的移动激光扫描系统需要更巧妙的设计，以实现同一设备在多种平台中的便携切换和使用，为实现该目标，需要对移动激光扫描系统的几何结构进行更精巧的设计，同时开发实时的、对场景没有要求的便携系统标定技术。

（4）多源融合定位导航。在城市环境中，存在大量的城市峡谷、高架等 GNSS 信号受到遮挡的环境，导致车载激光扫描系统的定位精度受到影响，目前通常采用控制点纠正的方式提高车载激光扫描系统在这类环境中的定位精度，劳动强度大、效率低。为进一步提高车载激光扫描系统在城市峡谷、高架等环境中的定位精度，在 GNSS/INS 组合定位定姿的基础上，融合激光 SLAM、视觉 SLAM 等技术，实现多源融合定位导航，是车载激光扫描技术的重要发展方向。

（5）智能化数据处理。车载激光扫描系统能够高效地获取海量的点云和影像数据，在后续的数据处理中目前大量依赖人机交互完成，劳动强度大、效率低，极大地限制了车载激光扫描技术在各行各业的推广应用。随着人工智能技术的发展，尤其是深度卷积神经网络技术在影像数据处理中获得了突破性的发展，未来有望采用深度学习技术实现对点云数据的智能高效处理，推动车载激光扫描数据在各行各业中的应用。

>>>>>> 第**2**章

车载移动测量系统集成

车载移动测量系统的集成是实现高效、精确、全面地获取多源空间数据的关键。随着对测绘地理信息需求的不断增长和信息要求的不断提升，车载移动测量系统的设计和集成变得尤为重要。本章将深入探讨车载移动测量系统的体系构架、核心设备、硬件设计及软件集成等内容，旨在为读者提供全面的技术视角，理解如何将不同的硬件和软件组件融合为一个高效、可靠的测量系统。

2.1 车载移动测量系统的体系构架

车载移动测量数据采集、处理及应用系统的体系构架如图 2-1 所示。

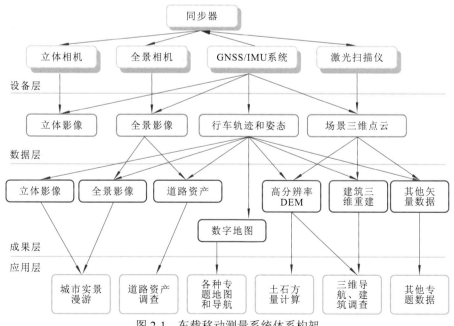

图 2-1 车载移动测量系统体系构架

随着多种新型高性能智能化传感器的出现和性能提高，出现了多种类型的车载移动测量系统。立体影像、360°全景影像、激光扫描与组合惯性定位定姿相结合的移动测量平台是一种非常典型的车载测量系统。

车载移动测量系统的采集、处理及应用体系结构分为4个层次：设备层、数据层、成果层和应用层。

设备层为安装在车辆上的数据采集硬件设备，包括作为时间和空间基准的 POS 系统、用于获取影像数据的全景相机/面阵相机、能直接得到 3D 测量点的激光扫描仪。

数据层为通过设备直接采集或经过预处理后得到的数据。其中，POS 系统能恢复高精度的行车轨迹和高采样频率的位置和姿态数据。定位定姿数据能用于标示全景影像位置和方位，同时它也是拼接和融合多个激光扫描仪数据而得到三维点云的时间和空间基准。

成果层是在数据层的基础上提取的感兴趣的信息。全景影像本身即作为一种可视化输出成果，也可通过它得到一些属性信息，如路面标识和地图关注点（point of interest，POI）等；高精度的行车轨迹可作为数字地图，用于更新路网等；而点云包含了大量的地物几何信息，可构建高精度的路面和路旁的 DEM，也可构建三维的建筑模型，以及其他诸如电力线、电杆、路灯和其他附属设施的部件级三维模型等。

应用层是对成果的应用。不同的行业有不同的需求和具体应用。例如全景影像可直接用于城市街景的实景漫游和实景导航；在全景影像上获得的街道广告位普查；以及基于高分辨率 DEM 的道路改道、维修的土石方量计算；或基于三维建筑模型的街道拆迁、还建量估算等。

2.2 车载移动测量系统的核心设备

2.2.1 组合定位及定姿传感器

定位及定姿系统由 GNSS 天线、基站双频 GNSS 接收机、流动站双频 GNSS 接收机、惯性测量单元（IMU）及里程编码器（odometer）构成。其核心部件是 GNSS 和 IMU，GNSS/IMU 组合定位及定姿系统工作时需要采集基站双频 GNSS 数据、流动站双频 GNSS 数据、与流动站双频 GNSS 做时间同步的高频率的惯性测量单元数据及辅助定位的里程编码器数据。这些数据经 GNSS 差分处理、与惯性数据耦合集成处理后，得到车辆高频率的绝对位置和载体姿态数据。

在国内外移动测量系统中，应用比较广泛的组合定位定姿系统主要有美国 Trimble 旗下 Applanix 公司的 POS/LV 系列和加拿大 NovAtel 公司的同步定位、姿态和导航（synchronous position，attitude and navigation，SPAN）系列。Applanix 的 POS/LV 系列尽管具有良好的精度，但由于价格相对昂贵，系统开放性不强，且常常受到进口限制，在国内的移动测量系统研究与开发中使用较少。NovAtel 公司的 SPAN 系列不同级别的产品种类较多、接口齐全、系统开放性好，在国内使用广泛，从硬件构架、处理方式和数据成果上，国内移动测量系统中 POS 都以 NovAtel 公司的 SPAN 系列为样板。

NovAtel 的 SPAN 系列 GNSS/INS，SPAN 技术将 GNSS 和 INS 组合到一个系统中，它能提供实时、稳定、连续的三维导航信息（位置、速度、姿态），即使在卫星信号受遮挡的情况下，也同样可以提供实时连续稳定的导航信息。SPAN 系统包括 NovAtel OEM7 GNSS 接收机、IMU、GNSS 天线、嵌入式实时融合软件及计算机软件（NovAtel，2017）。特别值得说明的是，SPAN 系统支持来自不同厂家的不同级别数十种 IMU，如 KVH 公司的 CPT 和 1750、Honeywell 公司的 HG1930 和 1900、IMAR 公司的 FSAS、Litef 公司的 uIMU-LCI 和 ISA-100C，因此可以根据不同的应用需要和可获得性，选择具有良好的性价比的产品，集成到移动测量系统中。大部分开展车载移动测量研究和开发的企业或研究单位，都会采用 NovAtel 的 SPAN 系列组合定位定姿方案。图 2-2 所示为 NovAtel 的 SPAN 系列组合惯性导航系统。

（a）NovAtel SPAN-CPT 组合惯性导航系统　　　　（b）NovAtel SPAN SE/LCI 组合惯性导航系统

图 2-2　NovAtel SPAN 系列组合惯性导航系统

NovAtel 的 SPAN 系列组合惯性导航系统主要指标如表 2-1 所示。

表 2-1　SPAN 系列组合惯性导航系统性能

类别	指标	SPAN-CPT（NovAtel，2008）	SPAN/FSAS（NovAtel，2007）	SPAN/LCI（NovAtel，2011）
GNSS 性能	单点 L1/m	1.8 RMS	1.8 RMS	1.5 RMS
	单点 L1/L2/m	1.5 RMS	1.5 RMS	1.2 RMS
	DGPS/m	0.45 RMS	0.45 RMS	0.4 RMS
	速度精度/（m/s）	0.02 RMS	0.02 RMS	0.01 RMS
	GPS 测量频率/Hz	5	5	5
	横滚（roll）	0.05°RMS 实时	0.015°RMS 实时	0.005°RMS 后处理
	俯仰（pitch）	0.05°RMS 实时	0.015°RMS 实时	0.005°RMS 后处理
	航向（heading）	0.1°RMS 实时	0.041°RMS 实时	0.008°RMS 后处理
	时间精度/ns	20 RMS	20 RMS	20 RMS
IMU 性能	陀螺输入量程/（°/s）	±375	±500	±800
	陀螺零偏/（°/h）	±20	<0.75	±0.3
	陀螺零偏稳定性/（°/h）	±1	—	—
	陀螺比例因子/ppm	1 500	300	100
	角随机游走/（°/$\sqrt{h}$）	0.066 7	0.1	0.05
	加速度计量程/Gal	±10	±5	±40
	加速度计零偏/mGal	±50	1.0	<1.0
	加速度计零偏稳定性/mGal	±0.75	—	—
	加速度计比例因子/ppm	4 000	400	250
	IMU 测量频率/Hz	100	200	200

注：ppm 为百万分之一；Gal 为伽，1 Gal＝1 cm/s^2；测量系统中涉及设备图片、参数等信息,分别来自 NovAtel、Honeywell、Sensonor、Balser、Flir、SICK、RIEGL、Ouster、Livox、禾赛科技等公司网站、产品彩页和产品手册

表 2-1 中涉及 GNSS 和 IMU 各项性能指标。GNSS 性能指标比较常见，且容易理解，而且不同的 GNSS 单元之间性能差别比较小；IMU 性能指标相对比较少见，且不太容易读懂，不同的 IMU 性能差别比较大。为增强对 IMU 的理解，确保选择适当的 IMU 以满足应用需求，现对 IMU 各项指标做比较完整的解释。

量程（range）：量程定义为传感器可以测量的最小和最大输入值。任何超出范围的值都不会被传感器测量或输出。在 IMU 中，陀螺输入量程（gyro input range）和加速度计量程（accelerometer range）这两项指标比较重要，在运动速度和姿态变化非常大的移动测量平台中，量程需要更大，IMU 的性能也就需要更好。

零偏（bias）：零偏是指在没有运动输入的情况下，传感器输出的非零值。这个值通常是恒定的，并且代表了传感器测量的系统性误差。零偏可能由多种因素引起，包括传感器的物理特性、制造过程中的公差及环境条件等。IMU 中有陀螺零偏（gyro bias）和加速度计零偏（accelerometer bias）。陀螺零偏可以理解为 IMU 在静止状态下采集 1 h 的角速度数据，由于陀螺存在误差，这 1 h 角速度数据积分而来的角度值（理论上应该为零），因此陀螺零偏单位为度每时（°/h）；加速度计零偏可以理解为 IMU 在静止状态下采集到的加速度值（水平轴 X、Y 直接是采集到的值，垂直轴是采集到的加速度与当地重力加速度之间的差值，理论上应该为零），加速度计零偏单位一般为毫伽（mGal）。

零偏是所有惯性器件中陀螺仪和加速度计都表现出来的常值误差，是惯性器件中所有误差构成中的主要误差项，直接反映了惯性测量单元的性能，是一个非常重要的指标。IMU 零偏可以测量许多不同类型的零偏参数，包括运行中零偏稳定性、开机零偏稳定性或重复性及随温度变化的零偏。

运行中零偏稳定性（in-run bias stability）或零偏不稳定性（bias instability）：零偏不稳定性衡量的是在恒定温度下，传感器在操作过程中零偏随时间的漂移情况，这个参数代表了在最佳情况下能够估计传感器零偏的精度，因此，零偏不稳定性是衡量传感器长期稳定性的最重要指标，因为它为零偏可以测量的精度设定了下限。在 IMU 中，有陀螺零偏不稳定性（gyro bias instability）和加速度计零偏不稳定性（accelerometer bias instability），单位分别为°/h 和 mGal。

零偏重复性（bias repeatability）或开机零偏稳定性（turn-on bias stability）：零偏重复性描述的是在恒定条件下（如温度）每次启动传感器时出现的初始零偏值的一致性。由于热、物理、机械和电气变化，每次启动时的初始零偏可能会有所不同。这个参数对评估传感器在多次启动后是否能够提供一致的初始读数非常重要。虽然这种初始零偏由于其变化性质而无法在生产中校准，但辅助惯性导航系统（如 GNSS 辅助的）可以在每次启动后估计这种零偏，并在输出测量中考虑它。开机零偏稳定性对未辅助的惯性导航系统或执行陀螺罗经操作的系统最为相关。IMU 中有陀螺零偏重复性（gyro bias repeatability）和加速度计零偏重复性（accelerometer bias repeatability），单位分别为°/h 和 mGal。

零偏温度稳定性（bias temperature stability）：零偏温度敏感性描述了零偏随温度变化的敏感程度。在不同的温度下，传感器的零偏可能会有所不同，这个参数就是用来衡量温度变化对零偏影响的大小。对于需要在不同温度下工作或对温度变化敏感的应用，了解零偏温度敏感性非常重要。在 IMU 中，有陀螺零偏温度重复性（gyro bias temperature stability）和加速度零偏温度重复性（accelerometer bias temperature stability），单位分别为°/h 和 mGal，并会给出温度变化的速率，如$\Delta T \leqslant \pm 1$ ℃/min。

上述零偏可分为静态分量和动态分量两部分。零偏重复性是静态分量部分，包含逐次启动零偏和经标定补偿之后的剩余常值项零偏，零偏的静态分量在一次启动的整个工作过程中都保持不变，但各次启动则会发生变化。零偏稳定性和零偏温度稳定性是零偏的动态分量，在数分钟的工作时间内或随着温度就会有变化，零偏的动态分量包含经标定补偿之后的温度零偏剩余项。一般情况下动态零偏占静态零偏的 10%左右（袁洪 等，2021）。

在 IMU 的校准和性能评估中，理解和测量这些零偏参数是至关重要的。校准过程通常包括确定这些零偏参数，并开发校正算法来减少它们对传感器输出的影响，从而提高 IMU 的整体精度和可靠性。

随机游走（random walk）：如果将传感器的含噪声输出信号进行积分，例如积分角速率信号以确定角度，由于存在噪声，积分将随时间漂移，这种漂移表现为输出信号在每个样本点上似乎随机地迈出一小步，因此得名"随机游走"。在 IMU 中，传感器的两种主要类型的随机游走分别为：角度随机游走（angle random walk，ARW），适用于陀螺仪；速度随机游走（velocity random walk，VRW），适用于加速度计。随机游走的规格通常对于陀螺仪以°$/\sqrt{h}$ 单位给出，对于加速度计以 m/(s·$\sqrt{h}$)的单位给出。通过将随机游走乘以时间的平方根，可以恢复由噪声引起的漂移的标准偏差。

ARW 和 VRW 对长时间积分或高精度速度测量、高精度导航系统尤为重要，因为它们直接影响系统能够达到的定位和姿态精度。例如，在无人机或潜艇的导航中，ARW 较高的传感器会导致随时间增加的较大的姿态误差，从而影响导航的准确性。在导航系统中，如果加速度计的 VRW 较高，那么即使在静止状态下，速度和位置的估计也可能会随时间产生显著的误差。在 IMU 的设计和选择中，理解 ARW 和 VRW 及其对系统性能的影响是至关重要的。通过选择具有低 ARW 和 VRW 的 IMU，可以提高导航和定位系统的整体精度和可靠性；为了准确评估和比较不同传感器的噪声性能，通常在校准过程中进行测量，并通过适当的滤波和数据处理技术来减少其对系统性能的影响。

比例因子（scale factor）：比例因子是指传感器输出信号与其测量的物理量之间的比例关系。在理想的传感器中，输出信号应精确地按照输入的物理量（如加速度或角速度）呈比例变化。比例因子是一个乘法系数，用于将传感器的原始输出转换为实际测量的物理量。比例因子误差的来源可能包括传感器的制造公差、温度变化、长期使用过程中的磨损等。这些误差会影响传感器输出的准确性，从而影响整个系统的导航和定位精度。比例因子误差通常用 ppm（parts per million，百万分之一）来表示，这是一种非常小的误差单位，用于表示比例因子误差的微小变化。在 IMU 中，传感器的两种主要类型的比例因子分别称为陀螺比例因子（gyro scale factor）和加速度计比例因子（accelerometer scale factor）。

比例因子通常需要通过校准过程来确定。在校准过程中，传感器被置于一系列已知的输入条件下，记录其输出，并使用这些数据来计算比例因子。校准后，可以对传感器的输出进行数学修正，以补偿比例因子误差，从而提高测量的准确性。比例因子误差是一个重要的性能指标，它影响传感器输出数据的标度和准确性。高精度的应用，如军事导航、航天器导航或高精度工业自动化，通常要求 IMU 具有极低的比例因子误差，以确保整个系统的性能满足严格要求。

在表 2-1 中，SPAN-CPT 是一个采用光纤陀螺的入门级惯性组合系统，它以一体机的方式集成了 GPS、IMU 和 SPAN 实时处理模块。它的精度比较低，每小时陀螺漂移达 20°，加速度零偏达到 50 mGal，角度随机游走为 $0.066\ 7°/\sqrt{h}$，它只能满足一些基本的定位定姿需求，在 2018 年 NovAtel 集成 Honeywell 的微电子机械系统（micro-electro-mechanical systems，MEMS）惯性测量单元，推出了 SPAN-CPT7 组合定位定姿系统，体积、重量大幅减少，性能得到大幅提升，已经能够达到高精度光纤惯性组合定位定姿系统的水平。

SPAN/FSAS 是一个高精度惯性组合系统，它以分体机的方式组合成系统，其中 FSAS IMU 由德国 iMar 公司制造。FSAS IMU 的陀螺仪偏差小于 0.75°/h、加速度计零偏为 1 mGal，角度随机游走为 $0.1°/\sqrt{h}$，IMU 由 NovAtel SPAN 接收机同步触发，实现 GNSS/IMU 实时组合定位定姿、数据采集和存储。

NovAtel 用户可以很容易地将 IMU 连接到 SPAN 功能接收机上，如 SPAN-SE 接收机。

SPAN/LCI 是一个更高精度惯性组合系统，它以分体机的方式组合成系统，其中 IMU-LCI 属于战术级惯性测量单元，IMU 的陀螺仪零偏为 0.3°/h、加速度计偏差小于 1 mGal，角度随机游走为 $0.05°/\sqrt{h}$，由德国 Norhrop-Grumman Litef 公司生产。NovAtel 用户可以很容易地将 IMU 连接到 SPAN 功能接收机上，如 SPAN-SE 接收机。

在表 2-1 中，SPAN/CPT 给出了实时的横滚、俯仰和航向姿态精度，分别为 0.05°、0.05° 和 0.1°RMS；SPAN/FSAS 给出了实时的横滚、俯仰和航向姿态精度，分别为 0.015°、0.015° 和 0.041°RMS；SPAN/LCI 没有给出实时姿态精度，只给出了后处理横滚、俯仰和航向姿态精度，分别为 0.005°、0.005° 和 0.08°RMS。

不同 GNSS/IMU 组合定位定姿系统中，定位数据精度差别不是很大，但由于 IMU 性能指标和价格差异比较大，姿态精度也会有很大的差异。在移动测量系统中，姿态精度对最终移动测量成果精度影响比定位数据精度大得多。由于后处理姿态精度会比实时姿态精度高很多，为提高移动测量系统精度，一般都会采用后处理的方式，获得横滚、俯仰和航向姿态数据。数据后处理用专业的 GNSS/IMU 组合定位定姿计算软件完成，如 Inertial Explorer。

Inertial Explorer 是 NovAtel 公司的 Waypoint 系列软件产品，它提供的强大的、可配置度高的处理引擎，利用所有可用的 GNSS 数据来提供高精度的 GNSS/INS 导航信息。软件同样具有多种质量控制特性，因此输出结果的定位定姿结果质量良好。

软件基准站数据下载功能可以利用上千个公共可用的、连续工作的参考站数据来实现精密单点定位（precise point positioning，PPP）功能。这样可以满足众多没有基准站的应用需求。Inertial Explorer 可以从 NovAtel 的 SPAN 系列 GNSS/INS 系统中导入数据，同样可以导入多种接收机产品的 GNSS 数据，并具有一系列 IMU 产品数据导入功能。当数据处理完成后，可以多种输出格式输出处理结果。

SPAN/CPT 系统后处理精度见表 2-2。

表 2-2 GNSS 中断后 SPAN/CPT 系统性能

| 中断期/s | 定位模式 | 位置误差/m | | 速度误差/（m/s） | 测姿误差/（°） | | |
		水平	垂直	3D	横滚	俯仰	航向
0	PP	0.010	0.015	0.020	0.030	0.030	0.055
60	PP	0.290	0.100	0.040	0.033	0.033	0.074
120	PP	1.280	0.250	0.700	0.041	0.041	0.077

注：PP 为后处理（post processing）

SPAN/FSAS 系统后处理精度见表 2-3。

表 2-3 GNSS 中断后 SPAN/FSAS 系统性能

| 中断期/s | 定位模式 | 位置误差/m | | 速度误差/（m/s） | | 测姿误差/（°） | | |
		水平	垂直	水平	垂直	横滚	俯仰	航向
0	RTK	0.020	0.050	0.020	0.010	0.008	0.008	0.023
	SP	1.200	0.600	0.020	0.010	0.090	0.013	0.024
	PP	0.010	0.015	0.020	0.010	0.008	0.008	0.012
10	RTK	0.013	0.030	0.018	0.008	0.006	0.007	0.009
	SP	1.240	1.150	0.028	0.008	0.008	0.010	0.025
30	RTK	0.830	0.160	0.055	0.008	0.009	0.010	0.017
	SP	1.600	1.550	0.062	0.010	0.010	0.016	0.028
60	RTK	3.420	0.440	0.129	0.013	0.012	0.014	0.023
	SP	3.950	1.650	0.131	0.014	0.012	0.015	0.032
	PP	0.150	0.050	0.030	0.030	0.010	0.010	0.016
120	PP	0.590	0.060	0.040	0.040	0.012	0.016	0.018

注：RTK 为实时动态测（real time kinematic）；SP 为单点定位（single point positioning）

SPAN/LCI 系统后处理精度见表 2-4。

表 2-4 GNSS 中断后 SPAN/LCI 系统性能

| 中断期/s | 定位模式 | 位置误差/m | | 速度误差/（m/s） | | 测姿误差/（°） | | |
		水平	垂直	水平	垂直	横滚	俯仰	航向
0	RTK	0.020	0.050	0.020	0.010	0.007	0.007	0.018
	SP	1.200	0.006	0.020	0.010	0.007	0.007	0.020
	PP	0.010	0.015	0.010	0.010	0.005	0.005	0.008
10	RTK	0.070	0.060	0.022	0.010	0.007	0.007	0.018
	SP	1.660	1.170	0.024	0.012	0.008	0.008	0.025
	PP	0.010	0.020	0.010	0.010	0.005	0.005	0.008
60	RTK	1.670	0.480	0.061	0.015	0.009	0.009	0.021
	SP	2.460	1.330	0.066	0.015	0.009	0.009	0.026
	PP	0.110	0.030	0.015	0.015	0.006	0.009	0.010

在表 2-4 中，精度结果来自地面车载模式实验数据，车辆运行包含航向上的多次机动（如通常在地面车辆中看到的场景），失锁精度统计采用至少 30 组完全失锁数据，取每组最大误差来统计失锁阶段 RMS 值。每次失锁和下次失锁之间保证 120 s 卫星完整信号跟踪。每次失锁前后保证高精度 GPS 更新量（整周模糊度确定）可用。定位模式有三种：RTK 模式、SP 模式和 PP 模式。RTK 模式是组合定位定姿系统中 GNSS 以 RTK 模式工作，定位数据实时与 IMU 融合，输出位置、姿态和速度等信息，由于基线长度变化，所有精度值都应该加上 1 ppm 的误差；SP 模式是组合定位定姿系统中 GNSS 以单点定位（L1/L2）模式工作，定位数据实时与 IMU 融合，输出位置、姿态和速度等信息；PP 模式是数据后处理模式，采用 Inertial Explorer 软件处理。

从表 2-2 和表 2-3 可以看出，SPAN/CPT 后处理横滚、俯仰和航向姿态精度，分别为 0.030°、0.030° 和 0.055° RMS，比实时姿态精度高；SPAN/FSAS 后处理横滚、俯仰和航向姿态精度，分别为 0.008°、0.008° 和 0.012°，也比实时姿态精度高不少。SPAN/CPT、SPAN/FSAS 和 SPAN/LCI 是三款不同精度的、从 IMU 的性能指标上差别比较法，反映在后处理姿态精度上也有较大的差距。

从表 2-4 可以看出，当 GNSS 良好的时候，系统的定位定姿精度非常高，但在 GNSS 中断以后，系统精度下降非常快。例如在 RTK 模式下，GNSS 信号良好的时候，水平精度为 0.020 m，在 GNSS 信号中断 10 s 后，水平精度下降为 0.070 m，在 GNSS 信号中断 60 s 后，水平精度下降到 1.670 m。

从表 2-4 同样可以看出，PP 模式相对于其他模式，精度下降的速度相对较慢，在 GNSS 信号中断 10 s 后，水平精度下降为 0.010 m，在 GNSS 信号中断 60 s 后，水平精度下降为 0.110 m。这是由于 Inertial Explorer 松/紧耦合处理引擎可利用所有可用的 GNSS 数据来提供高精度的 GPS/INS 导航信息。GNSS/INS 紧耦合处理利用 GNSS 观测数据，在即使只有 2 颗卫星信号不能形成有效 GNSS 定位时，也可以约束误差增长，计算出定位定姿结果。因此，在需要获得高精度测量结果的场合，必须采用架设基站做后处理的方式来利用 GNSS/INS 系统的定位定姿数据。

除 Applanix、Novatel SPAN 系列惯性导航组合定位定姿系统外，近年 MEMS 技术迅速发展，以 MEMS 陀螺仪的角速度测量和 MEMS 加速度计的加速度测量为基础的 MEMS 惯性导航系统具有小型化、低成本、高性能和高稳定性的特点，MEMS 惯性导航组合定位定姿系统已经在导航和定位领域发挥关键的作用。

为使车载移动测量系统小型化、一体化、多平台化及系统性价比更好，诸多的 MEMS 惯性导航也在车载移动测量系统中得到广泛应用。如美国 Honeywell HG4930、STIM300 等，如图 2-3 所示。

（a）Honeywell HG4930　　　　　　　（b）STIM300

图 2-3　Honeywell HG4930 及 STIM300 惯性测量单元

HG4930 物理尺寸为 65 mm×51 mm×35.5 mm，重量为 140 g，具备 600 Hz/100 Hz 的数据采样率，不同的型号具备从 0.25°/h 到 0.45°/h 的陀螺仪零偏稳定性，其详细技术参数如表 2-5 所示。

表 2-5　Honeywell HG4930 技术参数

型号	陀螺量程/(°/s)	加速度计量程/Gal	陀螺零偏重复性/(°/h 1σ)	陀螺零偏稳定性/(°/h 1σ)	角度随机游走系数/(°/√h)	加速度计零偏重复性/(mGal 1σ)	加速度计零偏稳定性/(mGal 1σ)	速度随机游走系数/(m/(s·√h))
HG4930CA51	±400	±20	7	0.25	0.04	1.7	0.025	0.030
HG4930BA51	±400	±20	10	0.35	0.05	2.0	0.050	0.040
HG4930AA51	0±40	±20	20	0.45	0.06	3.0	0.075	0.060

不同的 IMU 厂家，给出的参数有所不同，HG4930 主要给出了陀螺零偏重复性、陀螺零偏稳定性、角度随机游走系数、加速度计零偏重复性、加速度计零偏稳定性和速度随机游走系数等参数，而没有给出零偏值。在 HG4930 系列中，CA51 型号性能比较好，是多平台移动测量系统中主要使用的惯性导航系统型号。HG4930 后处理性能如表 2-6 所示。

表 2-6　GNSS 中断后 HG4930 系统性能

中断期/s	定位模式	位置精度/m		速度精度/(m/s)		航姿精度/(°)		
		水平	垂直	水平	垂直	横滚	俯仰	航向
	RTK	0.02	0.05	0.015	0.010	0.010	0.010	0.030
0	SP	1.20	0.60	0.015	0.010	0.010	0.010	0.030
	PP	0.01	0.02	0.015	0.010	0.005	0.005	0.010
	RTK	0.12	0.10	0.040	0.020	0.020	0.020	0.040
10	SP	1.30	0.65	0.040	0.020	0.020	0.020	0.040
	PP	0.01	0.02	0.020	0.010	0.005	0.005	0.010
	RTK	3.82	0.75	0.165	0.035	0.030	0.030	0.055
60	SP	5.10	1.30	0.165	0.035	0.030	0.030	0.055
	PP	0.15	0.05	0.020	0.010	0.007	0.007	0.012

HG4930 的角度随机游走系数为 $0.04°/\sqrt{h}$，比 SPAN/FSAS 的 $0.10°/\sqrt{h}$ 高不少，在卫星信号良好的情况下，HG4930 后处理姿态精度为 0.005°/0.005°/0.010°，比 SPAN/FSAS 的 0.008°/0.008°/0.012° 更优。HG4930 比早期在车载移动测量系统中集成较多的 SPAN/FSAS 体积小、重量轻、结构简单、性能高且价格低得多，现在基本替代 SPAN/FSAS，成为车载移动测量系统和多平台移动测量系统中主力的惯性导航系统。

STIM300 的物理尺寸为 44.8 mm×38.6 mm×21.5 mm，重量为 55 g，具备 125 Hz 的数据采样率，具备 0.5°/h 的陀螺零偏稳定性，其详细技术指标如表 2-7 所示。

表 2-7 STIM300 惯性测量单元技术指标

指标	数值
陀螺测量范围/(°/s)	±400
陀螺零偏稳定性/(°/h)	0.5
陀螺全温零偏稳定性/(°/h)	10（$\Delta T \leqslant \pm 1$ ℃/min）
陀螺随机游走/(°/$\sqrt{h}$)	0.15
陀螺标度因数精确度/ppm	±500
陀螺分辨率/(°/h)	0.22
加速度计测量范围/Gal	±10
加速度计零偏稳定性/mGal	0.05
加速度计分辨率/μg	1.9
速度随机游走 /(m/(s·$\sqrt{h}$))	0.06
加速度计全温零偏稳定性/mGal	2（RMS）
加速度计标度因数精确度/ppm	±300
倾角罗盘输入范围/Gal	±1.7
倾角罗盘分辨率/μGal	0.2
倾角罗盘标度因数精确度/ppm	±500
重量/g	55
冲击/Gal	1500
工作温度/ ℃	−40～+85
工作电压/V	5±0.5
功耗/W	＜1.5
启动时间/s	1
采样率/Hz	125
尺寸/mm	44.8×38.6×21.5
输出形式/W	1.3

STIM300 主要给出的 IMU 参数比较全面，但没有给出零偏值。从给出的陀螺零偏稳定性、角度随机游走系数、加速度计零偏稳定性和速度随机游走系数等参数来看，普遍比 HG4930 低，其后处理性能如表 2-8 所示。

表 2-8 GNSS 中断后 STIM300 系统性能

中断期/s	定位模式	位置精度/m		速度精度/(m/s)		航姿精度/(°)		
		水平	垂直	水平	垂直	横滚	俯仰	航向
	RTK	0.02	0.03	0.020	0.010	0.015	0.015	0.080
0	SP	1.00	0.60	0.020	0.010	0.015	0.015	0.080
	PP	0.01	0.02	0.020	0.010	0.006	0.006	0.019

失锁时间/s	定位模式	位置精度/m		速度精度/（m/s）		航姿精度/（°）		
		水平	垂直	水平	垂直	横滚	俯仰	航向
10	RTK	0.27	0.14	0.051	0.017	0.025	0.025	0.095
	SP	1.22	0.71	0.051	0.017	0.025	0.025	0.095
	PP	0.02	0.02	0.020	0.010	0.007	0.007	0.021
60	RTK	6.61	1.46	0.280	0.051	0.044	0.044	0.130
	SP	7.56	2.03	0.280	0.051	0.044	0.044	0.130
	PP	0.22	0.10	0.024	0.011	0.008	0.008	0.024

在表 2-8 中，由 STI300 惯性测量单元构成的组合定位定姿系统，在卫星信号良好的条件下，后处理航姿精度为 0.006°/0.006°/0.019°。从数值上，STIM300 系统的横滚、俯仰精度与 HG4930 的精度差别不大，但 STIM300 系统的航向误差值是 HG4930 航向误差值的 2 倍，在相同的测量距离下，最终系统误差也会大 2 倍左右。但由于 STIM300 IMU 体积小、重量非常轻，常用在对重量非常敏感而飞行高度不高的无人机移动测量系统中。

作为车载移动平台中最重要的一类传感器 GNSS/INS，辅以车辆里程计（odometer），它主要作用体现在以下 4 个方面。

（1）GNSS/INS 中的实时 GNSS 信号及 GNSS 与 IMU 实时或后处理结果将作系统的时间基准和空间基准，为此该设备在车载多传感器集成的移动测量系统中处于核心地位。

（2）实时提供并记录车辆的运行轨迹和姿态，利用这些信息可以建立道路网的基础数据，如道路线、道路坡度、转弯半径等。

（3）GNSS/INS 集成后处理数据，为安装于车辆上的其他各测量型传感器提供位置和姿态信息。

（4）GNSS/INS 需要进行后处理，生成高频率和高精度的位置（X、Y、Z）和姿态数据，为运动的载体或传感器提供的位置和姿态。

2.2.2 图像测量传感器

彩色工业数字相机由图像传感器、集成处理电路、传输模块和镜头构成。图像传感器是相机非常重要的组成部分，直接关系图像分辨率的高低及图像质量的好坏。常见的图像传感器有两种电荷耦合器件（CCD）和互补金属氧化物半导体（COMS）。

CCD 图像传感器通过将光线转换为电荷，并在像素阵列中传递这些电荷至输出端，然后转换为电压信号来实现成像。由于光线直接作用于敏感单元上的电荷，造成电荷的转移，CCD 具有在低光照条件下极高的感光性能（甚至能达到光子级别）、色彩准确性、高动态范围和高成像质量。但由于需要经过电荷的转移、读出、转换成电压再进行 A/D 转换，最后形成图像，导致 CCD 制造工艺复杂，生产成本高、功耗比较大且不适合高速成像，所以 CCD 通常用于专业级别的成像设备，如专业级数码相机、航空摄影测量相机及天文摄影相机。

CMOS 图像传感器通过将光线转换为电压，每个像素点都有自己的放大器和读出电路，可以直接将光线强弱转换为电压信号，然后数字化。CMOS 每个像素的信号可以独立读取，不需要像 CCD 那样连续传输所有像素的电荷，成像速度快、允许更多的电子功能集成在单一芯片上，因此功耗远低于 CCD，可以使用标准的半导体生产线制造，工艺简单，所以成本通常比 CCD 便宜。CMOS 传感器因其成本效益和低功耗特性，被广泛应用于手机、数码相机、监控摄像头等消费电子产品。近年来，CMOS 技术的进步已经使得 CMOS 传感器在许多应用中的表现接近或匹敌 CCD，尤其是在高分辨率和高速成像方面。在实际应用中，选择 CMOS 或 CCD 传感器将取决于对成像质量、成本、功耗和系统复杂性的具体要求。

CCD 和 COMS 只能感受到光线的强弱，为了形成彩色图像还需要在图像传感器前端进行一些光学处理，如 3CCD 彩色成像（通过分光光路把来自目标的图像分成三路，每路分别用红、绿、蓝过滤，然后分别投射到 CCD 上，形成 R、G、B 三幅光强图像，生成彩色数字图像）和拜耳滤镜彩色成像。拜耳滤镜彩色成像是常见的彩色图像生成方式，其原理如图 2-4 所示。

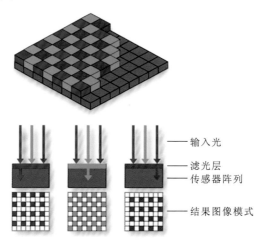

图 2-4　拜耳滤镜彩色成像原理

引自 https://simple.wikipedia.org/

在图像传感器芯片的像素阵列上，布置彩色滤镜阵列涂层。由于人眼对绿色最敏感，彩色滤镜中有 2/4 是绿色滤镜，1/4 是蓝色滤镜、1/4 是红色滤镜。每个滤镜允许同色的光线通过，投射到图像传感器像素上，最终形成图中下部的三幅 R、G、B 的马赛克图像（实际在同一幅图像上，不同的像素有不同颜色的强度值），然后用拜耳滤波插值（Bayer interpolation）算法计算生成彩色图像。

基于立体摄影的测量系统包括多对百万像素以上的彩色工业数字相机和其他纹理/属性相机。每对工业彩色数字相机分别组成立体摄影测量单元，一般需要布置向前、向左和向右三对立体相机，对道路及道路两旁地物进行拍照。由工业彩色数字相机组成立体近景摄影测量单元是早期车载移动测量系统平台上安装的重要测量传感器。在车辆运行的过程中，它以同步的方式连续采集道路及道路两旁的立体影像，基于立体摄影测量的原理可以对每一组像片中地物进行相对测量，利用 GNSS/INS 提供的位置和姿态信息，可以完成地物的绝对坐标点量测和其他几何信息量测。图 2-5 为工业数字相机示例。工业数字相机主要性能见表 2-9。

图 2-5　工业数字相机

表 2-9　工业数字相机主要性能

项目	piA2400-12gc	FL2G-50S5M/C	acA4096-40uc
分辨率	2454×2056	2448×2048	4096×2160
图像芯片	Sony ICX625ALA/AQA CCD	ICX655 HAD/SuperHAD CCD	IMX255 COMS
光学面阵尺寸	2/3″	2/3″	1″
快门	全局快门	全局快门	全局快门
像素尺寸/μm	3.45×3.45	3.45×3.45	3.45×3.45
帧速/fps	12	7.5	12
接口	Gigabit Ethernet	1394b	USB3.0
AD 颜色深度/bit	12	12	12
控制模式	外触发、软件	外触发/自由模式	外触发/自由模式
曝光控制	编程	自动/手动/编程	自动/手动/编程
尺寸/mm	86.7×44×29	2×29×30	35.8×40×30
供电/V	12～24 DC 5.4W	8～30 DC 2.5W	USB3.0 供电

工业相机由于具有时序严格、可控性高、稳定可靠等特点，在车载移动测量系统中常常会被用于采集实时同步系列影像。

获得良好的影像和测量精度的关键是选择合适的图像传感器。在重点考虑影像质量和分辨率的同时，还要考虑相机的帧速、控制模式、曝光模式等因素。在面向城市测绘的移动测量系统集成中，研制的全景成像相机中采用 PointGrey 公司的紧凑型 500 万像素面阵彩色工业 CCD 图像传感器；在基于立体测量的移动测量系统集成中，采用了 Balser 公司的 500 万像素的面阵彩色工业 CCD 相机和 900 万像素的面阵彩色工业 CMOS 相机。

除面阵 CCD/CMOS 相机外，车载移动测量系统中还常搭载全景相机，以用于点云的着色、量测、识别提取乃至三维建模。目前车载移动测量系统中常用的全景相机为 FLIR 公司的 Ladybug5+及 Ladybug6，如图 2-6 所示。

（a）Ladybug5+   （b）Ladybug6

图 2-6   Ladybug5+及 Ladybug6

Ladybug5+及 Ladybug6 全景相机的主要技术参数与性能如表 2-10 所示。

表 2-10   Ladybug5+及 Ladybug6 全景相机的主要技术参数与性能

项目	Ladybug5+	Ladybug6
曝光范围	0.02 ms～2 s	0.02 ms～2 s
闪存	1MB 非易失性存储器	1MB 非易失性存储器
图像处理	快门、增益、白平衡、伽马校正和 JPEG 压缩、可通过软件编程	亮度：黑电平，曝光 色调：伽马校正 色调映射颜色：白平衡、饱和、调平、降噪、锐化、伪色消除
显示帧频	30 fps	7 200 万像素分辨率下为 15 fps（JPEG） 3 600 万像素分辨率下为 29.9 fps（JPEG）
用户设置	2 个内存通道，用于自定义摄像机设置	2 个内存通道，用于自定义摄像机设置
增益范围/dB	0～18	0～18
AD 颜色深度/bit	12	12
部件编号	LD5P-U3-51S5C-B	LD6-U3-122S7C-R
存储湿度/%	20～95（无凝结）	20～95（无凝结）
存储温度/℃	−30～60	−30～60
电源要求/V	12～24	12～24（通过 GPIO 需要外部电）/最大 13Z
快门	全局快门	全局快门
非隔离输入输出端口	2 个双向	2 个双向
分辨率	2 048×2 448	12.288×6.144（72 MP）
辅助输出	3.3 V，150 mA（最大值）	3.3 V，150 mA（最大值）
工作湿度/%	20～80（无凝结）	20～80（无凝结）

项目	Ladybug5+	Ladybug6
工作温度/℃	−20～50	−30～50
光隔离输入/输出端口	1，1	1，1
环境保护	IP65	IP67
接口	USB 3.1 Gen 1	USB 3.1 Gen 1
色度	彩色	彩色
颜色	阳极氧化黑	阳极氧化红
质量/kg	3.0	5.2
CPU	3.1 GHz 双四核 CPU	Intel Core i7 处理器
RAM	8 GB RAM 或更大	8 GB 用于捕获和记录 16 GB 用于后期处理
操作系统	Windows 7、8 或 10，64 位	Windows 10 64 位/Ubuntu 20.04 64 位，仅用于捕获和录制 ARM64，仅用于捕获
端口	USB 3	USB 3.1
合规性	CE、FCC、KCC、RoHS。本产品的 ECCN 编号为 EAR099	CE、RCM、FCC、RoHS、KCC
机器视觉标准	IIDC V1.32	IIDC V1.32

引自 https://www.flir.cn/browse/oem-cameras-components-and-lasers/spherical-imaging-systems/

Ladybug5+及 Ladybug6 都是利用 6 台带有鱼眼镜头的工业面阵相机组合而成，各相机之间具有严格同步性，获取的图像通过计算机拼接成全景图像，视场覆盖球形视场的 90%以上，对于全方面展示地物及场景非常有利，全景相机已经成为车载移动测量系统标准配置。如果车辆在比较高的速度下运行，且需要保持全景图像的量测特性，一般都选用 Ladybug5+或 Ladybug6 全景相机，如果对图像分辨率有较高的要求，如需要采集城市的高分辨率街景，也可以用多台高分辨率的单反相机配鱼眼镜头组装成一台高分辨率全景相机，在面向空间信息采集与发布的车载系统中，采用这种方案。

2.2.3　激光扫描传感器

激光扫描雷达是车载移动测量系统中主要的测量设备，由于激光测量精度高、速度快、直接形成测量结果，作为车载移动平台中传感器的一类，激光扫描仪正快速成为一种三维空间信息的实时获取手段。

在基于立体测量的移动测量系统中，激光扫描雷达测量子系统由两台激光扫描仪（SICK LMS221）构成，如图 2-7（a）所示。在面向空间信息采集与发布的移动测量系统中，激光扫描雷达测量子系统由三台二维激光扫描仪（SICK LMS511）构成，如图 2-7（b）所示。

（a）SICK LMS221 扫描仪　　　　　　　　（b）SICK LMS511 扫描仪

图 2-7　SICK 二维激光扫描仪

SICK 二维激光扫描仪是最早进入国内外市场的扫描仪之一，由于该扫描仪稳定可靠和性价比高，早期常常被移动测量系统厂家选用，作为激光扫描测量传感器，如 Google 的街景数据采集系统和 Topcon 的 IPS2 移动测量系统，均使用了 SICK LMS291 扫描仪，本书研究中使用的 SICK LMS511 是 SICK LMS291 的改型版本，技术参数有所提升。SICK 扫描仪的技术参数如表 2-11 所示。

表 2-11　SICK 扫描仪系统性能

项目	SICK LMS221	SICK LMS511
扫描角度/(°)	180	190
扫描频率/Hz	25～75 分级可调	25～100 分级可调
角分辨率/(°)	0.25～1.0 分级可调	0.167～1.0 分级可调
扫描范围/m	80	80
扫描精度/mm	35	24
多次回波	无	有
激光等级	Class 1	Class 1
数据接口	RS422	以太网/CAN/RS422/232
I/O 接口	开关量输出	开关量输入输出
工作温度/℃	-30～50	-30～50
存储温度/℃	-30～50	-30～70
电源电压/V	24	24

在面向城市测绘的移动测量系统中，激光扫描雷达测量子系统由一台二维/三维一体化激光扫描仪 RIGEL VZ-400 和一台二维激光扫描仪 RIGEL LMS-Q120i 构成。二维/三维一体化激光扫描仪 RIGEL VZ-400 用于道路及两旁地物扫描测量，二维激光扫描仪 RIGEL LMS-Q120i 用于道路面扫描测量。

RIGEL 系列扫描仪是国际上非常先进的激光扫描仪，由于该系列扫描仪扫描精度高、距离远，分辨率高且工艺良好，设备稳定可靠，尽管具有相对较高的价格，但还是被移动测量系统厂家和研究单位采用，用于构建高性能的车载激光扫描测量系统。

以 RIGEL 系列扫描仪为核心测量传感器的移动测量系统，往往是中高端的移动激光扫描测量系统，如 RIGEL 公司的 VMX-250 移动测量系统和 IGI 公司的 StreetMapper 移动测量系统，使用了 RIGEL Q250 扫描仪和 RIGEL LMS-Q120i 扫描仪，本书研究中使用了 RIGEL VZ-400 扫描仪、RIGEL LMS-Q120i 扫描仪和 RIGEL VUX-1UAV 扫描仪（图 2-8）。这三款激光扫描仪的技术参数如表 2-12 所示。

（a）RIGEL VZ-400 激光扫描仪　　　（b）RIGEL LMS-Q120i 激光扫描仪　　　（c）RIGEL VUX-1UAV 激光扫描仪

图 2-8　RIGEL 激光扫描仪

表 2-12　RIGEL 激光扫描仪各项技术指标

指标		RIGEL VZ-400	RIGEL LMS-Q120i	RIGEL VUX-1UAV
扫描模式		二维/三维	二维线扫描	二维线扫描
扫描频率/kHz		300	30	550
测程/m	$\rho \geqslant 80\%$	350	150（>10%）	1 050
	$\rho \geqslant 20\%$	160	150（>10%）	550
最近距离/m		1.5	2	3
精度/mm		5（1σ，100 m）	20（1σ，50 m）	10（1σ，100 m）
重复精度/mm		2	15	5
测量速度/（次/s）		125 000	10 000	500 000
扫描帧速/（fps）		3～120	5～100	200
测角分辨率/（°）		0.002 5	0.01	0.001
垂直视场角/（°）		100	80	360
水平视场角/（°）		360°	—	—
激光等级		Class 1	Class 1	Class 1
同步方式		GNSS PPS/ RS232 NMEA	GNSS PPS/NMEA UDP Time String	GNSS PPS/NMEA UDP Time String

由表 2-12 可知，本书研究项目中使用的 RIGEL 扫描仪具有非常高的扫描速度、密度和精度，这是移动测量系统提供高质量测量成果的重要保证。同时选用的 RIGEL VZ-400 扫描仪是一套二维/三维一体化的扫描仪，基于这个特性，可以设计动静态一体化的城市测量方案，满足不同精度、不同场合的使用需求，并扩大系统的应用范围。

二维或三维的激光扫描系统能够快速以非接触的方式获取目标的高密度和高精度三维空间点云数据，它有效地拓宽了测量数据来源，提高了目标测量自动化程度。二维或三维激光扫描仪提供以仪器中心为原点的系列相对测量点坐标数据，相对测量由仪器自动完成，无须人工干预；利用GPS/INS提供的高频位置和姿态数据，这些相对测量点云坐标数据就可以利用激光扫描系统绝对标定的参数和数学模型，转换成具有全球地理描述能力的绝对坐标数据。

此外，RIGEL miniVUX-1LR 激光扫描仪、RIGEL VUX-1LR 激光扫描仪、禾赛 XT32M2X 激光扫描仪、大疆 LiVoxAVIA 激光扫描仪、Velodyne VLP32C 多线激光扫描仪等也常用于车载激光扫描系统中，如图 2-9 所示。

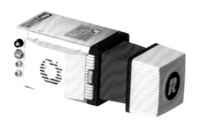

（a）RIGEL miniVUX-1LR 激光扫描仪

（b）RIGEL VUX-1LR 激光扫描仪

（c）Velodyne VLP32C 多线激光扫描仪

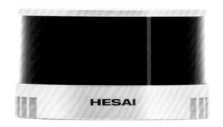

（d）禾赛 XT32M2X 激光扫描仪

（e）Outer OS2 多线激光扫描仪

（f）大疆 LiVox AVIA 激光扫描仪

图 2-9　车载移动测量系统中常用的激光扫描仪

RIGEL miniVUX-1LR 激光扫描仪重 1.6 kg，为单线激光扫描仪，最大测量范围为 500 m，测量精度为 15 mm，扫描速度为 10～100 线/s，具体技术参数见表 2-13；禾赛 XT32M2X 激光扫描仪重 0.49 kg，为 32 线扫描仪，最大扫描距离为 120 m，测距精度为 2 cm，其详细技术参数见表 2-14；大疆 LiVoxAVIA 激光扫描仪重 498 g，等效扫描速度为 144 线/s，其详细技术参数见表 2-15；Velodyne VLP32C 多线激光扫描仪重 925 g，为 32 线激光扫描仪，最大测量距离为 200 m，其技术参数见表 2-16。

表 2-13　RIGEL miniVUX-1LR 激光扫描仪技术参数

指标	数值或说明
激光波长/nm	1 550
激光发射频率/kHz	100
精度/重复精度/mm	15/10
最大测量范围/m	500
最小距离/m	5
激光等级	Class 1
视场角	360° 全景视场角
扫描速度/（线/s）	10～100
扫描数据输出	2×LAN 10/100/1 000 Mbit/s
内置存储器	32 G 存储卡（可升级到 64 G）
外置相机	2×GNSS RS-232 Tx&PPS，电源，触发器，曝光
输入电压/V DC	11～34
功率/W	标准 18
主机尺寸/mm	243×111×85（含风扇） 243×99×85（不含风扇）
重量/kg	约 1.6（含风扇）/约 1.55（不含风扇）
湿度	在 31 ℃条件下，湿度 80%不结露
防护等级	IP64，防尘防溅
温度范围/℃	存储：-20～+50 操作：-10～+40

表 2-14　禾赛 XT32M2X 激光扫描仪技术参数

指标	数值或说明
激光波长/nm	905
垂直视场角/（°）	31（-16～+15）
垂直角分辨率/（°）	1
水平角分辨率/（°）	0.18@10 Hz
测距/m	0～120（0 m 从光罩开始计算）
测距精度/cm	0.5
测距准度/cm	-1～+1
尺寸/mm	100.0（上直径） 103.0（下直径） 76.0（高度）
功耗/W	10
点频	640 000 点/s @单回波

表 2-15　大疆 LiVoxAVIA 激光扫描仪技术参数

指标	数值
激光波长/nm	905
探测距离/m	450@80%
视场角度/(°)	70.4×77.2
最大回波/次	3
测距随机误差/cm	2
角度随机误差/(°)	0.05
数据率/（万点/s）	72（三回波）
光束发散角/(°)	0.03（水平）×0.028（垂直）
IMU/Hz	内置 200
重量/g	498

表 2-16　Velodyne VLP32C 多线激光扫描仪技术参数

指标	数值
激光线数/线	32
测量范围/m	200
范围精度/cm	−3～+3
水平视场/(°)	360
垂直视场/(°)	40（−25～+15）
最小角分辨率（垂直）/(°)	0.33（非线性优化）
角分辨率（水平/方位角）/(°)	0.1～0.4
旋转频率/Hz	5～20
波长/nm	903
功率/W	10
工作电压/V	10.5～18（带有接口盒和调节电源）
重量/g	925（典型的，无线缆和接口盒）
尺寸/mm	103（直径）×87（高）
防护等级	IP67
工作温度/℃	−20～+60
储存温度/℃	−40～+85
单波返回模式/（万点/s）	60
双波返回模式/（万点/s）	120

在上述激光扫描仪中，RIEGL VZ-400 是三维激光扫描仪，它能以静态三维扫描、动态三维扫描及动态二维扫描模式工作，因此可被用于动静态一体化车载移动测量系统中。

RIEGL VUX-1UAV、RIEGL miniVUX-1LR、RIEGL VUX-1LR 及 RIEGLVUX-1HA（VUX-1HA、VUX-1UAV、VUX-1LR 外形和接口都一样，只是测量距离有差异）均是二维单线激光扫描仪，其内部只有一个激光发射器用于飞行时间（time of flight，TOF）测距，通过 45° 布置的高速旋转镜实现 330°～360° 的二维轮廓扫描，基本原理如

图 2-10 所示。二维单线激光扫描仪只能工作在动态模式下，但激光器测距速度非常快、测量精度高、距离长，是车载移动测量中主流的激光扫描测量单元。

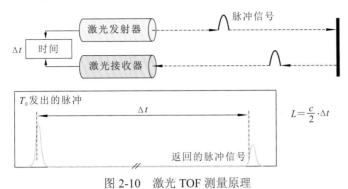

图 2-10　激光 TOF 测量原理

L 为测量距离，c 为光速，Δt 为发出脉冲和返回脉冲之间的时间间隔

真空光速为 299 792 458 m/s≈30 万 km/s（空气的绝对折射率 1.000 28，空气中光的速度为 299 792 458 m/s/1.000 28＝299 708 539.6 m/s）。由激光器发射一束光脉冲射到被测物体上，发射的光脉冲同时也分出一部分启动一个电子触发器（它相当于一个门开关，发射的光脉冲把门打开）使其电平升高，当光脉冲被物体反射或散射回来，由光电探测器转换为电信号经放大关闭触发器（相当于门开关闭合）使其电平下降，触发器处于高电平的时间就是测距光脉冲飞行一个来回的时间 Δt，测量距离即为光速乘以 Δt 的一半。测距原理很简单，但是要获得高精度就很困难，若用频率为 100 MHz 的时钟脉冲测时间，一个脉冲周期 $\Delta t = 10$ ns 光传播要走 3 m，测距精度就只有 1.5 m；用 1 000 MHz（1 G）时钟脉冲测距精度是 15 cm；用 10 000 MHz（10 G）时钟脉冲测距则精度是 1.5 cm；用 100 000 MHz（100 G）时钟脉冲测距精度才能达到 1.5 mm。因此激光高精度测距难度大，激光测距仪的成本也高。

激光测距只能获得一个单点距离值，为进行二维轮廓测量，需要为激光测量光线构建一个运动，常见的方法是激光发射到一个 45° 反射镜上，反射镜高速旋转，把激光发射到垂直于转轴的二维平面上，激光照射到地物后再原路返回，经反射镜进入激光探测器上测得回波信号到达时间，在测量距离的同时也测量旋转镜的转角，因此就可以计算出二维平面内的地物坐标。图 2-11 所示为单线二维激光扫描仪测量原理。

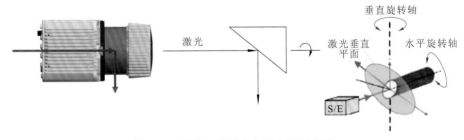

图 2-11　单线二维激光扫描仪测量原理

S/E 为激光发射和接收单元

Velodyne VLP32C、禾赛 XT32M2X 及 Outer OS2［图 2-9（e）］多线激光扫描仪内部有多个半固态激光测距单元同步工作，同时机械旋转部件带动这些激光测距单元旋转，

形成多线测量[①]。

以禾赛 XT32M2X 为例（图 2-12），32 线激光扫描各通道在垂直方向呈均匀分布，角度设计值如图所示分布，相邻两线束间隔 1.3°，由于制造过程中各通道在垂直方向上存在角度偏差，该雷达出厂时将提供角度校准文件。多线激光扫描仪主要为自动驾驶避障设计，测量精度比较低，回波次数比较少，但由于价格便宜，扫描线多，也可以集成到入门级移动测量系统中，用于测量精度要求不高的场合。

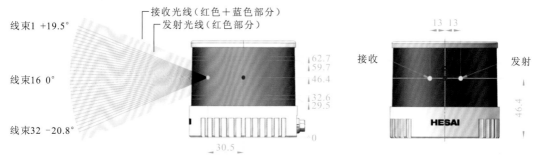

图 2-12　禾赛 XT32M2X 多线激光扫描仪

尺寸单位为 mm

2.3　车载移动测量系统硬件集成

完整的车载移动测量系统由安装于不同位置的硬件及软件构成。系统硬件主要包括基于 GNSS/IMU 的高频定位及定姿传感器、由数字图像传感器组成的立体测量单元、全景相机、纹理或景观相机、二维或三维激光扫描仪、同步控制单元、多台计算机、电源和温控单元、测量设备安装架及操作平台等。

根据车载移动测量系统的不同应用需求，可以采用不同功能的传感器，采用不同的设计方案，实现不同类型的车载移动测量系统。

2.3.1　面向城市测绘的全景成像与激光扫描城市测量系统设计

现代城市发展及基础设施建设日新月异，对城市基础数据获取产生了快（地理空间信息更新快）、广（应用需求广泛，类型多，信息丰富）、精（精度高，品质高）、真（数据反映最新的真实场景）的需求。

对一个快速发展的城市来说，建立与城市发展相适应的测绘保障体系，显得尤为重要。基于改造传统测绘手段、提升测绘服务效率和品质的需求，笔者与宁波市测绘设计研究院合作，于 2010~2012 年提出了车载全景成像与激光扫描城市测量系统的研建与开发。

车载全景成像与激光扫描城市测量系统安装有高精度的激光雷达设备用于获取地面点云，安装有全景相机用于同步获取高分辨率全景影像，同时集成了车载高精度的

---

① https://www.hesaitech.com/cn/product/xt32

GNSS/INS 系统用于平台的实时或后处理的定位定姿以及为激光扫描测量系统和全景相机提供外方位元素。在该系统中，激光扫描仪可方便拆卸和复位，拆卸后可作为静态地面激光扫描仪使用，可以对车辆难以进入的地区或有更高精度要求的地物实施测量。车载全景成像与激光扫描城市测量系统总体构成如图 2-13 所示。

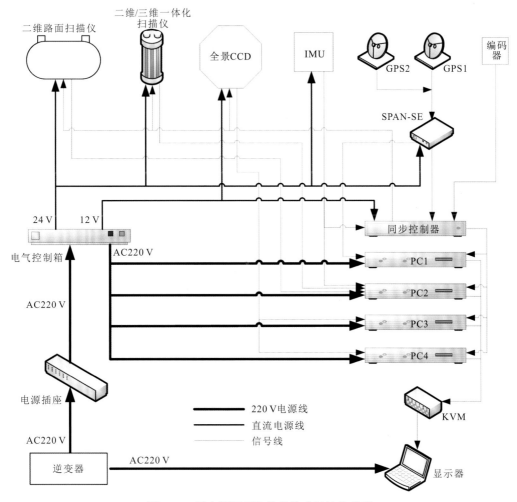

图 2-13　城市测量系统总体构成及连接关系

车载三维激光与全景影像测量系统由车顶平台、扫描测量传感系统、全景传感器、集成控制系统、定位定姿传感器、计算机系统、电气控制系统、电源系统、机柜和车辆构成。车顶平台安装在汽车车顶，扫描测量传感系统安装在车顶平台上，机柜安装在汽车后备箱内，电气控制系统、计算机系统、电源系统固定安装在机柜内。扫描测量传感系统、集成控制系统和计算机系统分别通过信号线相连，电源系统分别为扫描测量传感系统、集成控制系统、计算机系统供电。

激光扫描传感器系统：车载激光扫描与全景成像城市测量系统集成了 RIGEL 公司两种不同型号的激光扫描仪二维/三维一体化扫描仪 VZ-400 和路面二维扫描仪 LMS-Q120i。其中 RIGEL VZ-400 扫描仪安装在车体的右后侧，用于获取车辆两侧的目标点云信息；RIGEL LMS-Q120i 扫描仪安装在车体的后部，主要用于获取地表面点云，从而实现三维空间信息和反射强度信息的获取。

全景影像采集系统：全景影像采集系统用于同步获取全景影像，全景影像提供丰富的场景纹理信息和点云数据处理所需参考信息。全景图像以一种超广角视野表达方式提供了比图像序列更直观、更完整的场景信息，可方便获取 360°视角的真实场景影像。全景影像采集系统由 8 个 CCD 相机构成，单个 CCD 传感器分辨率为 2454×2056，像素大小为 3.45 μm，其最大帧数可达到 17 fps。

高精度 POS 系统：POS 系统主要用于测量扫描仪仪器中心的空间位置和扫描装置的空间姿态，其主要部分为 GNSS 接收机与惯性测量单元，同时辅以车辆里程计（ODO）提高 GNSS 信号弱或者失锁状态下的定位定姿能力。为提高车载系统 GNSS 定位的精度，采用差分全球定位系统（differential global position system，DGPS）的方式同步采集参考站与车辆流动站的观测数据，基站的 GNSS 卫星星历、伪距观测值及载波相位数据与参考站的观测数据进行联合差分计算。惯性测量单元由三轴陀螺仪、三轴加速度计及计算机构成，其中陀螺仪测量车辆移动时的角加速度，加速度计测量车辆移动时三个方向上的线加速度，通过加速度时间积分获取角速度和线速度，二次积分获得车辆在某一时刻的坐标与姿态。

集成控制系统：不同的传感器类型具有不同的数据特性，因此需要进行不同测量设备的同步控制和数据采集。集成控制系统主要用于从计算机系统时钟和 GNSS 时钟中获取时间基准，控制激光扫描仪和全景影像采集系统的数据采集，实现异源数据的时间基准统一，从而能够将激光点云和全景影像由局部坐标系转换到绝对测量坐标系下。

车顶平台：车顶平台是安装激光雷达、全景相机、GNSS 天线、惯性测量单元等设备的机械平台，它由固定在汽车车顶行李架上的平台框架及平台框架下方的减震装置构成（图 2-14 和图 2-15）。车顶平台要求安装方便、结构牢固、具有良好的刚度和抗震性，在各种道路情况下均能支撑激光雷达、全景相机稳定工作，保证车载移动测量系统数据精度。

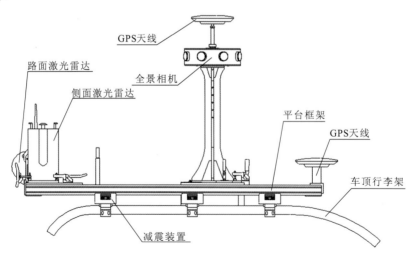

图 2-14　车顶平台设计图（侧视图）

车载激光扫描与全景成像城市测量系统整体设计如图 2-16 和图 2-17 所示。

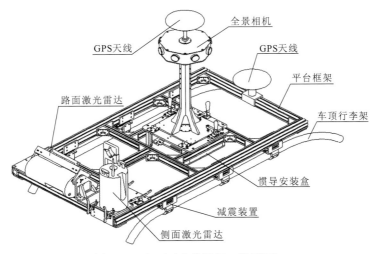

图 2-15　车顶平台设计图（轴测图）

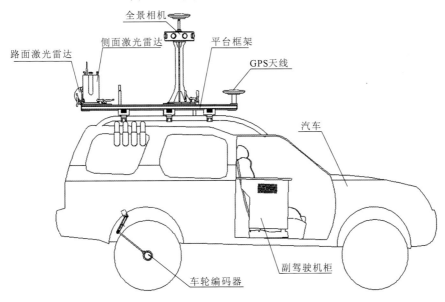

图 2-16　城市测量车整体设计图（侧视图）

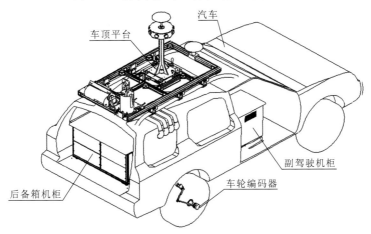

图 2-17　城市测量车整体设计图（轴测图）

在城市测量系统中，为保证动静态条件下的测量精度，设计稳定的光学、机械平台是车载移动测量系统硬件集成的关键，在面向城市测量的车载移动测量系统集成中，光、机平台的设计主要依照以下几个原则。

平台的稳固性：相对测量传感器（激光扫描、全景成像）和绝对测量传感器（惯性定位定姿系统）等设备必须牢固安装在车顶平台上，车顶平台不仅需要很好的强度，保证在长时间行车震动的过程中不发生变形，而且要保持良好的刚度，保证惯性测量单元与激光扫描、全景成像之间相对位置和相对角度不会因运动、受力而发生变化。

平台减震：各个测量传感器和其他设备，尽管自身具备一定的抗震能力，但由于车辆将在道路上长期行驶，国内路况千差万别，这将给仪器带来强烈的冲击。因此在车辆顶部与平台的连接部位设计有柔性钢丝减震装置。钢丝减震装置会大大减轻车辆在非稳定行驶状态下的振动冲击给仪器带来的损害，对像激光扫描仪这样的精密光学测量设备，尤为重要。

模块化设计：适用于城市测量的车载移动测量系统配置了高端的测量传感器，为提高设备的利用率，常常会把单独某个设备从系统中独立出来使用或临时安装在其他系统上使用，因此，需要反复拆卸的设备，要以模块化设计的方式集成到系统中，并且设计方便的拆装和复位装置，从而能够使设备临时快速移出系统使用，并能在能保证设备复位精度的前提下快速复位。

动静态一体化测量模式：系统 VZ-400 扫描仪是一款高密度、高精度和高效二维/三维一体化扫描仪，通过编程控制它可以运行在二维线扫描模式和三维的 360° 扫描模式。为最大限度地利用该高端设备，提高测量系统在城市复杂地理空间环境下的适用性，研究并设计了多种方式相结合的系统激光扫描测量工作模式，即动态测量模式、走停测量模式和分离测量模式。

动态测量模式是指激光扫描仪工作在二维线扫描模式，随着车辆的移动，扫描仪扫过道路两旁的地物，获得激光扫描点云，由 GPS/IMU 提供定位和定姿。在该模式下，车载测量系统快速移动，系统的外业工作效率非常高。

走停测量模式是指激光扫描仪在车顶上做三维扫描，在需要扫描车辆周围三维地物的时候，车辆停下来静止几分钟，通过程序控制扫描仪做 360° 的三维扫描，扫描完以后车辆继续开往下一地点。在激光扫描仪做三维扫描的同时，可以继续采集GPS/IMU 数据，在后处理中可以设定为静态解算模式，提高该点 GPS/IMU 定位定姿精度，从而提高系统的测量精度。

分离测量模式是指把扫描仪从平台上拆卸下来，搬到车辆不能到达的区域做扫描测量，如小区的内部等地方。分离测量结果可通过控制点集成到车载扫描测量结果中。

2.3.2　面向空间信息采集与发布的车载系统设计

根据近地地理空间数据采集需求研制车载空间信息采集系统，该系统主要为面向行业用户及公众用户的空间信息发布平台提供激光点云和高分辨率全景图像基础数据。

该系统适用于多种市售汽车车型，系统由电源系统、副驾驶位操作平台、后备箱机柜、车顶平台及全景相机、激光扫描仪、GNSS/INS 组合导航系统、车轮编码器等传感器构成（图 2-18）。传感器的具体分布为：IMU 位于后备箱机柜居中位置，GNSS 天线、激光扫描仪、高清全景相机安装在车顶平台上。

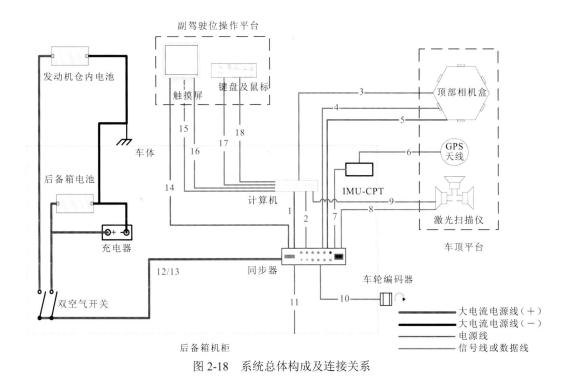

图 2-18 系统总体构成及连接关系

车顶平台是各种测量设备的固定平台，其整体位于车顶行李箱内，通过底部铝合金板与车顶行李架固定。底部铝板上有两根滑动导轨，圆柱支杆可通过滑动底座在导轨上滑动。圆柱支杆上可固定相机组合、激光雷达组合等测量、拍摄设备。设备正常工作的状态下，支杆立起并用左右两根撑杆固定；车辆通过限高处时可将支杆暂时倾斜，通过后复原；非工作状态下支架可倒伏在行李箱内，盖上行李箱盖，保护设备。

图 2-19 为车顶平台半倒状态结构示意图，图 2-20 为车顶平台工作状态结构示意图。

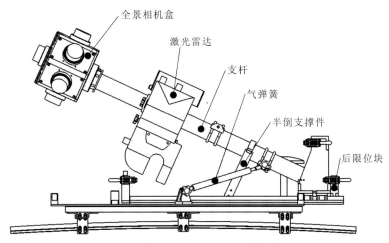

图 2-19 车顶平台半倒状态结构示意图

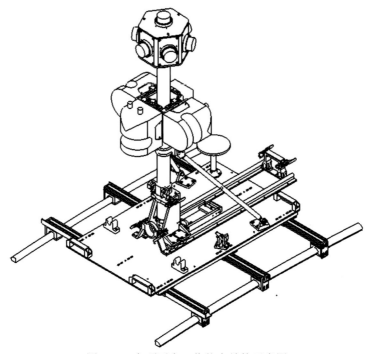

图 2-20　车顶平台工作状态结构示意图

完成硬件集成后的车载系统如图 2-21 和图 2-22 所示。

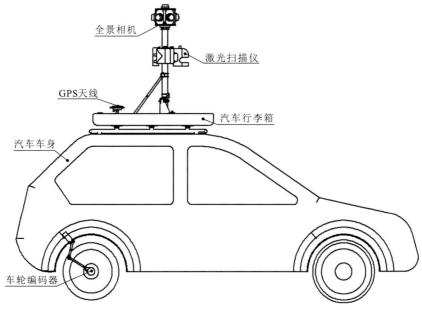

图 2-21　车载系统结构（正视图）

　　为使系统能在城市里的小巷、公园、自然风景区、学校、名胜古迹等汽车车载采集系统无法抵达的地方工作，特别研发了基于三轮车承载平台的移动测量系统。系统外观如图 2-23 所示。

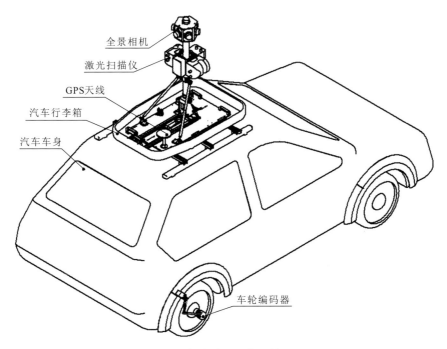

图 2-22   车载系统结构（轴测图）

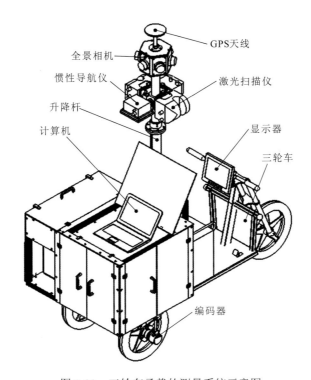

图 2-23   三轮车承载的测量系统示意图

乘用车平台和三轮车平台的激光扫描和全景成像移动测量系统安装的设备基本相同，都安装了高分辨率全景相机、三台激光扫描仪和 GPS/INS 系统。

2.3.3 基于立体摄影测量的移动测量系统设计

基于立体测量的移动测量系统主要功能为采集道路及两旁地物的立体影像，系统能建立可量测实景影像库，为道路及附属设施的管理提供翔实的基础数据。

系统可采用具有良好内部空间的商务车型改装，系统由电源系统、机柜、操作台、车顶平台、多对立体相机、二维激光扫描仪、GNSS/INS 组合定位定姿系统、车轮编码器等传感器构成。系统的总体构成及连接关系如图 2-24 所示。

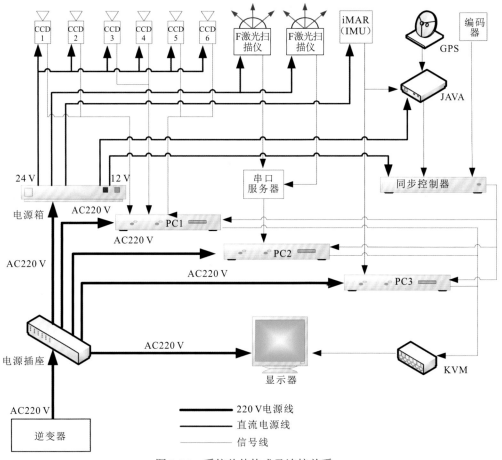

图 2-24　系统总体构成及连接关系

立体测量相机：系统设计了三套立体相机，分别向左 45°布置相机 1、相机 2，向正前方布置相机 3、相机 4、向右 45°布置相机 5、相机 6。相机为分辨率不低于 500 万像素的工业彩色 CCD 传感器，每套立体影像测量系统内两相机之间距离 1.4～1.6 m，形成测量基线，在三套立体相机安装车顶平台上面，同步采集道路左方、前方、右方的高分辨率影像。

激光扫描仪：在测量平台后端，安装有两台 180°线激光扫描仪，两台激光扫描仪背靠安装。激光扫描仪在车辆行驶过程中，扫描道路两旁地物及道路面形成完整 360°激光点云，在该激光点云上可以直接完成对地物的坐标及其他几何要素的测量。

激光纹理相机：激光纹理相机是与立体测量相机同型号的彩色数字工业相机，两台相机分别安装在激光扫描仪的上部，在二维扫描仪沿道路扫描的时候，同步拍道路两旁的影像。该影像经标定与激光点云融合，作为激光点云的纹理影像，为地物判读及三维建模提供丰富的属性信息。

惯性组合系统：GPS/INS 由双频 GPS 天线、JAVAD 双频 GPS、iMar-FMS 惯性测量单元及车轮编码器等构成，惯性组合系统高输出频率的位置和姿态，为三套立体测量相机和两台激光扫描仪提供外部参数，使立体测量相机和激光扫描仪具有绝对坐标测量能力。

同步控制单元：同步控制单元为系统运行所需的核心控制和协调单元，同步控制器从双频 GPS 中获得并保持高端精度时间基准，接收车轮编码器的行走脉冲信号输入，控制立体测量相机和激光纹理相机拍摄数字图像，并为二维激光扫描仪扫描数据帧提供时间标签，让系统设备都统一运行在 GPS 基准时间上。

车顶平台：车顶平台为设备安装机械平台，三套立体相机、两台激光扫描仪、GPS 天线、惯性测量单元、纹理相机都安装在平台上面。该平台设计需要重点考虑牢固性和可靠性。

测量平台设计如图 2-25 和图 2-26 所示。

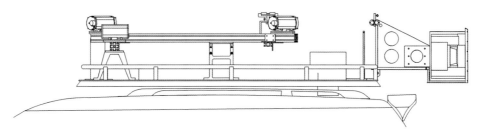

图 2-25　测量平台设计图（侧视图）

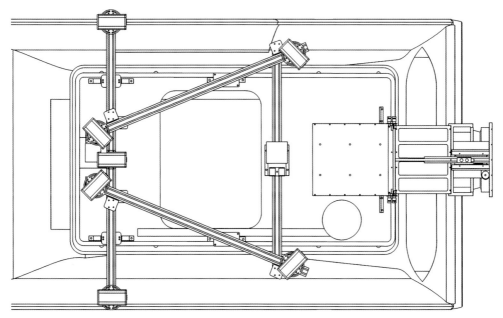

图 2-26　测量平台设计图（俯视图）

车辆整体设计如图 2-27 和图 2-28 所示。

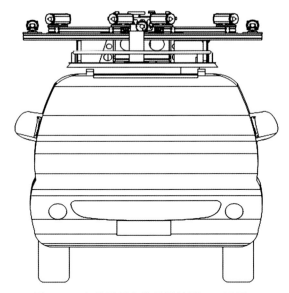

图 2-27　立体测量车整体设计图（正视图）

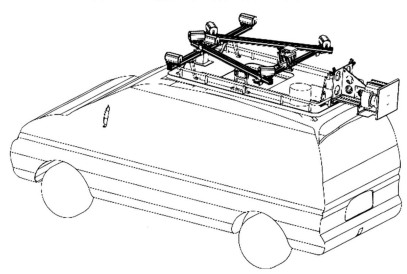

图 2-28　立体测量车整体设计图（右轴测图）

基于立体测量的移动测量系统中集成了两种测量类型的传感器，即立体测量单元（共三套）和激光扫描仪（共两台），但由于研究和开发比较早，相机的分辨率不高（单个相机为 500 万像素），且当时的激光扫描仪性能比较低下（Sick LMS221，扫描距离为 80 m，扫描线速最高达 75 线/s，测量精度为 35 mm），因此系统的性能不太高。

随着汽车工业的发展，车辆对导航电子地图的要求越来越高，宝马、奔驰等汽车公司于 2017～2018 年正式在车辆上部署高级辅助驾驶地图（advanced driver assistance map），这些地图提供了比传统导航地图更详细的道路信息，如道路几何形状（车道线、道路曲率、坡度等详细信息）、车道信息（车道宽度、车道限制、车道用途）、路面标记（车道分隔线、停车线、人行横道）及道路设施（交叉口、环形交叉口、收费站），支持车辆的辅助驾驶功能。

为满足高级辅助驾驶地图的需求，研究团队和北京四维图新股份有限公司合作，研发了基于立体测量的高级辅助驾驶地图采集系统。系统简化了立体测量车的结构，只保留一套立体测量相机，并提高了系统集成度。系统由 2 台 900 万像素工业彩色相机、1 套 GNSS/IMU、1 套同步控制单元、1 台工业计算机、1 台高性能计算模块、通信模块、存储模块及供电模块构成，总体的构成及连接关系如图 2-29 所示。

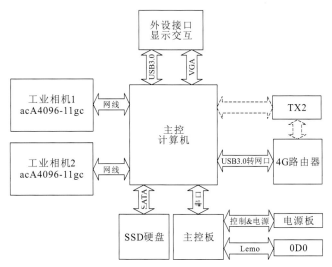

图 2-29　高级辅助驾驶地图采集系统（正视图）

采集主机包括图像采集部分和人机交互部分，采集主机采用计算机采集两个工业相机的图像并存储到 SSD 硬盘内；显示屏与主控机之间通过无线（采用平板电脑）或有线进行连接；计算机与主控板通过串口连接通信，存储数据。

SSD 硬盘通过 SATA 口连接到计算机，保证其存储速度，且采用硬盘抽取盒外接硬盘，方便从计算机上拔下，便于数据拷贝。

TX2（NVIDIA Jetson TX2，是 NVIDIA 公司推出的一款面向嵌入式系统和物联网设备的高性能计算模块）与计算机连接方式为网线或 USB 接口，计算机 2 个千兆网口已被相机占用，相机在满帧时占用了带宽，无法使用路由器进行扩展。而且该系统中需要4G 模块，使用 USB3.0 扩展一个网口连接 4G 路由器，即可满足 TX2 通过网线与计算机连接，也可满足 4G 模块的要求。

高级辅助驾驶地图采集系统设计外观如图 2-30、图 2-31 和图 2-32 所示。

图 2-30　高级辅助驾驶地图采集系统（正视图）

图 2-31　高级辅助驾驶地图采集系统（后视图）

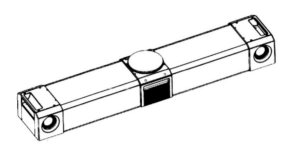

图 2-32　高级辅助驾驶地图采集系统（轴侧图）

该系统同步采集道路立体影像和 GNSS/IMU 数据，基于双目立体图像测量、组合定位定姿、图像提取和识别技术，用于高级辅助驾驶地图中的道路几何形状、车道信息、路面标记及道路设施中的要素自动/半自动提取。该系统具有精度高、结构简单、易于安装、稳定可靠、运行速度快及数据采集完整的特点。在很短的时间内，北京四维图新股份有限公司就利用数套该系统完成了全国高速公路 ADS Map 的生产。

2.3.4　多平台激光扫描移动测量系统设计

基于激光测距、扫描和惯性定位、定姿的激光扫描车载移动系统，具有高速度、高精度、高效率、高数据品质、多回波及无须地面控制等特点，已成为既可用于传统城市及道路测绘业务（如大比例尺道路成图、建筑成图、三维数据城市建模、数字地形等），又可适用于新型信息化测绘业务乃至智能化测绘业务（如数字城市、智慧城市等）的重要测绘技术手段。

但仅仅以车辆为装备平台的移动测量系统，在实际的生产作业过程中有非常大的局限性。

首先，车载移动测量系统难以获取全域的空间信息数据。车载移动测量系统只能运行在车辆能通行的街道、道路上，对道路及街道两旁的地物信息进行采集，因此获取的空间信息范围非常有限，无论在地形层次、城市层次还是部件层次上都不能满足空间信息获取的全空间、全要素、全三维的需求，这极大限制了车载移动测量系统的应用和发展空间。

其次，激光扫描移动测量系统昂贵。激光扫描移动测量系统依赖高精度、高速度、高品质的激光测距及扫描单元和高精度组合定位定姿单元，而这两种重要的测量单元成本非常高。2018 年以前，满足高精度移动测量的组合定位定姿单元主要由加拿大的 NovAtel 公司和美国的 Trimble 公司提供；2020 年以前，稳定可靠的测绘级别的激光扫描单元主要由奥地利的 RIGEL 公司提供；由于主要部件依赖进口，一套集成激光扫描单元、组合定位定姿单元和全景成像相机的车载移动测量系统（如华测导航的 Alpha3D）售价不低于 200 万元。近年来，国产测绘级激光测距及扫描单元和组合定位定姿单元日趋成熟，并加速应用到移动测量系统中，尽管已大幅度降低了系统成本，但移动测量系统依然是种比较贵的测绘装备。因此，这也极大地阻碍了移动测量技术的普及。

最后，国内外无人机技术发展迅速。我国的无人机技术，无论是消费级无人机还是商用级、工业级无人机都处于世界领先地位，这也为测绘地理空间信息的获取提供了重要的载体平台，基于无人机影像的测量系统也迅速得到广泛的研究和应用。激光扫描测量与影像测量相比在测量精度、植被穿透性、环境适应性及效率等方面具有优势，因此以无人机为载体的移动测量系统也受到重点关注。

基于以上几点，研究团队在 2019 年提出并研究实现了多平台激光扫描移动测量系统，并由上海华测导航技术股份有限公司推出 AU 系列移动激光雷达。

AU 系列移动激光雷达以地面车辆、轻型无人机（旋翼无人机、固定翼无人机）、船只、背包及其他移动载体作为运载测量平台，将激光测距及扫描单元、相机单元（全景相机、单相机、倾斜摄影相机）、定向定位单元（包括 GNSS 和 IMU）及控制单元进行模块化、轻量化、可扩展化的多平台设计和集成，形成了测绘行业最具竞争力的激光雷达测绘装备，多平台激光扫描移动测量系统成为移动测量主流系统构架（图 2-33）。

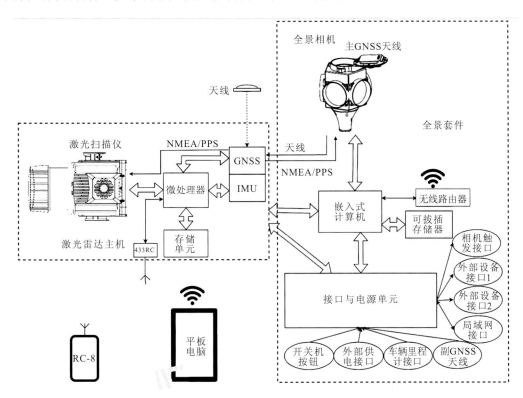

图 2-33　多平台激光扫描移动测量系统总体构成及连接关系

多平台激光雷达系统，主要由激光雷达主机（LiDAR Host）、全景套件（pano suit）及控制终端（RC-8 无线远程控制终端或平板电脑）三部分构成，采用模块化集成设计，因此系统层次分明且结构简洁。

（1）激光雷达主机。激光雷达主机（图 2-34）由激光扫描仪（laser scaner）、GNSS 板卡、IMU 单元、基于微控制器单元（microcontroller unit，MCU）的集成控制及数据采集单元、存储（storage）单元、无线远程控制模块（433RC）、手持远程控制终端（RC-8）及 GNSS 天线（antenna）构成。

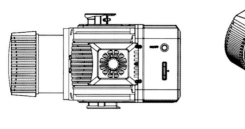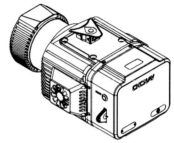

图 2-34 多平台激光扫描测量系统主机

以 AU900 多平台激光扫描移动测量系统为例，激光扫描仪为 RIEGL 公司的 VUX-1UAV22 旋转镜式激光扫描头，该扫描头视场角为 360°，测距精度为 10 mm（100 m 处），重复测量精度为 5 mm（100 m 处），最大测量距离为 1 415 m，最小扫描步进角为 0.003°，角度分辨率为 0.001°，最大扫描转速为 200 线/s，最大激光发射频率为 1 200 kHz，最大回波为 15 次。该扫描头具有体积小、重量轻及性能高等特点，可以满足车载、无人机机载、船载及背包等多种平台搭载需求。

在 AU900 多平台激光扫描移动测量系统中，GNSS 板卡为 NovAtel 的 718D 多频、多星座（GPS、GLONASS、BeiDou、Galileo、QZSS 等）板卡，时间精度到 20 ns、具备双天线功能；IMU 单元为 Honeywell 的 HG4930 微机电系统（micro-electro mechanical system，MEMS）惯性测量单元，该 IMU 重量仅为 140 g，数据频率达 600 Hz，GNSS/IMU 后处理精度为 0.01 m（水平位置）/0.02 m（垂直位置）/0.005°（横滚角）/0.005°/（俯仰角）/0.010°（航向角）。HG4930 是同等重量及价格中，性能最高的 MEMS 惯性测量单元，是光纤陀螺仪（fiber optic gyro，FOG）的更小、更低的功率和经济高效的替代品，非常适合在多平台激光扫描移动测量系统中应用，其轻、小、高精度、稳定的特性更为无人机机载移动测量平台倚重。

在 AU900 多平台激光扫描移动测量系统中，集成控制及数据采集单元是一块基于微处理器的集成电路板，它具备集成控制、同步授时、里程记录、内外触发、激光扫描数据采集、GNSS/IMU 原始数据采集、远程无线通信及数据存储等功能；存储单元是一套 TF 卡存储模块，采集的同步数据、里程记录、激光扫描数据和 GNSS/IMU 原始数据全部实时存储在其中；无线远程控制模块和手持远程控制终端构建多平台激光扫描移动测量系统中激光雷达主机的远程控制链路，无线远程控制模块安装在激光雷达主机中，远程控制终端由操作人员手持操作，通过 433 kHz 频率无线通信（距离可以达 8 km），可以实现激光雷达主机的参数设计、建立工程、启动测量、数据记录、停止测量、结束工程等功能，实现移动测量系统简易可靠操控。

激光雷达主机可以独立作为移动测量系统来工作，但只能进行基于激光扫描的测量，获取的点云数据不够直观、真实。在车载移动测量系统中，常常把激光扫描和全景成像结合起来，既可以利用激光点云数据实现高精度地物扫描和测量，又可以利用全景影像数据提供环境及地物的 360° 可视化图像进行分辨和属性提取，尤其是近年来基于影像的 AI 识别发展迅速，全景影像有助于移动测量数据自动化处理。因此，多平台激光扫描移动测量系统中，以全景套件的形式，在车载移动测量系统中，集成了全景影像。

（2）全景套件。全景套件（图 2-35）由全景相机（panoramic camera）、嵌入式计算机（embedded PC）、接口与电源单元（interface board/power adpater）、无线路由器（WiFi）、主/副 GNSS 天线（master/slave GNSS antenna）和可拔插存储器（removable SSD）等构成。

图 2-35　多平台激光扫描移动测量系统激光雷达主机与全景套件安装

激光雷达主机与全景套件采用专门设计的 A 字形滑块安装，在激光雷达主机的顶部和底部设计有 A 字形滑块机械和电子接口，激光雷达主机沿图 2-35 中所示方向安装到全景套件中，并采用锁紧手柄和下压手柄紧固，同时保证激光雷达主机 A 字形滑块与全景套件 A 字形滑槽中对应的电子信号连通。

在 AU900 多平台激光扫描移动测量系统中，全景相机为 FLIR 公司的 Laybug5+全景相机，该相机由水平环形布置的 5 台和顶部布置的 1 台共 6 台全局快门的工业相机构成，相机采用鱼眼镜头，保证 6 台相机视场覆盖水平 360°/垂直 300°，单个相机的分辨率为 500 万像素，合成全景分辨率为 3 000 万像素，相机接受 NMEA/PPS 方式授时，接收外部信号触发拍照。全景相机采集道路及道路两旁地物的 360°影像，用于地物属性分辨、点云着色、影像中地物识别和三维建模，因此，全景相机是多平台激光扫描移动测量系统重要的传感器。

在 AU900 多平台激光扫描移动测量系统中，嵌入式计算机为一台基于 Intel/Windows 构架的工业计算机板，主要用来控制激光雷达主机运行、采集激光雷达主机数据（包括激光扫描仪、GNSS/IMU、同步数据等）、采集全景相机系列影像、连接接口与电源单元、连接无线路由器构建远程控制服务以及数据存储/拷贝等。激光雷达主机中的数据除在主机中的存储单元中保存一份外，还同时向全景套件的嵌入式计算机发送一份，全景套件的计算机可拔插存储中保存有多平台激光扫描移动测量系统全部测量数据，采集完成后，可以直接拔出 SSD 存储，送回内业处理。

接口与电源单元是为了简化、规范化移动测量系统各单元、部件连接和供电而设计的一块集成电路单元，其重要功能是提供系统各单元/部件连接、移动测量系统外部接口和各单元、部件电源变换和供电。移动测量系统外部接口主要有开关机按钮（ON/OFF）、外部供电接口（DC24V）、车辆里程计接口（ODO）、副 GNSS 天线（slave antenna，双天线 GNSS 板卡的副天线接口）、局域网接口（LAN，功能与 WiFi 相同，提供有线连接）、外部设备接口 1（EXT1）、外部设备接口 2（EXT2）、相机触发接口（Cam）。外部设备接口是利用 GNSS 授时信号进行 NMEA/PPS 模式授时的接口；主天线与副 GNSS 天线共同构成天线定向，提高航向收敛速度和精度，主、副天线信号直接连通 GNSS 板卡。

（3）控制终端。控制终端有 RC-8 无线远程控制终端和平板电脑两种。在激光雷达主机独立工作时，系统的操控由 RC-8 无线远程控制终端完成；在激光雷达主机与全景套件集成工作时，嵌入式计算机中运行有系统的控制及数据采集服务程序，Pad 移动平板通过 WIFI 以网页形式嵌入式计算机的服务程序，操控系统作业。

多平台激光扫描移动测量系统在车顶方式如图 2-36 所示。在车顶行李架上，安装有可以前后伸缩的支架，多平台激光扫描移动测量系统通过底部 A 字形滑槽安装在伸缩支架的尾部的带 A 字形滑块的底板上，并通过快拆螺钉锁紧。伸缩支架在车辆上根据车辆尾部情况调节伸缩长度，避免激光雷达扫描到车辆尾部。

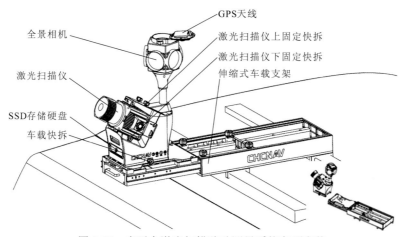

图 2-36　多平台激光扫描移动测量系统车顶安装

多平台激光扫描移动测量系统除车顶设备外，还有一套车轮里程计安装在车轮和车身上，如图 2-37 所示。车轮里程计由钢丝软轴、编码器、磁性吸盘组成，钢丝软轴一端通过车轮轴空与轮轴相连，另外一端与吸附在车身上的编码器相连，车辆行驶过程中，车轮旋转通过钢丝软轴传递到编码器，编码器产生里程脉冲信号，输入多平台激光扫描移动测量系统中。里程脉冲信号测量车辆真实行驶里程，里程计信号在 GNSS/IMU 融合定位定姿过程中，通过提供连续的速度和位移信息，帮助校正 IMU 的累积误差，增强系统的稳定性和可靠性，并在 GNSS 信号不足时提供关键的位置信息，从而提高整体导航定位系统的性能；此外里程计信号也用于控制相机按照设定距离拍照。

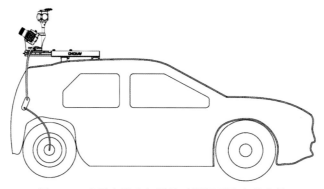

图 2-37　多平台激光扫描移动测量系统车载安装

多平台激光扫描移动测量系统的激光雷达主机通过A字形滑块可以快速安装在无人机载荷板上，实现无人机机载移动测量模式（图2-38）。近年来，无人机激光扫描移动测量，已经成为一种被广泛认可并使用的测绘手段。在激光雷达主机底部，还可以挂载相机，获取地面高分辨率影像，用于点云着色、正射影像生成及三维建模。

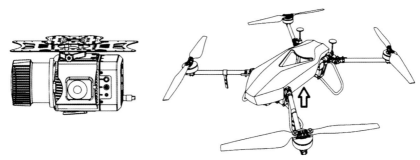

图2-38　多平台激光扫描移动测量系统旋翼无人机模式

在不需要影像的测绘应用中（如河道陆域地形测量、道路边坡地形测量），激光雷达主机可以通过磁吸式简易支架快速安装在车辆、船舶或其他载体上，完成数据采集工作，如图2-39所示。

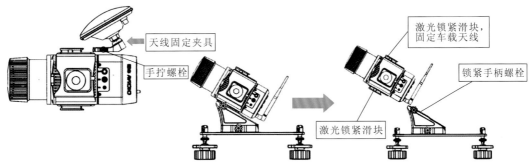

图2-39　多平台激光扫描移动测量系统简易车载/船载模式

在无可通行道路或者无人机飞行受限的环境下，为保证数据采集的全域性和完整性，背包式移动测量也是一种非常有效的技术手段。整个多平台激光扫描移动测量系统可以搭载在背包支架上，或者把激光雷达主机搭载在背包支架上，都是可行的方案（图2-40）。2018年，在西藏墨脱县邻近中印边界处，利用AU900多平台激光扫描移动测量系统的背包模式完成了近20 km²的新建道路地形测量项目，取得了良好的效果。

多平台是目前国内外主要的移动测量系统工作模式，需要注意的是，由于平台不同，工作环境和工作中平台运动及振动方式也不同，导致工作模式差异大，所以在不同的工作平台中，系统的融合定位定姿解算需要选用对应的模式，并且同一系统在不同的平台中标定参数差别比较大，也需要针对不同的工作平台标定系统参数。如GNSS/IMU融合解算中，加拿大NovAtel公司的Inertial Explorer软件提供了航空（airborne）、车载（ground vehicle）、海洋（marine）、无人机（UAV）、行人（pedestrian）等模式。

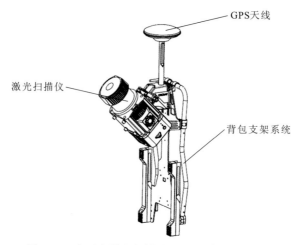

图 2-40　多平台激光扫描移动测量系统背包模式

2.4　车载移动测量系统软件集成

车载移动测量系统的开发和应用，大大提高了外业数据的采集效率，数据采集更为全面、可视、动态和实时。车载移动测量系统的集成，包括硬件系统的集成和软件系统的集成两个方面。集成了立体成像系统、360°全景影像成像系统、激光扫描仪及组合惯性定位定姿传感器的移动测量平台中涉及的软件及其数据处理流程如图 2-41 所示。

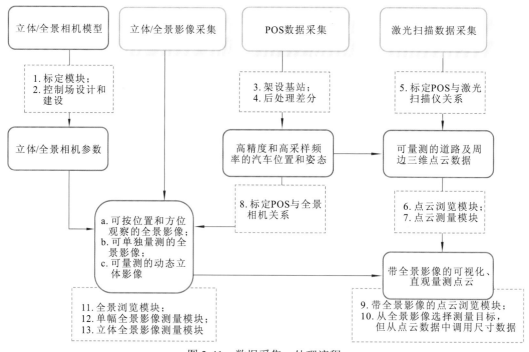

图 2-41　数据采集、处理流程

车载移动测量的软件系统包括数据采集软件、数据预处理软件、标定检校软件及数据后处理软件。图 2-41 中，虚线框表示各种操作及其对应的软件，顶层部分对应数据采集软件，中间部分对应标定检校软件，底层部分对应数据后处理软件。

1. 数据采集软件

数据采集软件运行于车载计算机中和用户终端上，负责硬件系统的控制、数据的采集和存储，包括 GNSS/IMU 数据采集模块、立体图像采集模块、激光扫描数据采集模块、全景影像采集模块。数据采集软件直接与移动测量系统交互，并向使用者提供操作界面，为提高软件的稳定性、模块独立性、操作便捷性，数据采集软件构架设计如图 2-42 所示。

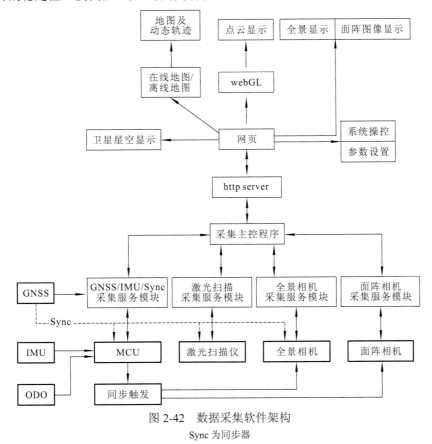

图 2-42　数据采集软件架构

Sync 为同步器

在图 2-42 中，黑色粗线框为系统的硬件部分，细线框为系统的软件部分。采集软件的 GNSS/IMU/Sync 采集服务模块、激光扫描采集服务模块、全景相机采集服务模块、面阵相机采集服务模块作为独立的进程，采集对应的控制和硬件数据。采集主控程序负责集中控制和协调这 4 个采集服务模块，并通过网页服务（http server）向用户提供显示、监控、设置和控制界面。

用户使用计算机、平板或者手机，通过 IP 地址访问主控采集程序，实现实时卫星信息显示、作业区在线/离线地图显示、移动测量动态运行轨迹显示、全景图像显示、面阵图像显示以及实时点云扫描线/三维点云显示（点云扫描线/三维点云和 webGL 三维接口实现）。

计算机、平板或者手机上的网页界面，提供系统软件、硬件的参数设置功能，如设置 GNSS 板卡参数，设置车轮编码器距离因子，设置扫描仪测量参数，设置全景相机或面阵相机曝光参数、影像采集时间间隔或者距离间隔等。

计算机、平板或者手机上的网页界面，提供的控制功能主要是系统的创建工程、静止初始化、数据开始采集、数据采集、数据采集停止、结束时静止、工程结束及系统关机等功能。

采集软件用独立模块结构，在更换不同底层硬件后，只需要更新对应采集服务程序即可，其他模块和主程序无须更改。

2. 数据预处理软件

数据预处理软件是对采集的数据进行整理、解算，形成点云、位姿索引影像、正射影像乃至三维模型等，其功能模块和模块间流程关系如图 2-43 所示。

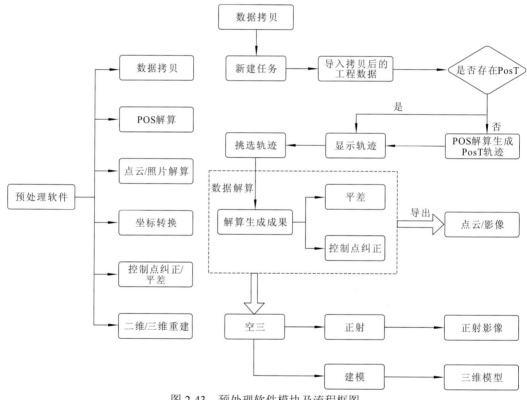

图 2-43　预处理软件模块及流程框图

数据预处理软件包括数据拷贝、POS 解算、点云/照片解算、坐标转换、控制点纠正/平差及二维/三维重建模块。

（1）数据拷贝。数据拷贝是指将设备采集的数据整理成规范的数据格式并拷贝到待解算计算机磁盘里，形成预处理工程文件的过程。数据拷贝模块可以作为一个独立的拷贝工具软件在外业使用，也可以在数据内业预处理软件中作为一个嵌入模块使用。

（2）POS 解算。POS 解算是指一种多源数据（基站、移动站、惯性导航系统）融合定位定姿技术，通过导入外部采集的基站 GNSS、移动 GNSS/IMU 原始数据，利用

GNSS 和 IMU 的融合算法解算数据，为载体平台或传感器提供高精度、高频率、精确的位置和姿态信息，POS 解算可以采用自研的 GNSS 和 IMU 的融合模块，也可以采用外部的惯性定位定姿解算软件（如 NovAtel 的 Inertial Explorer 软件）完成，POS 解算的成果为一个以时间为索引的位置和姿态文件 PosT。

（3）点云/照片解算。点云/照片解算是指依据车载移动测量系统扫描定位及测量原理，将激光雷达传感器采集的测距信息和 POS 轨迹融合得到三维点云模型，并利用相机拍照时准确的曝光时间文件将相机采集的影像整理生成对应的位姿信息，用于后续的点着色、正射影像生成或三维建模。

（4）坐标转换。坐标转换模块是指根据实际需要对成果数据进行投影、椭球、高程系统转换，原始的数据解算都是以 WGS84 坐标系统进行，用户成果最终一般都需要转换到本地坐标系统下。

（5）控制点纠正/平差。控制点纠正/平差有点云纠正和点云平差两个过程。纠正是指为提高测量精度，利用外部控制点通过人工在点云上刺点的方式对 POS 轨迹进行优化从而提升点云精度，如在道路改扩建勘测项目中，需要精度高达 1～2 cm 的道路断面数据，因此需要在道路上每隔 300～500 m 测量一个高精度控制点（主要是高程精度高），用于纠正点云；平差是指对多航带的点云进行分析处理并提取特征点，然后使用优化技术提升点云精度，这个过程主要解决的是多个航带测量的点云之间存在分层的问题。

（6）二维/三维重建。二维/三维重建是软件中提供的正射影像生成和三维模型重建功能，软件既可以单纯利用附有高精度位置和姿态的影像数据进行 POS 辅助空三，然后经过密集匹配、三角网生成、纹理贴图等过程，最终生成正射影像和三维模型。由于系统中已经生成高精度的激光点云，所以可以利用影像空三的结果和点云的结果进行融合，直接进行三角网生成、纹理贴图，最终也生成正射影像和三维模型，由于省去了影像密集匹配过程，软件生成正射影像和三维模型的速度可以大幅度提高。

3. 标定检校软件

系统标定检校软件解算系统的各系统误差参数，包括激光扫描仪的绝对标定软件、相机的内外标定软件、全景图像与点云配准标定软件。标定检校软件一般直接集成到预处理软件中，根据需要授权给用户。

4. 数据后处理软件

数据后处理是对预处理得到的数据进行进一步加工，形成用户最终成果的过程，数据后处理软件其功能模块和模块间流程关系如图 2-44 所示。

后处理软件主要提供点云数据浏览编辑、点云去噪、分类滤波、地形提取、道路断面提取、道路要素提取、体积计算对比等功能，应用于道路改扩建、矿山、地形图生成、道路勘测设计及城市实景三维道路数据建模等场景。

（1）基础功能。点云的输入、输出、浏览、渲染、去噪、分类、滤波及编辑等基础功能设计在基础模块中，基础模块是道路模块、地形模块、体积模块及道路智能提取与建模等专业模块的前置处理部分，在绝大部分专业处理模块中，都需要在基础模块中正确完成分类与滤波，否则就得不到正确的结果。

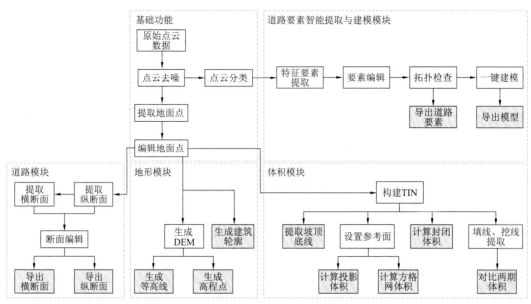

图 2-44　后处理软件模块及流程框图

（2）地形模块。地形模块的功能是从点云中提取地面信息。首先通过滤波提取地面点云，然后通过自动和人工交互编辑的方法，从地面点生成 DEM、等高线、高程点及建筑轮廓。基于激光点云的地形提取是构建地形级实景三维最重要的技术手段。

（3）道路模块。道路模块（又称道路勘测模块）的功能是基于点云和中桩生成横纵断面。生成横纵断面的点云通常是经过滤波后的地面点点云数据，然后通过参考中桩文件给出的平面位置信息，从点云中分别提取横纵断面，可以导出多种不同格式的断面成果。

（4）道路要素智能提取与建模模块。道路要素智能提取与建模模块是基于车载点云数据提取道路相关矢量要素并进行自动化建模的功能模块。在基于点云数据提取的同时，还可以加载全景影像进行辅助判读。智能提取模块提供了半自动提取和手动提取的不同方式以适应不同质量的数据。此外，软件还提供了属性的编辑功能，对提取的要素进行属性修改。道路要素智能提取的二维线、面成果，可以在后处理软件中直接用于道路或街道三维建模，因此，基于点云道路要素智能提取与建模是车载移动测量系统构建部件级实景三维模型的重要技术手段。

（5）体积模块。体积模块主要是针对矿山等需要进行堆体体积计算的行业应用开发的模块，智能化算法能够一键进行堆体的体积计算，输出报表，同时还能根据两期数据自动计算堆体体积变化及自动提取填线、挖线，输出两期数据对比报表。

除上述专业应用外，在移动测量系统中，可以开发基于点云的林业处理模块进行单木属性提取、森林建模及林业生态统计等；还可以开发基于移动测量点云的电力巡检模块，可用于电力走廊的树障，交叉跨越分级和电力杆塔、导线、电力部件及线路下地物高精度建模和识别。

>>>>>> 第**3**章

全景成像相机集成

全景成像技术因其能够提供全方位、连续的视角的高真实感的图像而成为现代测绘和视觉领域的一项关键技术。在车载移动测量系统中，全景成像相机的集成不仅增强了数据采集的能力，也为后续的可视化数据处理和分析提供了更为丰富的信息。本章将详细介绍全景成像的基本原理、相机集成技术、全景影像的生成过程及FLIR 公司 Ladybug 系列全景相机。

3.1 全景成像技术原理

全景影像是对三维场景的一种超广角视野表达方式，与普通框幅式影像相比，它包含了更直观、更完整的场景信息。

3.1.1 全景成像简介

全景成像技术可分为折射系统和折反射系统两大类（Parian et al.，2010），如图 3-1 所示。

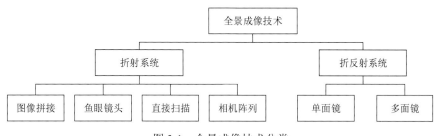

图 3-1 全景成像技术分类

折射系统由一个透镜组成，它依据光学折射原理成像。该类全景成像系统只使用透镜进行成像，主要包含以下 4 种类型。

（1）图像拼接。对普通相机拍摄的多幅图像，通过图像拼接得到一幅新的图像（Shum et al.，1999；Szeliski et al.，1995）。其核心步骤是用图像匹配算法对多幅图像进行配准，并将其统一到同一坐标系下。

（2）鱼眼镜头。用视角超过 180°的鱼眼镜头相机（Herbert，1987）进行大视场范围内的影像采集（邓松杰 等，2010；Slater，2010；汪嘉业 等，2001；Xiong，1997；Coleord，1989）。该成像方式导致图像畸变较大，且图像分辨率不高。

（3）直接扫描。通过将一个数码相机或者 CCD 数字相机固定在绕轴旋转的支架上，旋转拍摄场景的多视角图像，生成无缝拼接图像（Hartlely，1993）。该类全景成像技术在传统的地面全景相机中得到广泛应用（刘帅，2011）。

（4）相机阵列。采用多个面阵 CCD 相机按照近似共投影中心安置，拍摄多幅框式图像并按照一定的投影模型拼接得到全景图像（Nielsen，2005）。该类全景相机具有360°全方位视角，帧率高，且在分辨率上占有绝对的优势，因此在移动测量领域被广泛应用。Google 公司用于街景数据采集的全景相机和 Ladybug5 全景相机等都属于该类型，两款全景相机如图 3-2 所示。

图 3-2　Google 全景相机和 Ladybug5 全景相机

折反射系统由一个透镜和一个反射镜面组成，其中反射镜面基于光学反射原理成像（苏连成，2006；曾吉勇，2003；王道义，1998；Boult，1998；Baker et al.，1998），它能够实时获取场景 360°方向的全景图像。该类型全景相机结合反射镜与折射镜两种光学元件，通过拍摄目标在反射镜中虚像来扩大拍摄视场角。折反射全景成像系统根据反射镜的镜片数的不同，可以分为单镜面系统和多镜面系统两类。该类相机在设备价格上具有优势，但成像设备的光学结构和成像模型过于复杂，造成后期的数据处理难度较大，且由于只采用一个成像面，成像分辨率较低。

考虑到以上各种全景成像技术的特点，本章将介绍重点放在最常见的使用相机阵列式的全景成像系统上。

3.1.2 全景成像模型

无论使用哪一种全景成像模型，全景相机在成像时，必须把拍照得到的系列实景图像投影到某一设定参数的规则曲面上（常用的曲面有圆柱面、球面、立方体等）。这样才能维持拍摄物体在实际场景中的空间对应关系。原图像经过投影后，仅保留了图像间的平移关系，而其旋转关系被消去了，这为图像的全景拼接做好了准备（李云伟，2007）。而获得的图像信息则以该曲面展开的形式保存在计算机上。对于全景成像系统来说，构造合适的投影模型及其相应的成像表达是非常重要的。

比较常见的全景投影方式有球面投影、柱面投影和立方体投影，如图 3-3 所示。下面对这三种常用的全景投影方式生成的全景进行简单介绍。

（a）球面投影　　　　　　　　　　　（b）柱面投影　　　　　　　　　　　（c）立方体投影

图 3-3　全景投影方式

（1）球面全景。球面全景图是由多张拼接图像投影到球体表面，并以球面图像的形式存储的实景图像。将球面模型的中心作为模拟摄像机的光心，它是描述一个场景的理想选择（苏莉，2010）。球面全景图在几何上表达为一个空间三维球体，而为了数据存储和平面显示的方便，球面全景图一般都是通过一定的投影函数将球面展开到二维平面，得到平面全景图，而本书中所展示的全景数据都是不同投影模型的展开图形式，这一点在下文中将不再说明。Ladybug3 全景相机获得的球面全景展开图如图 3-4 所示。

图 3-4　Ladybug3 球面全景图

（2）柱面全景。柱面模型是球面模型的一种简化形式，它将多张相机拍摄的实景图像拼接后投影到一个柱面上，以柱面全景图的形式存储，最常用的柱面是圆柱面（苏莉，2010；蒋晶 等，2004）。柱面投影成像模型相对简单，而且对成像设备的要求不是很高，但是它只能提供水平方向上的 360°的浏览视角，在全景浏览等相关应用上具有一定的不足。Ladybug 3 全景相机获得的圆柱面全景如图 3-5 所示。

图 3-5　Ladybug 3 圆柱面全景图

（3）立方体全景。立方体全景图是将多张实景图像投影到一个立方体表面上，每一个表面由一幅上下、左右视场角都为 90°的图像构成。因此立方体全景相当于把全景图像重构为 6 个视场角为 90°的相机对上下、左右及前后分别无缝成像而获得的。立方体全景图具有存储方便的特点，同时它的每一个面与显示屏幕对应的重采样区域具有多边形边界，这为全景显示提供了方便，而且它能根据视角的变换将立方体全景图映射在视平面上，因此在场景的全方位展示上具有较大的优势，目前在互联网上发布的全景，几乎都采用立方体全景的方式。图 3-6 为 Ladybug 3 全景图像重构成的立方体全景。

图 3-6　Ladybug3 立方体全景图

在以上的三种常见全景投影方式中，柱面和球面全景图由于其理论上是无缝的 $360°$ 成像模式，从而在现实中应用最为广泛。而考虑到柱面投影在竖直方向上存在视角限制，因此本节主要介绍采用球面投影模型进行拼接成像的全景影像。下面介绍球面模型的投影成像方程。

球面全景可以看作观察点位于球心的一个球体模型，将相机获取的多视角场景序列数字影像通过一定的映射关系投影到一定半径的球体表面，从而形成视觉上 $360°$ 无缝的场景（刘帅，2011）。球面全景在几何上表达为一个空间三维球体，而为了数据存储和平面显示的方便，球面全景一般都是通过一定的投影函数将球面展开到二维平面，得到平面全景图，而全景展开最常用的投影模式为等矩形投影。等矩形投影采用类似经纬格网的方式表达全景球，如图 3-7 所示。

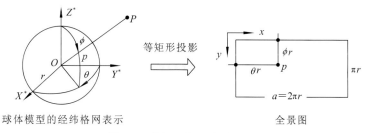

图 3-7　等矩形投影全景展开

设球体模型半径为 r ，像点 p 在平面全景图上的坐标 $p_1(x, y)$ ，其在全景球中的经纬坐标为 $p_s(\theta, \phi)$ 。以全景球中心 O （即全景摄影中心）为坐标原点，构建球体坐标系 $O\text{-}X^*Y^*Z^*$ ，p 在球体坐标系下的坐标为 $P_s(X', Y', Z')$ 。则依据图 3-7 所示映射关系，有公式：

$$\begin{cases} x = R\theta \\ y = R\phi \\ R = a / 2\pi \end{cases} \tag{3-1}$$

$$\begin{cases} X' = R\sin\theta\sin\phi \\ Y' = R\cos\theta\sin\phi \\ Z' = R\cos\phi \end{cases} \tag{3-2}$$

由全景共线方程，考虑全景影像成像模型。设物方坐标系为 $O_1\text{-}XYZ$ ，地物点 P 在物方坐标系下的坐标为 $P(X, Y, Z)$ ，物方 $P(X, Y, Z)$ 在球体坐标系下的坐标为 $P_V(X^*, Y^*, Z^*)$ ，其在全景球中成像于点 p ，如图 3-8 所示。设 $\boldsymbol{R}$ 、$\boldsymbol{T}$ 分别为全景影像外方位角元素和外方位线元素所组成的矩阵，则将 P 点的物方坐标转换为球体坐标的表达式如下（Fangi，2009，2007）：

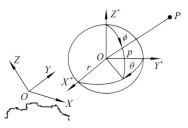

图 3-8　全景影像构像的几何表达

$$\begin{bmatrix} X^* \\ Y^* \\ Z^* \end{bmatrix} = \begin{bmatrix} r_1 & r_2 & r_3 \\ r_4 & r_5 & r_6 \\ r_7 & r_8 & r_9 \end{bmatrix} \begin{bmatrix} X - T_X \\ Y - T_Y \\ Z - T_Z \end{bmatrix} = \begin{bmatrix} d\sin\theta\sin\phi \\ d\cos\theta\sin\phi \\ d\cos\phi \end{bmatrix} \tag{3-3}$$

式中：$d = \sqrt{(X - T_X)^2 + (Y - T_Y)^2 + (Z - T_Z)^2} = \sqrt{X^{*2} + Y^{*2} + Z^{*2}}$ 为物方点距离球心的距离；(T_X, T_Y, T_Z) 为平移矩阵 $\boldsymbol{T}$ 在三个坐标轴方向上的分量 $(r_1, \cdots, r_9)$ 是旋转矩阵 $\boldsymbol{R}$ 的 9 个元素。结合式（3-2）、式（3-3）得全景球投影公式：

$$\begin{cases} \theta = a\tan\dfrac{X^*}{Y^*} = a\tan\dfrac{r_1(X - T_X) + r_2(Y - T_Y) + r_3(Z - T_Z)}{r_4(X - T_X) + r_5(Y - T_Y) + r_6(Z - T_Z)} \\[2mm] \phi = a\cos\dfrac{Z^*}{d} = a\cos\dfrac{r_7(X - T_X) + r_8(Y - T_Y) + r_9(Z - T_Z)}{d} \end{cases} \tag{3-4}$$

另外，由球面共线条件，像点 p 及地物点 P 在球体坐标系下的坐标 $P_s(X', Y', Z')$、$P_V(X^*, Y^*, Z^*)$ 满足

$$\begin{bmatrix} X^* \\ Y^* \\ Z^* \end{bmatrix} = \frac{d}{r} \begin{bmatrix} X' \\ Y' \\ Z' \end{bmatrix} = \lambda \begin{bmatrix} X' \\ Y' \\ Z' \end{bmatrix} \tag{3-5}$$

3.2　全景相机集成

市场上的商业全景相机主要有 PointGrey 公司的 LadyBug 3（PointGrey，2012）及 IMC 公司的 Dodeca（ImmersiveMedia，2013）。LadyBug 3 由 6 个 Sony 公司的 CCD 相机组成（侧面 5 个加顶面 1 个），单个 CCD 相机的像素为 200 万（1600×1200）；Dodeca 全景相机由 11 个 CCD 相机集成，单个相机的像素为 30 万（640×480）。LadyBug3 相机和 Dodeca 相机虽然是成熟的商业全景相机，但均存在分辨率不够高的问题。

3.2.1　基于工业彩色数字相机的全景相机

为实现高同步性和高质量地采集目标场景的全景影像，需要在车载移动测量系统中集成研制供电、同步和支撑硬件集成的多相机全景采集装置。以作者曾经设计研制的一款全景相机为例，其采集装置包含机盒盖板、机盒底板、电路板、集线器、底部固定装置及 8 台相机，其特征如下。

（1）机盒盖板和机盒底板为上下平行设置的板状构件，底部固定装置设置于机盒底板，以将该采集装置固定于其他设备上。

（2）全景相机内部包含沿水平方向均匀分布的 8 台工业相机，各相机通过相机固定板固定在一块中空平板上，称为相机安装底板。相机安装底板通过 8 个等长铜柱固定在机盒底板上。

（3）全景相机外壳为截面为八边形的壳体，8 个侧面均开有圆孔供取景用。全景相机外壳上下各有 8 个螺纹孔，可分别与机盒底板、机盒顶板连接。

（4）相机固定板下方有环形电路板。电路板通过 4 个小铜柱固定在机盒底板上，作用是给 8 台工业相机供电并提供触发信号。

（5）该全景相机内部固定有两个 4 口 1394 集线器，可将 8 台工业相机的数据传输集中至 2 根 1394 线上。

基于工业彩色数字相机的全景相机的设计图如图 3-9 和图 3-10 所示。

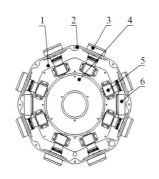

图 3-9　基于工业彩色数字相机的全景相机内部示意图

1—机盒底板；2—全景相机外壳；3—UV 镜装配；4—电路板；5—相机装配；6—1394 集线器

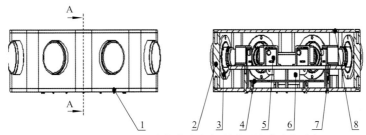

图 3-10　基于工业彩色数字相机的全景相机剖视图

1—机盒底板；2—全景相机外壳；3—UV 镜装配；4—电路板；

5—相机装配；6—1394 集线器；7—支撑铜柱；8—机盒顶板

基于工业彩色数字相机的全景相机的具体指标参数如表 3-1 所示。

表 3-1　基于工业彩色数字相机的全景相机技术参数

指标	数值或说明
CCD 传感器数量	8
布置方式	环形对称
型号	piA2400-17gc
成像方式	CCD
传感器像素	2454×2056
像元大小/μm	3.45
最大帧数/fps	17
传输模式/Mb	100/1000
单相机焦距/mm	5

与普通商业全景相机相比，该全景相机具有以下特点与优势。

（1）采集的图像质量高。该全景相机由 8 台 CCD 相机构成，每台相机中 CCD 传感器的像素为 2454×2056，拼接后全景影像分辨率为 9173×2294，最大帧数可达 17 fps，为高质量的图像获取提供了保证。

（2）结构简单，安装调试方便，运行稳定。合理的结构设计保证装置安装、检修方便；在各种道路情况下均能稳定工作，保证了数据采集精度。

（3）结构紧凑，布局合理。与使用大体积单反相机的全景相机盒相比，该种相机盒具有较小的尺寸和质量，方便设备运输与安装；内部相机均可单独调试，可根据不同采集情况为相机设定其最佳参数。

（4）可实时传输数据；其采集的画面可通过线缆实时传输到计算机上，保证数据采集的直观性和有效性。

3.2.2　基于微单相机的高分辨率全景相机

基于工业彩色数字相机的全景相机研制尽管取得了良好的效果，但是相机存在成本高、色彩不够鲜艳、全景成像不够完整等缺点。尤其是近来面向公众的网络全景服务的兴起，对全景的分辨率和色彩要求越来越高，基于工业彩色数字相机的全景已经不能满足此类要求。

为了满足高分辨率、高色彩还原性全景采集和发布的需要，在面向空间信息采集和发布的车载移动测量系统中，作者曾经研制了一种集成 7 台微型单反相机的全景影像采集装置，该全景影像采集装置由高分辨率微型单反相机组合、相机固定底板、侧板和筋板、同步触发电路板、散热装置及底部固定装置等部件组成。图 3-11 为该全景相机设计图，全景相机盒呈六面柱体，其中六台微单相机在水平方向均匀分布，顶部一台微单相机视角朝上。相机盒中间固定有同步触发板，可为相机供电并发出同步触发信号，控制 7 台相机同时曝光并存储各自视角的照片。各相机连接有 USB 数据线至 USB 集线器，用以传输照片。相机盒底部有用于快速固定的零部件，可方便地将相机盒固定在车载平台上。

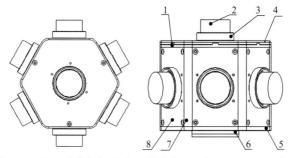

图 3-11　基于微单相机的高分辨率全景相机设计外观示意图

1—顶部固定环；2—单相机；3—镜头罩；4—机盒盖板；5—机盒底板；6—固定底板；7—侧板连接筋；8—相机侧

该全景相机的相关技术参数如表 3-2 所示。高分辨率全景相机在分辨率和色彩上具有较大的优势，该全景相机可用于在城市全景影像库构建、三维建模纹理采集、规划测量、城市部件采集等领域。

表 3-2　基于微单相机的高分辨率全景相机技术参数

指标	数值或说明
相机外形尺寸/mm	287×290×215
相机重量/kg	5
单相机传感器规格/mm	23.4×15.6 Exmor APS
单相机传感器分辨率	4592×3056
最短拍照间隔/s	0.5
最短拍照距离（30 km/h）/m	5
工作温度范围/℃	−10～50
工作湿度范围/%	<95（相对湿度）
供电电压/V	8.4
单相机内存/GB	32
相机照片容量/张	≥5 000
全景拼接照片分辨率	≥（10 000×5 000）
数据传输端口	USB 接口

3.3　全景影像的生成

3.3.1　全景影像生成流程

全景影像的生成流程如图 3-12 所示。

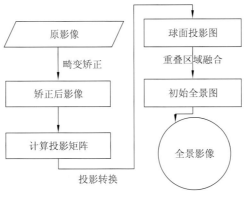

图 3-12　全景影像生成流程

以 2.3.1 小节提到的高分辨率全景相机为例，在每个采样时刻由时间同步控制系统控制 8 个 CCD 相机同时曝光，获取同一场景不同视角的 8 幅面阵 CCD 影像。当进行全景拼接时，首先对 8 幅 CCD 影像进行畸变矫正，去除由镜头畸变引起的影像变形；再根据 CCD 相机间的相对关系，求得单幅 CCD 影像向球面全景影像映射的投影变换矩阵，根据此投影变换矩阵，可以把原始面阵 CCD 影像转换到球面投影模式；然后由于相邻相机视角的交叉，转换到球面投影模式的影像间存在重叠区域，需要对重叠区域的像素进行融合处理；最后，考虑各个镜头采集影像时的光照情况可能存在较大的差异，导致拼接后的影像存在明显的色彩突兀变化，因此需要对整幅拼接图像做匀光处理，使全景影像色彩均匀、明暗一致。经过以上步骤，即可得到场景 360° 的全景影像。

3.3.2　影像畸变矫正

由于全景成像系统使用的 8 台 CCD 相机为非量测工业相机，其成像存在较大的几何畸变，其主要包括径向畸变、切向畸变。相机畸变模型为

$$\begin{cases} x' = x + \mathrm{d}x \\ \mathrm{d}x = k_1 x(x^2 + y^2) + k_1 x(x^2 + y^2)^2 + p_1(3x^2 + y^2) + 2p_2 xy \\ y' = y + \mathrm{d}y \\ \mathrm{d}x = k_1 y(x^2 + y^2) + k_2 y(x^2 + y^2)^2 + 2p_1 xy + p_2(x^2 + 3y^2) \end{cases} \tag{3-6}$$

式中：(x', y') 为畸变矫正后的图像上点坐标；(x, y) 为原图像上点坐标；k_1, k_2 为径向畸变系数；p_1, p_2 为切向畸变系数。通过单个相机的标定，获取相机的畸变参数，对拼接前的影像进行畸变矫正。

3.3.3　投影变换矩阵求解

投影变换矩阵表达了单幅 CCD 影像上的像点与球体表面点的映射关系，如图 3-13 所示。根据以上全景影像拼接流程，投影变换矩阵的计算是整幅影像拼接的关键步骤，其计算的精度直接影响全景影像拼接的效果，而其计算的效率也直接决定了全景影像拼接是否具有实时性。常用的计算投影变换矩阵方式有两种：第一种方式依赖原始拼接影像的内容，它通过提取相邻影像间的尺度不变特征变换（scale invariance feature transform，SIFT）（Lowe，2004，1999）特征点，然后由特征匹配获得的同名点对计算影像间的相对位姿关系，进而求得 CCD 影像到球面的投影变换矩阵（杨云涛 等，2011；Brown et al.，2007）；第二种方式依赖各个 CCD 相机组装时的几何关系，通过相机标定可精确获得各台 CCD 相机的相对位姿关系（这一部分在第 6 章中介绍），由此可以计算对应 CCD 影像的投影变换矩阵。由于全景相机各个镜头刚体连接、安装稳定，可以认为全景相机采集数据时各个镜头的相对关系可以用标定的数据表示。基于相机几何关系的投影矩阵计算方法流程比较简单，只需要标定求得各个相机的相对关系即可完成计算，在此不再赘述，下面对基于特征匹配的投影矩阵计算方法进行介绍。

首先利用 SIFT 算子（Lowe，2004，1999）对影像进行特征提取，然后用 k-d 树（k-d tree）（Wald et al.，2006）快速搜索方法对相邻影像提取的特征库进行粗匹配。完全依靠特征的匹配不可避免地存在很多误匹配点，因此需要使用随机抽样一致（random sample consensus，RANSAC）算法和稳健估计算法（Fischler et al.，1981）附加几何约

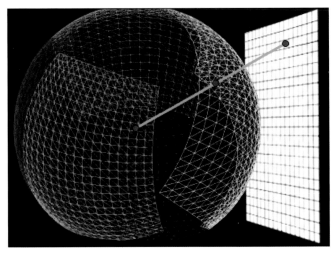

图 3-13　投影转换矩阵映射关系

束对误匹配点进行剔除，与此同时能获得影像间的位姿参数的线性解，最后使用非线性优化算法（Levenberg-Marquart 算法，简称 L-M 算法）（Madsen et al.，2004；Kelley，1994）精确求得模型参数。图 3-14 给出了基于特征匹配的投影变换矩阵计算流程。

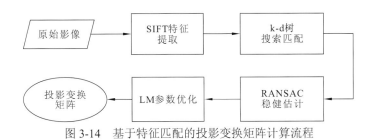

图 3-14　基于特征匹配的投影变换矩阵计算流程

（1）面阵 CCD 影像 SIFT 特征提取。SIFT 算子是 David. G. Lowe（Lowe，2004，1999）提出的一种尺度不变特征变换算法，它通过利用不同尺度的高斯差分方程对影像进行卷积，将卷积图像中的极值点作为特征点。SIFT 特征提取的一般流程如图 3-15 所示。

图 3-15　SIFT 特征提取流程

采用 k-d 树搜索算法进行 SIFT 特征粗匹配。k-d 树是一种分割 k 维数据空间的数据结构，它能建立高维空间索引结构，快速而准确地找到查询点的近邻。主要应用于多维空间关键数据的搜索（如范围搜索和最近邻搜索）。而特征点匹配实际上就是一个通过距离函数在高维矢量之间进行相似性检索的问题。其基本思想就是对搜索空间进行无重叠层次划分，因为实际数据一般都会呈现出簇状的聚类形态，该索引结构可以大大加快

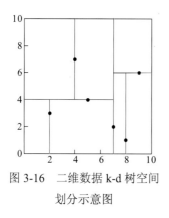

图 3-16　二维数据 k-d 树空间
划分示意图

检索的速度。以一组二维数据的 k-d 树结构为例（Wikipedia，2013），假设有 6 个二维数据点 {(2,3)，(5,4)，(9,6)，(4,7)，(8,1)，(7,2)}，数据点位于二维空间内（图 3-16 中黑点所示），则其组成的 k-d 结构如图 3-16 所示。k-d 树算法通过确定图中这些分割线（多维空间即为分割平面，一般为超平面）实现对数据的层次划分。

（2）基于 RANSAC 的配准模型稳健估计。RANSAC 算法是目前在计算机视觉领域应用非常广泛的稳健的模型参数估计算法，其最大的特点是能够从包含大量噪声点的样本中提取出精确的模型参数。与最小二乘回归法相似，RANSAC 算法是一个随机采样迭代的计算过程，其算法流程如图 3-17 所示。

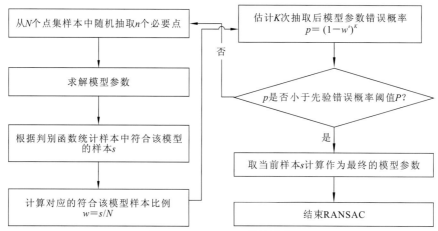

图 3-17　RANSAC 算法流程

（3）利用非线性估计算法 LM 优化配准模型的参数，即得到 CCD 影像间稳定可靠的相对位姿参数。

（4）由 CCD 影像间的相对位姿参数，计算影像的投影变换矩阵。

其中，对于步骤（4），在求得了 CCD 影像间的相对位姿参数后，需要由此求得投影变换矩阵，将所有源图像映射到全景图上去。在将 CCD 相机中心作为物方坐标系中心的情况下，像方坐标与其三维坐标 $P(X,Y,Z)$ 之间的映射关系如下：

$$p = TVRP \tag{3-7}$$

其中

$$T = \begin{bmatrix} 1 & 0 & c_x \\ 0 & 1 & c_y \\ 0 & 0 & 1 \end{bmatrix}, \ V = \begin{bmatrix} f & 0 & 0 \\ 0 & f & 0 \\ 0 & 0 & 1 \end{bmatrix}$$

式中：f 为图像的焦距，R 为旋转矩阵。当投影中心取在源图像的中心时，对于所有的源图像而言，它们皆为 (c_x,c_y)，则两幅图像 l 和 k 之间的对应关系为

$$M \approx V_k R_k R_l^{-1} V_l^{-1} \tag{3-8}$$

全景相机上的每个相机都有一个独立坐标系，选定某一个相机独立坐标系作为参

考坐标系，将其他相机坐标系都归算到此参考坐标系，坐标系之间的旋转由矩阵 **M** 来完成，而它可以根据标定获得的相机内参及上述解算得到的相机相对位姿参数求得，至此，可以计算出所有待拼接影像到球面模型的投影转换矩阵。

3.3.4　全景影像拼接方法对比

实验用于拼接的原始 8 幅影像如图 3-18 所示（图像已经经过矫正，去除了镜头畸变的影响）。

图 3-18　用于拼接的 8 幅原始影像

首先用基于特征匹配的投影变换矩阵计算方法来进行全景影像的拼接实验。图 3-19 所示为相邻两幅面阵 CCD 影像的 SIFT 同名特征点，由该图可以看出，两幅影像的匹配效果好，基本无误匹配点对。用该方法计算投影转换矩阵，将原始影像做球面投影，效果如图 3-20 所示。

图 3-19　相邻两幅影像的 SIFT 同名点匹配结果

图 3-20 球面投影后的效果

图 3-21 是做像素融合处理前的拼接全景，可以看到此时的全景影像拼缝处有很大的错位现象，经过了重叠区域像素的加权融合（图 3-22），拼接错位现象得到了有效的减弱，大大优化了视觉效果。图 3-23 为融合后全景影像的局部放大图，其中红色圈中为拼接缝所在的区域，由此图可以看出影像的拼接缝不明显，重叠区域融合效果好。

图 3-21 像素融合处理前的拼接全景

图 3-22 像素融合处理后的拼接全景

图 3-23　拼接缝区域融合效果

　　由于 8 个 CCD 相机采集的影像具有整体的明暗、色调差异，使相邻两幅拼接影像间的色彩变化突兀，如图 3-24 所示，中间区域与两边的影像存在较大的整体色调变化，这导致整幅全景影像不具有视觉一致性，经过匀色处理，这种现象得到了明显的改善，最终的拼接全景效果图如图 3-25 所示。图 3-26 是采用高分辨率微型单反相机研制的全景相机拍摄的全景照片，图像分辨率可以达到 12000×6000，色彩良好。

图 3-24　影像间存在整体的色调差异

图 3-25　全景影像拼接效果图

图 3-26　基于微单相机的高分辨率全景效果图

　　另外，用基于相机几何关系的投影矩阵计算方法对相同的影像进行全景拼接，两种方法计算得到的投影转换矩阵基本无差异，同时从视觉上看，两种拼接方案的效果也几乎相同。但是由于基于特征匹配的拼接方法在每次全景拼接时都需要计算 CCD 影像的相对位姿关系，这个过程额外增加了不少计算量，使全景影像的实时拼接变得非常困难；同时，特征匹配依赖场景的结构，对某些特征匹配困难的场景，该方法无法解算出精确的投影变换矩阵，进而导致拼接失败。因此，在车载移动测量系统的全景相机集成中采用基于相机几何关系的全景拼接方案更加实用方便。

3.3.5　影像融合

　　在图像拍摄的过程中，受视差效应、拍摄环境变化以及投影变换矩阵误差等因素的影响，全景影像接缝处有明显的明暗差异，同时伴随着拼接缝隙，因此要采用合适的融合策略，使拼接后的图像具有视觉一致性，即使拼接痕迹最小化。考虑到车载序列全景影像拼接的实时性和高效性，本小节主要对加权融合（影像平滑法）（张欣，2009）进行介绍。

　　加权融合采用平滑的方法，对影像重叠区域做平滑，可以使颜色逐渐过渡，以避免影像明显的边界和影像的模糊，提高了全景影像的质量。该方法将两幅影像重叠区域的像素值，按照每个像素的权重进行加权计算，叠加合成新的影像，这样就实现了在重叠区域内前一幅影像到第二幅影像的缓慢过渡。设相邻两幅影像重叠部分的 RGB 分量分别为 r_1、g_1、b_1 和 r_2、g_2、b_2，则两者融合后其对应的像素点的 RGB 分量值 r、

g、b，可以由式（3-9）求得：

$$\begin{bmatrix} r \\ g \\ b \end{bmatrix} = d \begin{bmatrix} r_1 \\ g_1 \\ b_1 \end{bmatrix} + (1-d) \begin{bmatrix} r_2 \\ g_2 \\ b_2 \end{bmatrix} \qquad (3\text{-}9)$$

式中：d 为像素的权重，用来调和相邻影像的颜色，是一个渐变因子，其取值范围为 $(0, 1)$。

$$d = \begin{cases} \dfrac{\left(\dfrac{2t}{w}\right)^{15}}{2}, & 0 < t \leqslant \dfrac{w}{2} \\[4mm] \dfrac{\left(\dfrac{2t}{w} - 2\right)^{15} + 2}{2}, & \dfrac{w}{2} < t < w \end{cases} \qquad (3\text{-}10)$$

在两幅影像的重叠区域中，参数 d 随着像素点的变化而变化，一般情况下是从重叠区域左边界起逐渐线性减小。

3.4　FLIR 公司 Ladybug 系列全景相机

Ladybug 是由 FLIR 公司生产的具有高分辨率 360° 可视覆盖能力的全景相机，包括 Ladybug1、Ladybug2、Ladybug3、Ladybug5、Ladybug5+、Ladybug6 等不同型号的全景相机，目前在售的包括 Ladybug5+和 Ladybug6，其余型号已停产。

Ladybug 系列全景相机系统主要由成像模块、采集控制模块、机械防水外壳组成，采用 6 台高清 COMS 相机（5 台在侧面，1 台在顶部）构成，能够实时完成 6 个 CCD 的图像采集、处理、拼接和校正等功能，可将多个相机图像实时拼接并输出全景 360° 的图像和视频。

全景相机全工作流程如图 3-27 所示，包括图像采集（image capture）、JPEG 图像压缩（JPEG compression）、解压缩（decompression）、彩色处理（color processing）、纠正（rectification）、投影（projection）和融合（blending），经过上述图像最终生成全景拼接图像（stitched image）。上面的流程可以划分为采集流程和后处理流程两部分，如图 3-28 和图 3-29 所示。

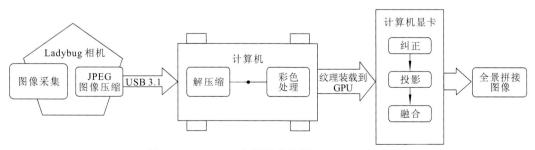

图 3-27　Ladybug 全景处理流程（FLIR，2017）

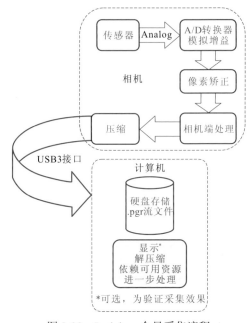

图 3-28　Ladybug 全景采集流程

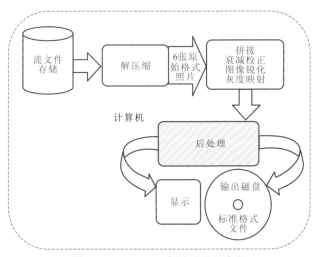

图 3-29　Ladybug 全景后处理流程

引自 Ladybug6 Technical Reference. https://www.flir.com/products/ladybug6/.

图 3-28 所示为图像采集过程中 Ladybug 的数据流。在全景采集过程中，从相机的 6 个传感器中同步捕获图像，并进行图像处理，包括模拟到数字转换为原始（拜耳排列）格式、增益、自动曝光、白平衡、伽马校正，具体执行哪些处理，与选择的输据格式有关，以确保图像具有最大的动态范围和保持后处理的灵活性；如果相机被相应地编程采集，每个图像都会被转换成 JPEG 压缩格式，压缩后，图像通过 USB3.1 电缆传输到计算机，JPEG 压缩模式允许图像以更快的帧率传输到计算机。图 3-28 红色虚线框两个过程分别为图像采集和图像 JPEG 压缩，通过相机内部的图像处理芯片完成。图 3-28 蓝色虚线框中 6 个相机的系列图像数据作为流文件（.pgr 格式）存储于计算机中，为了对采集的图像进行监视和确认，需要对图像进行最小限度的处理，比如解压缩和拼接，然后在计算机上显示。

图像采集到后，使用 Ladybug API 在计算机上执行全景后处理任务。图 3-29 所示为 Ladybug 在后期处理过程中的数据流。

首先，存储的被压缩图像被解码回原始图像格式以供进一步处理；然后，来自相机的同步采集的 6 张照片以默认 20 m 的距离进行拼接，这个默认值可为大多数户外场景带来最佳效果。衰减校正（falloff correction）用于调整图像中的光强度以补偿渐晕效应；图像锐化（sharpening）用于使图像纹理边缘得到增强；灰度映射用于把图像的动态范围从高动态范围（high dynamic range，HDR）转换为以适合于人眼观察的低动态范围（low dynamic range，LDR）。

为生成最终全景影像，在计算机上还需要依次进行彩色处理、纠正、投影和融合处理等操作。彩色处理是指原始的 Bayer 排列的图像通过插值处理来创建完整的 RGB 图像，在颜色处理之后，图像可以被加载到计算机的显卡上，进行纠正、投影和融合；纠正是指纠正由 Ladybug 相机镜头引起的鱼眼畸变，鱼眼畸变会导致图像变形严重，通过标定得到的相机畸变参数，可以恢复出减小畸变后的图像；投影是指消除畸变后的图像，根据各个相机内部参数（焦距和主点）与外部参数（位置和角度），纹理映射到一个二维或者三维的坐标系统中，在 Ladybug 中一般投射到三维球体上；全景图像融合，6 个相机图像投影到三维球体上后，由于相机的视场角比较大，每个图像与相邻图像之间，存在视场重叠的像素，因此需要在图像重叠区域融合像素灰度值，以达到最小化明显边界的效果。在全景三维球体上融合好的全景图像，最后按照球面展开的方式，生成 2∶1 大小的全景图像。

以上是全景图像生成过程，具体原理、算法和过程与 3.3 节全景影像生成类似。

目前常用的主要为 Ladybug5+和 Ladybug6 全景相机。

Ladybug5+全景相机，由 6 个图像传感器分辨率为 500 万像素（2464×2048）全局快门相机组成，每个相机的镜头焦距为 4.4 mm，每个相机视场为 113.4°（垂直）×94.8°（水平），最大分辨率为 8192×4096，能够以 30 fps 的速度获取 8 K 全景影像或以 60 fps 速度获取 4 K 全景影像，图 3-30 为 Ladybug5+所获取的全景影像。

图 3-30　Ladybug5+所获取的全景影像

引自 Ladybug Spherical Cameras Sample. https://www.flir.com/support-center/.

Ladybug6 全景相机，由 6 个图像传感器分辨率为 1200 万像素（4096×2992）全局快门相机组成，每个相机的镜头焦距为 6.94 mm，每个相机视场为 117.4°（垂直）×85.9°（水平），最大分辨率为 12288×6144，能够以 15 fps 的速度获取 7200 万像素全景影像或以 30 fps 的速度获取 3600 万像素全景影像，图 3-31 为 Ladybug6A 所获取的全景影像。

图 3-31　Ladybug6A 所获取的全景影像

引自 Ladybug Spherical Cameras Sample. https://www.flir.com/support-center/.

从图 3-30、图 3-31、图 3-32 来看，Ladybug6A 在阳光直射部分曝光控制、低光部分细节、高曝光部分细节及读取公共设施上的标识符等方面表现更好。

（a）Ladybug5+获取的全景影像　　　　　（b）Ladybug6A 获取的全景影像

图 3-32　Ladybug5+和 Ladybug6A 所获取的全景影像细节对比

由于 Ladybug5+和 Ladybug6 全景相机具备各传感器为全局快门、分辨率比较高、图像帧率非常高、高速的 USB3.1 数据接口、丰富的 I/O 接口（外部触发输入、闪光输出、GNSS 同步输入输出）以及完善的采集和处理 Ladybug SDK 等优点，现已成为车载移动测量系统中主要的全景成像传感器，带有 Ladybug 全景相机的车载移动测量系统广泛应用于高精度地图生产、资产管理、道理巡查、街景采集、道路维护、遗产扫描、楼宇管理等项目中。

>>>>>> 第**4**章

车载多传感器实时同步数据采集技术

车载移动测量系统是一个多传感器集成的数据采集系统,为实现"快"和"广"的测量,车辆往往以尽可能快的速度行驶,因此安装在车辆平台上的多种传感器将工作在一个动态条件之下。

同时,车载移动测量系统中各个传感器具有各自不同的测量启动时刻、测量结束时刻、测量数据的输入输出频率及时间精度。

为使这些不同的传感器在动态条件下测量结果反映同一个客观世界的状态,必须使多种传感器具有统一的时间和空间基准。在车载移动测量系统中,GNSS 是一个不可替代的重要的时间和空间基准,从 GNSS 中引出的时空基准,保证各个传感器工作在统一的时间和空间基准中,从而确保多传感器在数据配准和融合中具有一致性和准确性,实现车载移动测量系统的"精"和"真"的数据获取。

4.1 GNSS 的时空特性分析

高精度的时间基准是保证 GNSS 位置测量精度的基本条件之一,而坐标系统是所有空间关系定义与空间转换的基本参数。时间系统和坐标系统是 GNSS 定位的基本组成部分,卫星定位计算中涉及诸多不同的时间系统和坐标系统。

4.1.1 时间系统

时间具有两种含义,时刻和时间间隔:时间间隔是指事物运动处于两个瞬间状态之间所经历的时间过程;时刻是指以某一约定的起始点为基准发生某一现象的时间。时刻的测量被称为绝对时间测量,时间间隔的测量则称为相对时间测量。

时间系统规定了时间测量的标准,即包括时刻的参考基准(起点)和时间间隔测量的尺度。如果把时间看作一维的坐标轴,在该轴上原点就是计量参考基准(起点),坐标轴的刻度就是单位时间的间隔长度。

常用的时间系统有恒星时（sidereal time，ST）、世界时（universal time，UT）、原子时（atomic time，AT）、协调世界时（universal time coordinated，UTC）、力学时（dynamical time，DT）、GPS 时间（GPS time，GPST）、历书时（ephemeris time，ET）和儒略日等（曹月玲，2008）。

相关的时间系统主要有原子时、世界时、协调世界时和 GNSS 时间 4 种。

1. 原子时

随着空间技术的发展和大地测量学新技术的应用，对时间的准确度和稳定度要求越来越高，即时间系统的原点的唯一性和尺度的均匀性。基于稳定的原子跃迁所建立的原子时是当前最理想的时间系统。

1967 年 10 月第十三届国际计量大会通过决议规定，1 s 的时间长度为"位于海平面上的铯 133（Cs^{133}）原子基态两个超精细能级间在零磁场中跃迁辐射振荡 9 192 631 770 周所持续的时间"。

原子时原点有两个：①美国海军天文台建立的原子时 AI，其原点为 1958 年 1 月 1 日 0 时 UT2；②1971 年国际时间局（BIH）确定的原子时系统，称为国际原子时（international atomic time，TAI），现改由国际计量局（BIPM）的时间部门在维持。其原点为 AI 原点减去 34 ms：

$$TAI = UT2_{1958.1.1.0} - 0.034 \tag{4-1}$$

2. 世界时

格林尼治起始子午线处的平太阳时称为世界时，即以平子夜为原点的格林尼治平太阳时。用 GMAT 代表平太阳相对于格林尼治子午圈的时角，则有

$$UT = GMAT + 12(h) \tag{4-2}$$

地球上每一个地方子午圈均存在一个地方平太阳时 M_s（简称地方平时），它和世界时的关系为

$$M_s = UT + \lambda \tag{4-3}$$

式中：λ 为此地的经度。

同一瞬时，位于不同经线上的平太阳时是不同的，为日常生活和工作中使用方便，需要一个统一时间标准，1884 年在美国华盛顿召开的国际子午线会议决定，将地球分成 24 个标准时区，每个时区以中央子午线的平太阳时作为区时。格林尼治起始子午线处的平太阳时称为世界时，北京对应为第八时区，北京时 = UT+8h。

世界时与恒星时相同，是根据地球自转测定的时间，以太阳日为单位，平太阳日的 1/86 400 为秒长，受地球自转的不均匀性和极移的影响，世界时也是一种不均匀的时间系统。世界时通常有以下三种形式。

（1）UT0：是由全球分布的多个观测站观测恒星的视运动确定的时间系统，通过直接测量得出世界时。

（2）UT1：对 UT0 经过极移修正后的世界时，等于 UT0 与极移修正之和。

（3）UT2：地球自转存在长期、周期和不规则变化，因此 UT1 也存在上述变化，UT2 对 UT1 进行周期性季节变化修正后的世界时。

由于地球自转的不均匀性，上述三种形式的世界时都不是均匀的时间尺度（伍蔡伦，2021）。

3. 协调世界时

由世界时和原子时的定义可知，它们的时间尺度分别基于地球自转速率和原子跃迁，而天文导航、卫星定轨中既需要以地球自转为基础，又需要原子时秒长的高精度，为此，从 1972 年开始采用一种以原子秒长为基础，在时刻上尽量接近世界时的一种折中的时间系统，即协调世界时（UTC），该时间系统兼顾了对世界时时刻和原子时秒长两者的需要，国际上规定以协调世界时（UTC）作为标准时间和频率发布的基础，地面观测系统以 UTC 作为时间记录标准，为使 UTC 尽量接近 UTC2，采用跳秒或闰秒的方法对 UTC 进行修正。

具体的定义方法是，在时间尺度上与国际原子时完全相同，采用闰秒（或跳秒）的办法，即当协调时与世界时时差超过 ±0.9 s 时，便在协调时中引入一闰秒（正或负），可以在每年 1 月 1 日或 7 月 1 日强迫 UTC 跳 1 秒（闰秒），使协调时与世界时的时刻最为接近，国际地球自转和参考系统服务（International Earth Rotation and Reference Systems Service，IERS）组织负责 UTC 的更新（跳秒），具体调整由国际计量局在 2 个月前通知各国时间服务机构。由于跳秒会给现代高度信息化的社会带来很大的不便，因此国际天文学联合会（International Astronomical Union，IAU）成立了一个部门考虑重新定义 UTC，将来或许不再存在跳秒问题。

协调世界时与国际原子时的关系为

$$UTC = TAI - 1 \cdot n \tag{4-4}$$

式中：n 为调整参数，由 IERS 发布，IGS 定期地提供地球自转参数和时间信息文件，跳秒在 12 月或 6 月底引入 UTC，具体取决于 UT2-TAI 的差值演变。每 6 个月公告一次，要么在 UTC 中宣布跳秒，要么确认在下一个可能的日期不会有变化。根据目前发布的信息，从 2017 年 1 月 1 日 0 时开始，到 2024 年 6 月底之前，UTC 时间与 TAI 时间差 −37 s[①]。

$$UTC = TAI - 37 \tag{4-5}$$

式中：37 为跳秒或者闰秒。

4. GNSS 时间

全球导航卫星系统（GNSS）包括美国的全球定位系统（global positioning system，GPS）、俄罗斯的全球导航卫星系统（global navigation satellite system，GLONASS）、欧盟的伽利略定位系统（Galileo positioning system，Galileo）和中国的北斗导航卫星系统（BeiDou navigation satellite system，BDS）等多种卫星导航系统，它们都拥有各自的时间系统（伍贻威 等，2017）。

---

① https://datacenter.iers.org/data/latestVersion/bulletinC.txt

1）GPS 时间

GPS 时间是全球定位系统 GPS 使用的一种时间系统。它是由 GPS 的地面监控系统和 GPS 卫星中的原子钟建立和维护的一种原子时，其起点为 1980 年 1 月 6 日 00 h 00 min 00 s，即在此刻与 UTC 完全一致，而后不受跳秒的影响。在起始时刻，GPS 时间与 UTC 对齐，这两种时间系统给出的时间是相同的。由于 UTC 存在跳秒，因而经过一段时间后，这两种时间系统就会相差 n 个整秒，n 是这段时间内 UTC 的积累跳秒数，将随时间的变化而变化。

由于在 GPS 时间的起始时刻 1980 年 1 月 6 日，UTC 与国际原子时 TAI 已相差 19 s。从理论上讲，TAI 和 GPST 都是原子时，且都不跳秒，因而这两种时间系统之间应严格相差 19 s 整。

$$TAI - GPST = 19 + C_0 \tag{4-6}$$

但 TAI（UTC）是由 BIPM 根据全球约 240 台原子钟来共同维持的时间系统，而 GPST 是由全球定位系统中的数十台原子钟来维持的一种局部性的原子时，这两种时间系统之间除了相差若干整秒，还会有微小的差异 C_0，即

$$TAI - GPST = 19 + C_0 \tag{4-7}$$

$$UTC - GPST = n\text{整秒} + C_0 \tag{4-8}$$

由于 GPS 时间已被广泛应用于时间比对，用户通过上述关系即可获得高精度的 UTC 或 TAI 时间。国际上有专门单位测定并公布 C_0 值，其数值一般可保持在 10 ns 以内（李征航 等，2010）。

在不考虑 C_0 值的情况下，GPST = UTC+跳秒-19，根据目前（2024 年 1 月）发布的跳秒信息，GPST = UTC+18。

根据上面的描述，各时间系统之间关系如图 4-1（Subirana et al.，2011）所示。

GPS 时间系统在表示时间时采用的最大时间单位为 GPS 周（GPSWeek，即 604 800 s），其表示时间方法是从 1980 年 1 月 6 日 0 时开始计算的 GPS 周数（weeks）和周内时间从每周周六/周日之间的子夜开始计算的周秒（seconds of week）。在 GPS 卫星发送的导航电文中，时间就采用这样的表示形式。

2）GLONASS 时间（GLONASS Time，GLONASST）

俄罗斯开发并部署的全球导航卫星系统 GLONASS 也建立了自己的时间系统 GLONASST，服务于导航和定位需要。该系统采用的是莫斯科当地协调时（第三时区），与 UTC 间存在 3 h 的偏差。GLONASS 时间是定期引入闰秒的不连续时间系统，也存在跳秒，且与 UTC 保持一致。同样，由于 GLONASS 时间是由该系统自己建立的原子时，故它与由国际计量局（BIPM）建立和维持的 UTC 之间（除时差外）还会存在细微的差别 C_1。转换关系为 UTC + 3 = GLONASST + C_1，用户可据此将 GLONASS 时间换算为 UTC，也可以将其与 GPS 时间建立联系关系式。同样，C_1 值也由专门机构加以测定并予以公布，其值一般为数百纳秒，近来可能有所改善。

GPS（GLONASS）已经广泛用于精密授时，利用 GPS（GLONASS）测量得到的时间是 GPS 时间（GLONASS 时间），用户需要获得精确的 UTC 时，除需要考虑那个整秒（3 h）的差异外，还需要顾及 C_0 和 C_1 项。

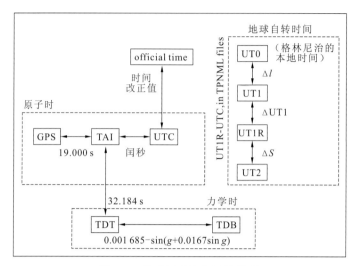

图 4-1　各时间系统之间的关系

official time 为加了时区改正后的当地时间，GPS 代表 GPS 时间，TAI 为国际原子时，UTC 为协调世界时；力学时包括地球力学时（terrestrial dynamical time，TDT）和太阳系质心力学时（barycentric dynamical time，TDB）；UT0、UT1、UT1R、UT2 为对应世界时的 4 个版本，是地球自转时间；UT0 是未经任何修正的世界时，不包含任何校正，为格林尼治的本地时间；UT1 是在 UT0 的基础上，增加了地球极移修正后得到的，它考虑了地球自转轴位置的变动，即极移（地球自转轴在地球表面的漂移）；UT1R 是在 UT1 的基础上，增加了周期性潮汐变化修正后得到的；UT2 是在 UT1 的基础上，增加了季节性变化修正后得到的；图中 Δl 为地球极移修正值，ΔUT1 为周期性潮汐变化修正，ΔS 为地球自转周期性季节性变化修正值；完整的时间系统非常复杂，但在处理移动测量系统中时间数据时主要用到 GPS 时间、TAI 时间、UTC 时间及闰秒

引自 https://ssc.esa.int/navipedia/index.php?title＝Transformations_between_Time_Systems

3）北斗时间（BDS Time，BDST）

北斗时间（BDST）是由北斗卫星导航系统主控站高精度原子钟维持的原子时系统，它的秒长取为国际单位制秒，起始点选为 2006 年 1 月 1 日（星期日）的 UTC 零点。BDST 通过 UTC（中国科学院国家授时中心，NTSC）与国际 UTC 建立联系，BDST 与国际 UTC 的偏差保持在 50 ns 以内（模 1 s）。BDST 是一个连续的时间系统，它与 UTC 之间存在跳秒改正。北斗卫星导航系统主控站将控制 BDST 与 UTC 的偏差保持在 1 μs 以内。BDST 在时刻上以"周"和"周内秒"为单位连续计数，周计数不超过 8 192，系统不进行闰秒，即单位周长度为 604 800 s（伍蔡伦 等，2021）。

4）Galileo 时间（Galileo Time，GST）

Galileo 系统的系统时间为 Galileo 时间（GST），采用国际单位制秒的无闰秒连续时间，起始历元是 UTC1999 年 8 月 22 日 0 点，GST 使用周计数和周内秒表示，通过时间服务提供商的时间溯源到 TAI，与其同步标准误差为 33 ns，并且在全年的 95%时间内限制在 50 ns 以内（伍蔡伦 等，2021）。

移动测量系统开发和应用过程主要涉及 GPST 和 UTC，在 GNSS/IMU 组合定位定姿中，与 GNSS 相关的数据记录和处理采用的是 GPS 时间，与导航授时相关的数据使用的是 UTC，如给激光扫描仪和全景授时。因此，如果在使用以 GPST 为时间标签的 GNSS/IMU 融合位置（X/Y/Z）和姿态（R/PH）数据在计算激光扫描仪或全景相机等传感器的数据瞬时位置和姿态的时候，需要对 UTC 和 GPST 进行转换，一般在软件界面上设计有 GPS 时间和 UTC 时间的秒差输入项。

4.1.2　时间精度

GPS 是美国研制的导航、授时和定位系统（Lewandowski et al.，1993）。GPS 除向具有适当接收设备的全球范围内的用户提供精确、连续三维位置和速度信息外，GPS 还广播协调世界时（UTC）。

卫星上备有时间精度为 $10×10^{-14}$ s/s 左右的铷频标原子钟,即有大约每 10 万年误差 1 s 的精度，卫星时钟不受气候和地域的限制，该系统具备精确授时功能，可以在全球范围内全天候提供精确统一时间，其 C/A 码（粗码或民码）的时间对比精度为 0.1 μs，在停止施加选择可用（slective availability，SA）干扰，系统成倍地提高了定位和授时精度（Conley et al.，2000），最高精度可达 20 ns（Weiss et al.，1997；Crossley，1994）。

GPS 作为授时单元，一般采用 GPS 接收机或 GPS OEM 板，GPS 接收机负责接收来自卫星的信号，并能自动补偿信号在卫星与接收机之间的传输延时，输出国际标准时间（UTC）对应的标准时间、日期，并输出与 UTC 保持高度同步的 1PPS 信号，1PPS 的脉冲前沿对应 UTC 中整秒的准确时刻。GPS 时钟输出的时间信息是通过 RS-232/RS-422/RS-485 等 EIA 标准串行接口发送一串以 ASCII 码表示的日期和时间报文，每秒输出一次，时间报文中可插入奇偶校验、时钟状态、诊断信息等；GPS 输出的整秒时刻，是通过 1PPS/1PPM 的一个脉冲信号提供，时钟脉冲输出不含具体时间信息，只用脉冲指明整秒准确时刻，因此 GPS 接收机的时间精度将反映在 1PPS 脉冲边沿上。

不同的 GPS 接收单元也具有不同的时间精度，表 4-1 列出了不同型号的 GPS 接收机的时间精度。

表 4-1　GPS 接收机时间精度对比

型号	生产商	特点	项目用途	时间精度（1PPS）（定位锁定正常）
M12+（MOTOROLA，2002）	Motorola 美国	12 通道 精密授时型 GPS 在 USNO 全面标定到 UTC	车载 GPS 同步器	使用时钟粒度信息 <2 ns 1 σ <12 ns 6 σ 不使用时钟粒度信息 <10 ns 1 σ <60 ns 6 σ
LEA-6T（U-blox，2010）	U-blox 瑞士	50 通道 精密授时型	车载 GPS 同步器	RMS 30 ns 99%<60 ns 误差补偿后 15 ns
LEA-4R（U-blox，2008）	U-blox 瑞士	16 通道 航位推算型	车载 GPS 航位推算仪	RMS 50 ns 99%<100 ns
Span-CPT（NovAtel，2009）	NovAtel 加拿大	入门级惯性组合系统	惯性定位和定姿	RMS 20 ns
Span-FSAS（NovAtel，2009）	NovAtel 加拿大	高精度惯性组合系统	精密惯性定位和定姿	RMS 20 ns

从表 4-1 中可知：①不同的接收机时间精度有所不同，但都能保证在 0.1 μs 以内；②授时型 GPS 比一般导航型的 GPS 具有更高的时间精度，最高可以达到 2 ns；③惯性组合系统中的 GPS 单元时间也能达到非常高的精度，这是因为一方面 GPS 单元需要提供时间和位置，另一方面 GPS 单元要作为具有高动态的加速度计和角加速度陀螺的组合而成的惯性测量单元的时间基准。因此，惯性组合系统中的 GPS 时间数据和时间脉冲信息，也可以用来作为系统的授时基准。

尽管 GPS 具有很高的时间精度，但 GPS 接收机接收到的 GPS 时钟受星历误差、卫星钟差、电离层误差、对流层误差、多径误差、接收机误差、跟踪卫星过少误差等因素的影响，精度和稳定性难以得到保证。通常，GPS 接收机的秒脉冲误差服从正态分布，时钟精度以概率指标表示。例如 Motorola UTONCORE 型接收机，统计精度为 50 ns（1 σ），表示 GPS 时钟误差落在 1 σ范围（50 ns）内的概率为 0.682 8，落在 2 σ范围（100 ns）内的概率为 0.954 6，落在 3 σ范围（150 ns）内的概率为 0.997 4。但在卫星失锁或卫星时钟实验跳变的条件下，GPS 时钟误差达几十甚至上百毫秒（王元虎 等，1998）。根据文献对 2 个同型号接收机产生的秒时钟的比较测试，正常工作条件下最大偏差可能达 1.6 ns，在卫星失锁的情况下偏差甚至达到了上百毫秒（曾祥君 等，2003；高厚磊 等，1995）。

带航位推算功能的 GPS 及组合惯性导航系统，需要在城区全覆盖的条件下工作，因此常常会穿行在高架桥、高层建筑、狭窄的小巷、隧道及树木茂密的道路上，常常会出现 GPS 信号干扰大、失锁的现象而且 GPS 本身带有的时间尺度基准精度较差，这样就会带来 GPS 模块输出时间精度的丧失，因此在 GPS 锁定时间后需要外部引入时间基准。如在 NovAtel 的 DLV3 产品中，就有连接外部频率振荡器的接口（NovAtel，2009），如图 4-2 所示。

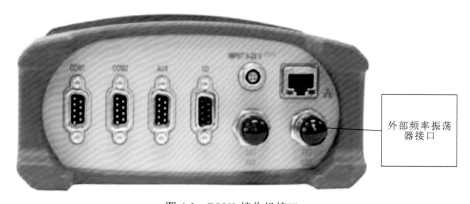

图 4-2　DLV3 接收机接口

在 DLV3 接收机的接口中，有一个外部振荡器的输入口，该输入口用于连接比 GPS 内部晶体振荡器精度更高的外部时钟，比如铷钟、铯钟或高级的晶体振荡器。

4.1.3　频率准确度

振荡器是一种时间基准或时间频率基准，原则上任何一个可以观测到的连续周期运动只要满足运动周期稳定和运动周期复现性好都可以作为时间基准。

常见的时间基准有天体自转/公转周期、晶体振荡器、原子频标等。这些时间基准的稳定度各不相同，表 4-2 列出了一些时间基准及其稳定度。

表 4-2 常见时间基准及其稳定度

时间基准	类别	特点	稳定度	用途
晶体	一般晶体振荡器	中低性能	$2×10^{-8}$	一般集成电路
	TCXO（温度补偿晶体振荡器）	温度补偿	$1×10^{-9}$	高精度授时系统
	VCXO（压控晶体振荡器）	压控	$3×10^{-10}$	高精度授时系统
	OCXO（恒温晶体振荡器）	恒温	$5×10^{-12}$	高精度授时系统
原子频标	铷钟	小型高精度	$3×10^{-12}$	卫星授时系统
	铯钟	高精度	$2×10^{-14}$	卫星授时系统
	氢钟	高精度	$5×10^{-13}$	卫星授时系统
天体基准	地球自转周期	天体周期	10^{-8}	天文
	行星绕日公转周期	天体周期	10^{-10}	天文
	脉冲星自转周期	天体周期	10^{-19}	天文

计算机的时钟一般都采用石英晶体振荡器。晶振体连续产生一定频率的时钟脉冲，计数器则对这些脉冲进行累计得到时间值。由于时钟振荡器的脉冲受环境温度、匀载电容、激励电平及晶体老化等多种不稳定性因素的影响，时钟本身不可避免地存在误差。例如，某精度为 ±20 ppm 的时钟，其每小时的误差为：（1×60×60×1 000 ms）×（20/10×10^6）= 72 ms，一天的累计误差可达 1.73 s；若其工作的环境温度从额定 25 ℃ 变为 45 ℃，则还会增加 ±25 ppm 的额外误差。可见，计算系统中的时钟若不经定期同步校准，其自由运行一段时间后的误差可达到系统应用所无法忍受的程度。

随着晶体振荡器制造技术的发展，目前在要求高精度时钟的应用中，已有各种高稳定性晶振体可供选用，如 TCXO（温度补偿晶体振荡器）、VCXO（压控晶体振荡器）、OCXO（恒温晶体振荡器）等。原子钟最显著的工程应用是在全球定位系统（GPS）中，GPS 是一个三维长度测量系统，精密的长度测量往往需要转变为电磁波传播时间的测量，电磁波的传播速度通常认为是一个常量（即光速），而原子钟又是目前时间测量中最精准的"尺子"，因此 GPS 的定位精度中很重要的因素就是卫星系统中使用的原子钟本身的性能。

频率准确度是评估原子钟性能的一个重要参数。频率准确度是指实际输出频率与标称频率的一致程度。频率准确度的计算公式如下：

$$A = \frac{f_x - f_0}{f_0} \tag{4-9}$$

式中：A 为频率准确度；f_x 为被测设备的实际输出频率；f_0 为其标称频率。

卫星钟和接收机钟均采用 GPS 时，卫星钟采用原子钟，接收机钟一般为石英钟。表 4-3 列出了几种不同类型石英晶体振荡器和原子振荡器的准确度典型指标。

表 4-3 不同类型的振荡器时间准确度

项目	石英晶体振荡器			原子振荡器		
	TCXO	MCXO	OCXO	铷钟	氢钟	铯钟
准确度	2×10^{-6}	5×10^{-8}	1×10^{-8}	5×10^{-11}	5×10^{-11}	5×10^{-11}

从性能上看,铯钟和氢钟性能较好,从价格和可靠性上看,晶体振荡器则更有竞争力,所以,导航卫星上不仅配备铯钟和氢钟,也配备晶体振荡器。常见的石英晶体振荡器和其他的原子钟,由于自身的老化及受到温度变化等环境因素的影响,其记录的时间间隔与国际原子时是有一定误差的,而且随时间的延长,这些误差将会积累,因此需要每隔一定的时间对这些计时器进行对时处理。

在集成有多种传感器的车载移动测量系统中,为维持系统的时间准确性,采用高稳晶体振荡器来建立同步时间基准。

4.2 多种传感器时空特性分析

作为一个高端的车载移动测量系统,系统包含更多类型数据源(多传感器),具体包括 GPS 数据、INS 数据、倾斜仪数据、ODO 数据、RS 数据(立体影像系列数据)、GIS 数据、3CCD 视频数据及激光雷达数据等。

上述数据来自不同类型的传感器件和子系统。在移动测量车运行过程中,必须控制数据的同步实时采集,否则不同的数据将失去时间和空间上相互联系的桥梁,也就不能进行有效的操作、管理和时空融合。

整个系统的数据源基本情况如表 4-4 所示。

表 4-4 不同来源数据的特征

传感器	数据类型	特性
GPS	定位数据	每秒 1~20 帧
IMU	定位及定姿数据	每秒 100~200 帧
倾斜仪数据	定姿校验	每秒 20 帧
CCD 图像传感器	系列影像数据	运行时每秒 5 帧左右
3CCD 景观传感器	影像数据流	每秒 25 帧
激光扫描仪	扫描点云数据	每秒 25~100 帧
高分辨率全景相机	全景图像	每秒 2 帧

在车载移动测量系统中,实时及同步传感数据的获取,是一个最重要且需要首先解决的问题。一方面是由于车辆在线动态运行,要求数据实时获取;另一方面多种不同传感器的存在,需要数据具有严格的同步或对应关系。例如:不同于传统概念上的摄影测量或航空影像,基于数字 CCD 图像器件的车载多传感器摄影测量系统往往需要同步实时获取多个图像传感器的图像,图像传感器之间具有严格的定位关系。"同步实时像

对"是指，在车载摄影测量平台的运行过程中，多个图像传感器产生的每组图像，一方面任意一组图像内的多个图像都必须在同一时刻产生，另一方面，对于系列像对中的每组图像必须是在采集控制发出时实时产生或者每组图像都可以获得精确的采集时刻。"同步"保证图像传感器之间的姿态相对不变，它们之间的位置关系就是安装完成后确定好的关系；"实时"保证整个图像传感器的坐标系统在采集控制发出时与大地坐标系统关系已知（通过 GPS/INS 获得车载平台的位置和姿态）。

在某一车载测量系统中，采用 4 个普通模拟摄像机作为图像传感器采集道路图像，摄像机帧数为 25 fps（PAL 制式），在车辆以 72 km/h 运行时拍摄系列像对，如果摄像机不经同步和实时处理，每个图像传感器都有自己固定的运行周期，因此各图像传感器之间的最大采集图像差别是 40 ms，沿车辆运行方向导致的实际拍摄位置差别为

$$0.040 \times 72 \times 1\,000 \div 3\,600 = 0.80$$

由上面的计算可知，某两个图像在拍摄时的位置差别最大可能达到 0.80 m，而这一位置差别可能是随机的。这就导致，用于空间前方交会的两个图像（摄站）位置误差为 0.8 m，一般而言，基于摄影测量的车载测量系统图像传感器之间的距离（基线长）在 1.2～2.0 m，像这样不同步的误差，对测量精度的影响无法忽略，一般同步精度必须控制在 1 ms 以下。同样的道理，采集的实时性也必须严格要求。

在上面的 5 种数据源中，GPS 具有绝对时间系统，GPS 接收板卡启动后，只要能够锁定足够的卫星，GPS 可以输出高精度的时间序列，即每秒准时输出一帧数据，其中包括时间信息、导航定位信息等，GPS 还作为一个授时设备，每秒输出一帧数据的同时还输出一个整秒时间脉冲，提供给其他系统校准整秒时间。

INS 具有相对时间系统，INS 作为一个自主相对定位设备，在其内部有一个高精度的计时器，一旦给定 INS 一个起始时间后，INS 就能够保持高精度的时间，并且按照这个时间基准，每秒输出超过 200 帧数据，输出数据包括三轴线加速度和三轴角加速度信息和时间信息。

CCD 数据没有时间信息，一方面 CCD 的帧速率不是很精确，拍摄时间不能准确确定，另一方面 CCD 数据的获取往往是根据车辆行驶距离来控制的，每帧数据的拍摄时间也不精确，因此需要一个外部设备给 CCD 提供每一帧数据的时间标签。

3CCD 数据没有准确的时间信息，3CCD 是一个视频数据流设备，尽管它的每秒速率比较固定，但还是不足以提供精确的时间基准到每一视频帧。因此，它也需要一个辅助的时间标签产生方法，以便定位到每一帧的时间。

激光雷达数据没有精确的时间信息，激光雷达提供一个高速的点扫描数据，它的速率也比较固定，但还是不能自主提供一个精确到帧的时间标签。因此需要一个辅助的时间标签产生方法。

由此可见不同传感器类型，具有不同来源的数据，从而具有不同的数据特性。由上面的描述可以知道，若要把整个系统同步起来，提供不同数据源的每帧数据的时间标签，并且整个时间标签要统一在这一个时间基准下，必须系统设计时间同步方案：把绝对的时间基准，引入相对系统；设计一个相对时间系统，给没有时间功能的设备提供每帧数据的时间标签；数据采集时，一并采集每帧数据产生的时刻。

4.3 GNSS 同步时钟控制器设计

基于 GNSS 授时的同步控制器是多传感器集成的车载移动测量系统中非常重要的系统控制和同步设备。车载移动测量系统包含多传感器集成，因此就有多种类型数据源，这些数据来自不同时间和空间特性的传感器件或子系统。在移动测量车运行过程中，必须控制数据的同步实时采集，否则不同的数据将失去相互联系的桥梁，不能集成到统一的时间和空间基准中，也就不能进行有效的操作和管理。同步控制器从卫星信号良好且定位 GNSS 中获取时间基准并保持这个时间基准，同步触发控制立体测量相机实时图像采集、二维或三维激光扫描测量系统数据采集等，使采集到的数据具有统一的时间和空间基准，从而能够使激光扫描测量子系统和立体摄影测量子系统相对测量能够将 GNSS/INS 提供的空间坐标和载体姿态结果转换到绝对测量结果中。

根据上面的分析，设计系统 GNSS 同步控制单元。该 GNSS 同步控制单元在授时型 GNSS 锁定 5 颗以上卫星后，从高精度授时型 GNSS 中获取基准时间，并由同步器内部的高稳晶体振荡器维持时间的准确性。由里程计驱动的数据采集信号到达同步器 CPU 后，同步器向对应设备发送采集控制脉冲，同时发送准确的时间标签到计算机，让计算机同步记录传感器数据。

GNSS 同步控制器基本原理如图 4-3 所示。

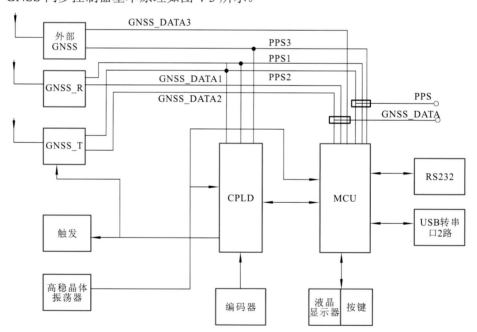

图 4-3 GNSS 同步控制器基本原理

CPLD 为复杂可编程逻辑器件（complex programmable logic device），MCU 为微控制器单元（microcontroller unit），
PPS 为秒脉冲（1 pulse per second）

根据不同的需求，GNSS 时钟同步控制器可以选择采用授时型 GNSS、航位推算型 GNSS 或者外部 GNSS 来作为时间基准。授时型 GNSS 作为时间基准的控制器可以获得高精度时间，用于对同步要求很高的系统，比如车载激光扫描系统；航位推算型 GNSS

作为时间基准的控制器除授时同步以外，还可以作为简单的低精度的惯性组合来使用，适用于时间同步要求不高的系统，比如全景影像采集系统、视频影像 GNSS 系统和电子导航数据采集系统（采集路网和 POI 信息）；外部 GNSS 作为时间基准的同步系统中，这个外部 GNSS 主要是惯性组合系统自己带有的 GNSS，由于惯性组合系统的 GNSS 本身时间精度非常好可以达到 20 ns（表 4-1），可以直接采用该 GNSS 的时间信息给同步器授时。

车载移动测量系统中的时钟同步控制器采用 GNSS 的 UTC 时间作为时间输入基准，采用高稳晶体振荡器为同步控制器来保持时间精度。

MCU 接收到 GNSS 信息后，从中解算出 UTC 时间、位置、速度及当前卫星数目等信息，当卫星数大于一设定数目（一般为 5 颗），说明当前定位正常，GNSS 时间精度满足要求，1PPS 脉冲有效，CPLD 控制电路进入对时状态。CPLD 是完成校时的关键部分，它内部有微秒、毫秒及秒脉冲产生单元。当对齐脉冲产生电路检测到有效的 1PPS 脉冲时，产生对齐脉冲，此时将毫秒和秒脉冲产生电路复位完成一次对时，即在 1PPS 脉冲上升沿或下降沿（根据需要设置）到达 CPLD 电路中，电路就把时间"秒"的小数部分清零，同时把接收到的时间数据中年月日时分秒写到时钟芯片中。

根据文献（高文武 等，2004）对校时系统的延时分析的系统校时延时的计算方法和对校时误差的测试方法，测试校时误差在 4.2 μs；使用同样的测试方法测试 4 h 后，卫星锁定正常的 1PPS 与同步控制器输出的秒脉冲之间的误差在 50 μs 以内。

随着新型 GNSS 板卡授时精度的提高，电子电路及器件性能提升，目前研发的时钟同步控制器的精度可达 1 us 以内，可以满足更高速度、更高精度、更高性能的移动测量系统需求。

由于系统采用 GNSS/INS 作为时间和空间坐标基准，GNSS 失锁以后定位精度会很快下降，同步控制器能在 4 h 内将时间漂移控制在 50 μs 以内，已经足够车载移动测量系统使用。

4.4 传感器同步方法

在多种传感器集成的车载系统中，所选用的传感器目标用户群不同，厂商设计和制造的过程中不一定都考虑到该设备与其他设备的同步问题，即便是考虑了同步问题，往往也不是采用相同的思路来设计，因此同步的接口千差万别。

4.4.1 传感器的同步控制方式

根据设备是否具备控制接口及同步控制方式，传感器的同步控制方式可以分为无同步控制、接收外部同步控制、主动输出同步控制及时间基准同步 4 种。

1. 无同步控制

该类设备是比较老的设备或者为面向非测量领域的设备。尽管设备本身具有较高精度的内部时钟，设备的数据采集可以在内部时钟控制下稳定进行，但从本身软件和硬件上缺乏与外部时间基准的交换机制。

例如 3CCD 相机和模拟 CCD 相机，这些相机本身没有外部同步接口，视频数据是按照内部规定帧速输出。为了对此类设备同步，需要在采集软件数据获取函数上利用数据流的帧头和帧尾到达计算机内的时刻，与同步过的计算机之间产生关联。由于数据流在相机内部产生及传输过程中有一定的延时，获得数据的时间精度有很大的降低。此类设备在低端的移动测量系统中常常使用，如道路视频 GIS 系统等。

2. 接收外部同步控制

该类设备具有外部控制接口，除了可以在内部时钟控制下采集数据，还可以接收外部控制信号，按照外部信号的周期完成每帧数据的采集，外部信号一般由同步控制器等具有高精度时间基准的设备发出，在发出控制信号的同时，也把信号的时刻信息保存下来。

最新的数字 CCD 相机和部分激光扫描仪具有这样的接口，同步控制器可以用电平控制 CCD 相机拍摄图像，并向计算机发送同步信号的时刻信息；同步控制器也可以引入里程信号，控制激光扫描仪每帧数据的扫描。

3. 主动输出同步控制

该类设备内部具有高精度时钟，没有接收外部同步信号的接口，但在进行每帧数据采集的时候，可以同时输出一个该帧数据采集起始或者结束的电平信号，标志数据采集开始或者结束，该电平信号可以输出到外部事件记录功能的 GPS 或者是同步控制器中，让外部设备（GPS 或同步控制器）记录数据采集发生的准确时刻。

数字相机和激光扫描仪具备此类接口，在图像采集完毕或者每一个扫描周期结束，设备输出一个电平信号给 GPS 或者同步控制器。

4. 时间基准同步

随着设备电子化和数字化水平的提高，很多厂商开始关注给设备赋予高精度时间标签或地理信息特性，即使设备能够接收外部授时和 GPS 位置，也给设备采集每帧数据打上时间和位置标签，因此该类设备与时间信号发生器或者 GPS 连接后，可以直接与外部时间同步。

目前不少高端设备的图像设备具有 IRIG-B 或 GPS 时间同步接口，部分扫描仪拥有 GPS 同步接口。

4.4.2　核心传感器的同步控制方式

系统设计过程中必须针对每种传感器做详细的分析，然后才能依据不同的设备设计出不同的同步连接硬件接口和软件控制接口。下面分别对几种核心传感设备进行同步方式分析。

1. GPS 接收机

GPS 接收机是核心的时间和位置传感器，GPS 接收机能够提供高精度的时间基准和位置。GPS 对外部的时间传递是通过每秒输出的时间信息和每秒同步输出的 PPS 电平信号实现。GPS 还设计有外部事件输入功能，即与主动输出同步控制类型设备配合，记录该类设备的数据采集的精确时刻。LEA-4T 授时型 GPS 芯片及布局如图 4-4 所示。

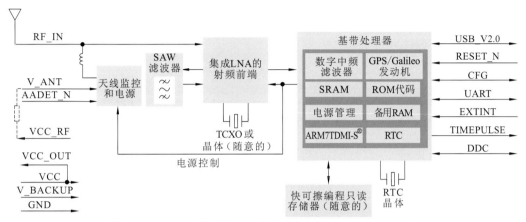

图 4-4　LEA-4T 授时型 GPS 芯片及布局图（U-blox，2009）

UART 为通用异步接收/发送装置（universal asynchronous receiver/transmitter），一般为串口接口，用于发送导航电文；

EXTINT 为外部中断（external interrupt），及接受外部电平输入；TIMEPULSE 为时间脉冲，及通常所谓的秒脉冲

在 LEA-4T 授时型 GPS 模块输入输出定义中，TIMEPULSE 为 PPS 输出接口，输出的时间精度为 RMS 50 ns；GPS 时间信息通过 RxD1 和 TxD1 串口输出；EXTINIT0 和 EXTINT1 是外部事件输入接口，用于记录两路外部设备发送的同步请求信号，时间精度也可以保持在 RMS 50 ns。SPAN-FSAS 的同步功能设计比 LEA-4T 更完善，它可以通过两种方法来同步外部设备，如图 4-5 所示。

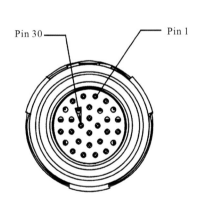

P1[a]		远程连接器	
Pin编号	功能	连接器	Pin编号
10	EVENT-OUT 1	Detail B 裸电线（黑）	
23	EVENT-OUT 2	Detail B 裸电线（蓝）	
11	EVENT-OUT 3	Detail B 裸电线（红）	
27	GND	Detail B 裸电线（绿）	
6	EVENT-IN 1	MOLEX	1
5	EVENT-IN 2	MOLEX	2
20	EVENT-IN 3	MOLEX	3
19	EVENT-IN 4	MOLEX	4
28	GND	MOLEX	5（GND1） 6（GND2）
29	GND	MOLEX	7（GND3） 8（GND4）

图 4-5　SPAN-FSAS 同步接口

EVENT-OUT 为事件输出接口，可根据需要设置不同规格的时间脉冲输出，包括秒脉冲；EVENT-IN 事件输入接口，

可以接收外部的设备的事件电平输入，用于记录该设备的事件发生时间，如相机的曝光信号

（1）接收机有三个可以设置电平信号的输出接口。每个电平信号都与 GPS 时间同步，都可以设置脉冲宽度和极性。SPAN-FSAS 如果作为同步控制器的授时时间来源，则需要把电平设置为 1PPS 相同的规格（图 4-6）。

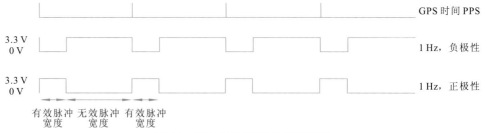

有效脉冲　无效脉冲　有效脉冲
宽度　　　宽度　　　宽度

图 4-6　SPAN-FSAS 输出电平设置

（2）接收机可以接 4 个输入脉冲（事件），每个事件信号可以设置正负极性。与每个输入时间相对应的时间、位置、速度及姿态通过数据接口同步地输出。

2. 惯性测量单元

惯性测量单元（IMU）是一个相对测量传感器，IMU 本身有内部高精度时钟，但没有时间基准，因此需要外部设备提供一个稳定的时间基准供它使用，所以 IMU 是一个时间基准同步类型的设备。IMU 同步原理如图 4-7 所示。

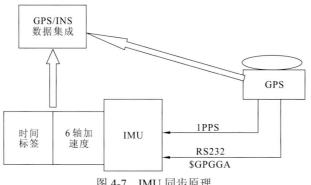

图 4-7　IMU 同步原理

在图 4-7 中，$GPGGA 为 GPS 接收机或板卡通过 RS232 串口发送的 NMEA0183 标准的导航电文，其中包括 UTC 时间、经纬度等信息（OpenCPN，2024），被授时设备捕获该导航电文，解析出 UTC 时间，用于设置设备整秒时间。在移动测量系统授时及同步过程中，用到的 NMEA 导航电文主要有$GPGGA 和$GPRMC 两种。实例如下：

$GPGGA,032037.00,1944.3084,N,11022.1538,E,1,18,0.7,21.43,M,-10.80,M,,*7F

$GPRMC,032037.00,A,1944.3083746,N,11022.1538366,E,0.049,295.0,080919,0.0,E,A*33

在$GPGGA 语句中，GGA 为全球定位系统定位数据缩写，字段 1 的 032037.00 为 UTC 时间 03 点 20 分 37 秒，字段 2 和 3 的 1944.3084，N 为北纬 19°44.3084′，字段 4 和 5 的 11022.1538，E 为东经 110°22.1538′，字段 7 的 18 为可视卫星数，字段 9 的 21.43 为海拔高度 21.43 m。

在$GPRMC 语句中，RMC 为推荐最小导航信息缩写，字段 1 的 032037.00 为 UTC 时间 03 点 20 分 37 秒，字段 3 和 4 的 1944.3083746，N 为北纬 19°44.3083746′，字段 5 和 6 的 11022.1538366，E 为东经 110°22.1538366′，字段 7 的 0.049 为速度 0.049 节，字段 8 的 295.0 为方位角 295.0°，字段 9 的 080919 为 UTC 日期 2019 年 9 月 8 日。

图 4-7 中 PPS 用于标示该整秒时间精确的时刻点，对被授时或同步设备进行整秒以下时间清零。在一些系统中，GPS 和 IMU 的数据采集和同步可以通过微控制器单元（MCU）完成，因此会由 MCU 接收 GPS 数据航电文和处理秒脉冲 PPS，并给采集到的每帧 IMU 数据打上精确的时间标签。

在 SPAN 系列关系组合系统中，惯性测量数据从 IMU 发送到 GNSS/INS 接收机 SPAN-SE 中，接收机通过处理可以 200 Hz 的速率提供融合后的载体位置、速度、姿态信息。通过 NovAtel 接收机触发 IMU，以保证所有的 IMU 测量和 GNSS 测量时间同步。IMU-LCI 具有低噪声和偏差稳定的特点，这表明 IMU 适用于地面或航空测量，还可在 GNSS 接收不好的情况下进行定位和导航。

SPAN-SE 接收机封装提供了 SPAN 用户接口。可通过多种接口协议输出原始观测数据或处理数据，可将数据保存到可拔插的 SD 卡上。多路 GPS 同步接口和事件输入接口，可方便用户的集成应用。将 SPAN-SE 和 SPAN 支持的 IMU 组合，可建立一套完整的 GNSS/INS 系统。使用 SPAN-SE 双天线版本的产品，可以实时提供用外部方位信息。

SPAN-SE 支持双天线功能，通过双天线可以实时提供系统航向信息，在 GNSS/INS 实际使用过程中，可提高初始化速度和实时/后处理航向精度，在船载、铁路车载等低速行驶或不方便进行运动初始化的移动测量系统中，常常需要该双天线功能。

3. 图像传感器

图像传感器不是一个直接测量设备，它通过多个传感器组成立体视觉的方式或者通过传感器在不同的位置定位定姿来完成测量。因此必须获得图像传感器采集的精确时刻并保证多幅图像采集的同步性，才有可能获得确定的测量结果，并把测量结果反映到地理坐标系统中。

图像传感器可以按照自身固有的帧速获取图像，但在基于立体测量的移动系统中及全景图像采集系统中，要求所有的图像具有同步一致的采集控制和精确的采集时刻。工业数字型图像传感器都具有外部控制接口，是一个接收外部同步控制类型设备。图像传感器的同步控制原理如图 4-8 所示。

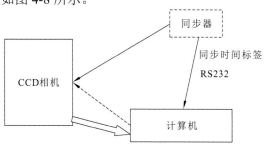

图 4-8　图像传感器的同步控制原理

图像传感器采用 CamLink、千兆网等接口用来与计算机交换控制信息和传输图像数据，此外一般会有一个触发输入接口。当需要同步采集图像时，计算机通过数据接口把相机设置成异步采集模式，然后向相机发送采集图像采集命令，相机接到命令后，并不产生图像采集动作，只是做好采集准备，等待触发采集的双极型晶体管-晶体管逻辑（transistor-transistor logic，TTL）电路电平信号；计算机发送采集命令后，控制同步器发出 TTL 同步触发电平；所有的相机都会同时收到同步触发电平，然后同步响应，采集图像同步传输到计算机；同步器同时还发送同步时间标签给计算机，计算机记录同步 TTL 电平发出的时间。按照此原理同步控制相机拍照可以获得精确的拍照时间，并且拍照的同步性可以保证在 10 μs 以下。

4. 激光扫描仪

1）二维/三维一体化扫描仪 VZ-400

VZ-400 是一个二维/三维一体化扫描仪，用于扫描道路及道路两旁的地物，该扫描仪精度高、扫描速度快、角分辨率高。VZ-400 扫描仪内部集成了一个 GPS 接收机，接收机天线通过天线适配器安装在扫描仪的顶部。内部 GPS 可以为扫描仪提供 GPS 时间和位置信息，该 GPS 时间和位置信息可以满足一般性时间和位置指示的需求。

为了更高精度地与外部设备同步，VZ-400 扫描仪可以连接一个外部的 GPS 接收机（图 4-9），VZ-400 提供两种必须同时存在的信号输入接口（RIGEL，2010）：①RS232 串口数字输入接口，用于接收来自 GPS 接收机的时间字符串信号。需要注意的是 GPS、接收机发送的实际数据字符串的格式必须与扫描仪设定的格式匹配，一般而言，设置为 NEMA803 的 GPGGA 格式，时间字符串，每秒钟一次。来自外部 GPS 接收机的时间字符串，也可以通过局域网（local area network，LAN）网络接口以用户数据报协议（user datagram protocol，UDP）的方式送到扫描仪中，即计算机通过 RS232 接口实时捕获 GPS 接收机的时间字符串后，立即采用 UDP 网络协议传输到扫描仪；②1PPS 的 TTL 电平信号输入接口，用于接收来自 GPS 接收机的高精度时间同步电平信息，该电平脉冲每秒钟一次，与时间字符串同步。

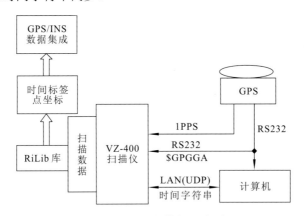

图 4-9　VZ-400 扫描仪同步原理

当扫描仪检测到一个配对时间字符串和 PPS 脉冲，扫描仪的测量数据流中就被插入一个 GPS 数据包，该数据包包含 GPS 时间内和机器内部时间的耦合关系，一系列的数据包将作为时间同步数据保存在原始扫描数据中，同步好的扫描仪每个扫描线和扫描点将都具有 GPS 精确时间标签，时间标签的分辨率为 4 ns。

通过仪器提供的 RiLib 开发库可以提取扫描数据点坐标和时间标签，因此扫描仪的测量数据通过 GPS 时间统一起来，然后通过 GPS/INS 数据集成统一到空间坐标系中。

2）二维扫描仪 LMS-Q120i

LMS-Q120i 是一个二维扫描仪，用于扫描道路路面。LMS-Q120i 激光扫描仪提供了一个内部时钟（SyncTimer），该内部时钟由一个振荡频率为 100 kHz 的石英钟进行计时（RIGEL，2009）。为了将激光扫描仪的内部时钟与外部事件同步，可以通过激光扫描仪的"Trigger"输入针将外部 TTL 脉冲输入激光扫描仪中，激光扫描仪在接收到外部电脉冲后，将使 SyncTimer 清零，以达到与外部事件同步的目的，在这种方式下，由于 LMS-Q120i 只接收 TTL 电平信号，所以发 TTL 信号的设备(同步控制器)需要把 TTL 电平的时刻标签信息发送到数据采集计算机，由计算机同步记录每个 TTL 的时间标签。LMS-Q120i 同步原理见图 4-10。

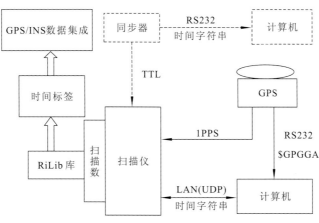

图 4-10　LMS-Q120i 同步原理

另外，LMSQ120i 还提供一种先进的同步机制：将激光扫描仪直接与 GPS 同步的机制，简称为 GPS 同步机制。GPS 同步机制由 GPS 接收机或 GPS/INS 组合定位定姿系统提供时间数据串及 PPS 脉冲，时间数据串由控制计算机解析后以特定的格式发送给 LMSQ120i 激光扫描仪，PPS 脉冲通过激光扫描仪的触发输入口输入激光扫描仪中，该同步过程需要计算机的参与，并且需要特别注意 UDP 数据发送时序，需要一起回应以后才能算是一个有效的同步过程。

由于 LMS-Q120i 的扫描数据获取是依靠 100 M 网传输的，因此可采用计算机捕获时间标签发送给扫描仪，同时由 GPS 发送 1PPS 信号的方法。

3）FARO Focus 3D 120

Focus 3D 120 是一个二维/三维扫描仪，该扫描仪精度高，但测量距离不太远，主要用于扫描道路路面及道路两旁的附属地物。FARO Focus 3D 120 激光扫描仪既可以作为主动同步器（master timer），也可以作为被动同步器（slave timer）[1]。

当作为主动同步器时，FARO Focus 3D 120 内部的时间系统作为参考时间系统，外部设备通过控制器局域网（controller area network，CAN）方式获得 FARO Focus 3D 120 的内部时间，获取时间的同时，扫描仪发出触发输出（Trigger_out）电信号（即 Faro 3D

---

① FARO，2011. Faro focus 3D Automation interface manal. www.faro.com

对外部设备输出的时刻脉冲信号），该电信号可以输入组合导航系统中记录该事件，如图 4-11（b）所示；当作为被动同步器时，外部时间系统（如 GPS 时间系统）作为参考系统，通过 CAN 通信方式给激光扫描仪设置外部时间，同样在给 FARO Focus 3D 120 设置外部时间时，需要触发输入（Trigger_in）电信号（即 GPS 的秒脉冲输入信号）标记准确的时间点，如图 4-11（a）所示。

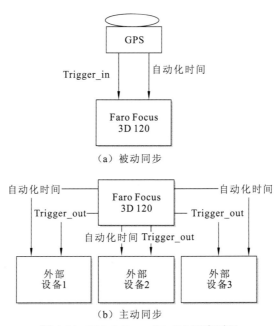

图 4-11　FARO Focus 3D 120 同步原理

图中外部设备指 FARO 3D 同步控制的设备，自动化时间指时间信息

在主动同步和被动同步两种方式中，主动同步在数据采集时实现起来相对简单，但系统没有直接引入 GPS 时间基准，需要使用仪器时间和 GPS 外部事件时间记录的时间进行比对插值。为简化后处理，推荐使用被动同步方法，即使用同步器捕获 GPS 时间信息，编码成 64 位 UNIX 时间格式，使用 Pre-Triggered 消息，通过 CAN 总线发送给扫描仪（图 4-12）。

在被动同步中，1PPS 的电平信号，作为仪器的被动同步 Trigger 信号，在本次 Trigger 信号到达后，下一次 Trigger 到达前，发送与该 1PPS 的相对应的时间标签，因此时间信息的发送比对应的 1PPS 信号稍晚，但不能晚于下一次 1PPS。在此过程中，仪器会按照时序在扫描数据流中记录每次 1PPS 到达的时间和 GPS 时间标签数据，从而把每个扫描线和扫描点的时间统一到 GPS 时间系统中。

分析不同核心传感器的同步方式，对理解每种传感器的时空特性和控制特性并设计与之相协调的控制电路和数据同步采集软件具有非常重要的意义，上面的分析基本涵盖了车载移动测量系统中涉及的传感器，这对基于多传感器的车载移动测量系统集成有良好的指导意义。

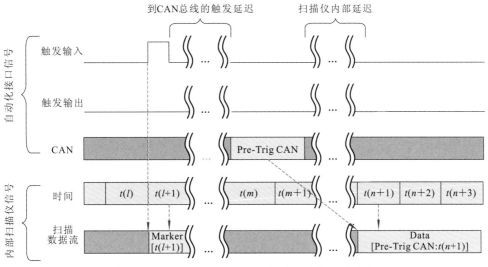

图 4-12　FARO Focus 3D 120 被动同步的信号时序

4.5　系统同步控制设计及同步数据采集

根据前面的分析，设计完成的多传感器系统同步体系如图 4-13 所示。

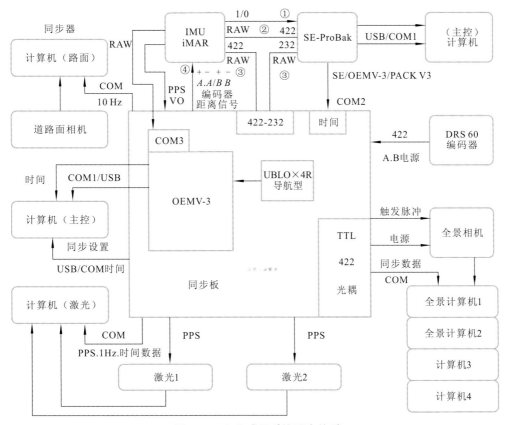

图 4-13　多传感器系统同步体系

在该系统中，可以选用三种不同的 GPS 时空同步基准源，即惯性组合系统中的 GPS（如 SpanSE-Proback）、授时型 GPS OEM 板卡及航位推算型 GPS 板，三种 GPS 时空同步基准源都可以向同步主板发送 1PPS 脉冲和规定格式的整秒时间信息。

在该系统中，同步主板在捕获到时间基准后，可以通过 TTL 电平控制道路面相机和全景相机拍摄照片，同时把与 TTL 电平相对应的时间时刻标签，发送到道路面相机或全景相机采集计算机，实现照片文件和采集时间的匹配。

在该系统中，同步主板在捕获到时间基准后，可以按照扫描仪所需要的规格向扫描仪传递时间同步脉冲和整秒时间信息。

系统可以在距离触发模式和时间触发模式中工作。在距离触发模式中，同步主板接收车轮里程计脉冲，累计到设定的距离后，向控制设备发送数据采集脉冲并发送同步时间标签；在时间触发模式中，同步主板以内部时钟驱动，以设定的触发周期，向控制设备发送采集脉冲并发送同步时间标签。

根据图 4-13 中系统同步控制体系，完成多传感器同步采集系统的构建。

基于 GPS 同步控制单元功能，整个系统数据同步采集控制流程如图 4-14 所示。

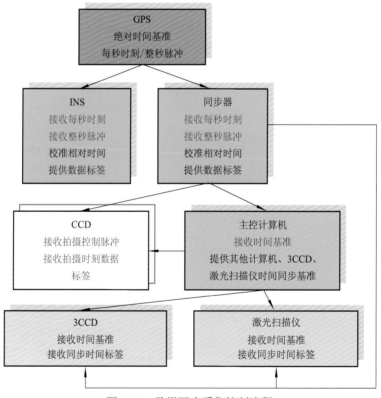

图 4-14 数据同步采集控制流程

系统的数据采集软件针对不同的设备基于该同步数据采集流程编写，采集软件在对应的数据采集计算机上运行，实时同步地获得多个传感器测量数据。

>>>>>> 第 **5** 章

车载移动测量系统三维测量技术

三维测量技术是车载移动测量系统的核心组成部分，它使通过系统采集的信息的处理能够获得被测空间的精确三维表示。本章将深入探讨车载移动测量系统中的三维测量技术，包括移动测量中坐标系统的建立、组合定位定姿技术、基于立体影像的三维测量方法及基于激光扫描的三维测量技术。

5.1　车载移动测量中的坐标系统

在车载移动测量系统中，组合定位定姿系统是绝对定位传感器，由图像传感器组成的立体相机和激光扫描仪是相对测量传感器，各个传感器都有各自不同的坐标系定义，各传感器的测量都是基于自身的传感器坐标系进行的。

车载移动测量系统中涉及多种坐标系，包括激光扫描仪坐标系（LS 系）、地心惯性坐标系（i 系）、载体坐标系（b 系）、地球坐标系（e 系）、高斯平面坐标系（M 系）、当地水平坐标系（l 系）等。地心惯性坐标系（i 系）、地心地固坐标系（e 系）、当地水平坐标系（l 系）及载体坐标系（b 系）的关系如图 5-1 所示。

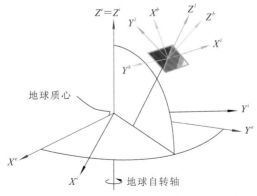

图 5-1　e 系、i 系、b 系及 l 系之间的关系

1. 地心惯性坐标系（*i* 系）

地心坐标系并不是一个严格的惯性坐标系，但是在近地空间的导航中，可以近似地把地心坐标系当作惯性坐标系。该坐标系以地球质心为原点，以地球自转轴为 Z 轴，以平均赤道面内指向春分点的直线为 X 轴，Y 轴垂直于 Z 轴和 X 轴，并形成右手坐标系。地心惯性坐标系不直观，在实际的应用中使用较少，它主要用来做惯性导航计算。

2. 地心地固坐标系（*e* 系）

地心地固坐标系（earth-centered earth-fixed，ECEF），又称地球坐标系，该坐标系的原点位于地球质心，以地球自转轴的方向为 Z 轴，X 轴在平均赤道面内指向本初子午线，以右手坐标系方式确定的垂直于 Z 轴和 X 轴的坐标轴为 Y 轴。在测量领域中，地心地固坐标系得到广泛的应用，其中，WGS84 坐标系是最常用的地心地固坐标系，由于在地心地固坐标系下进行计算比较方便，在组合定位定姿领域中，地心地固坐标系是常用坐标系。

地心地固坐标系和地心惯性坐标系仅在 Z 轴上存在一定的旋转角，其旋转矩阵表示为

$$R_e^i = \begin{bmatrix} \cos wt & -\sin wt & 0 \\ \sin wt & \cos wt & 0 \\ 0 & 0 & 1 \end{bmatrix} \tag{5-1}$$

式中：t 为时间；w 为地球自转角速度。

3. 当地水平坐标系（*l* 系）

当地水平坐标系又称导航坐标系、地理坐标系，它随着运载体在地球表面移动而移动，惯性测量单元（IMU）中心为其原点，参考椭球的子午圈方向、卯酉圈方向和法线方向为三个坐标轴方向，即坐标原点是惯性器件坐标系的中心（惯性器件的三轴交点），X 轴水平指东，Y 轴水平指真北，Z 轴与 X 轴、Y 轴构成右手笛卡儿坐标系，方向与地球椭球面垂直，即指向天或地心。由于坐标轴选取顺序和指向的不同有东北天（ENU）和东北地（NED）等多种形式。*l* 系在导航领域使用较多，只要运动点的大地坐标确定，即可得到 *e* 系和 *l* 系的转换关系：

$$R_e^l = \begin{bmatrix} -\sin\lambda & \cos\lambda & 0 \\ -\sin\varphi\cos\lambda & -\sin\varphi\sin\lambda & \cos\varphi \\ \cos\varphi\cos\lambda & \cos\varphi\sin\lambda & \sin\varphi \end{bmatrix} \tag{5-2}$$

式中：φ 为纬度；λ 为经度。

4. 载体坐标系（*b* 系）

在车载移动测量系统中，以 IMU 坐标系作为载体坐标系，在本书中，IMU 坐标系与载体坐标系指同一个坐标系，不再进行区分。

载体的姿态可以用载体坐标系到当地水平坐标系旋转的欧拉角表示，如果把旋转顺序定义为航向（heading，yaw）、俯仰（pitch）、翻滚（roll），载体坐标系的 XYZ 坐标轴定义为向右为 X 轴、向前为 Y 轴、向上为 Z 轴，当地水平坐标系定义为向东为 X 轴、向北为 Y 轴、Z 轴与 XY 平面垂直并构成右手坐标系，则载体坐标系到水平坐标系的转换关系为

$$\boldsymbol{R}_b^l = \begin{bmatrix} \cos r \cos y - \sin r \sin y \sin p & -\sin y \cos p & \cos y \sin r - \sin y \sin p \cos r \\ \cos r \sin y + \cos y \sin p & \cos y \cos p & \sin y \sin r - \cos y \sin p \cos r \\ -\cos p \sin r & \sin p & \cos p \cos r \end{bmatrix} \quad (5\text{-}3)$$

式中：y、p、r 分别为航向角、俯仰角及翻滚角。

IMU 坐标系的原点与 IMU 硬件结构有关，一般直接定义在 IMU 内部，在 IMU 出厂时，会在说明书上标明原点位置、坐标轴方向。如图 5-2 所示，SPAN/CPT 惯导坐标系原点在 IMU 基座底向上 30.9 mm，基座底前边往后 86.1 mm，基座底右边往左 115.5 mm；坐标系 Z 轴朝上、Y 轴向后（沿航插接口反方向）、X 轴向右。在系统中安装时，尽量使 Y 轴朝向车辆行进方向，Z 轴向上，X 轴向车辆右方。

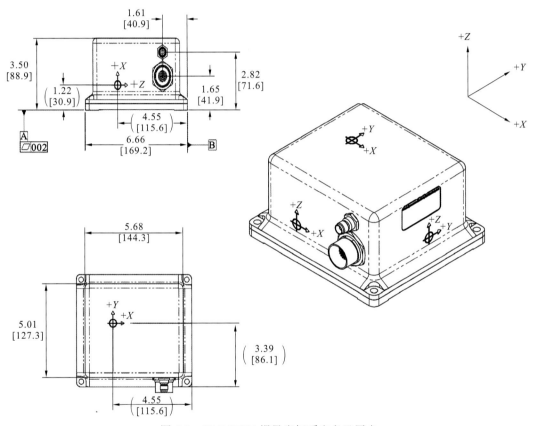

图 5-2　SPAN/CPT 惯导坐标系定义及原点

[　]上方数值单位为英寸（in，1 in = 2.54 cm），[　]中数值单位为毫米（mm）

在移动测量系统设计和标定过程中，惯导坐标系方向和坐标原点非常重要，坐标系方向直接影响组合定位定姿的数据融合解算和 IMU 与其他测量传感器方位角标定的粗值；在设计与加工移动测量系统时，可以直接计算出 IMU 坐标原点与其他传感器坐标原点的差值，这个差值一般偏差会比较小，在惯性导航系统与其他测量传感器标定的时候，只需要标定姿态角差异，可以大大降低标定难度。

GNSS/IMU 融合解算中，GNSS 的测量原点在天线的相位中心（一般为 L1 相位中心），而 IMU 测量原点在 IMU 内部，因此需要把天线位置测量转换到 IMU 中心上，如图 5-3 所示。

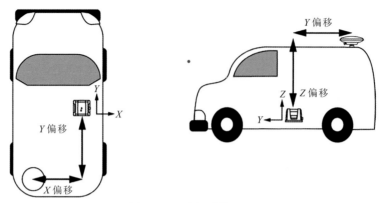

图 5-3　天线杆臂值测量

IMU 和 GNSS 天线三维距离称为平移偏移或天线杆臂值。平移偏移在三个方向上测量，即 X 轴、Y 轴和 Z 轴，通常与 IMU 机身坐标系相关。

图 5-3 显示了从 IMU 到 GNSS 天线的平移偏移示例。在图中，IMU 机身（由小箭头指示）的 Y 轴指向车辆运动的方向，Z 轴指向上方。

如果此例中测量的距离为 X 偏移 1.00 m、Y 偏移 1.50 m 和 Z 偏移 2.00 m，则将根据 IMU 坐标系，记录 GNSS 天线的坐标为 $x = -1.00$ m，$y = -1.50$ m，$z = 2.00$ m。这个数字非常重要，在组合定位定姿的数据融合解算乃至最终测量成果输出时需要准确输入。如果 GNSS 天线与 IMU 一体化设计系统中，位置不会移动，该杆臂值可以直接设计并实物检核给出，如果 GNSS 天线与 IMU 是分离的，且有一定的距离，可以用全站仪测量给出。但无论如何，当移动测量系统运行的时候，GNSS 天线与 IMU 相对位置应该是固定的，位置变化不能超过 1 cm。

5. 高斯平面坐标系（M 系）

平面坐标系是利用投影变换，将空间坐标按照指定的变换公式投影到平面上，这样的变换主要有通用横墨卡托投影（universal transverse Mercator projection，UTM）、兰勃特投影（Lambert projection）和高斯-克吕格投影（Gauss-Kruger projection），我国采用的是高斯-克吕格投影。高斯平面坐标是球面坐标经过高斯投影后的平面表达，高斯平面坐标系以中央经度与赤道的交点为坐标原点，向东为 Y 轴，向北为 X 轴，该坐标系是左手系。

6. 激光扫描仪坐标系（LS 系）

不同的激光扫描仪对坐标系的定义可能不同，一般来说，激光扫描仪在 XZ 平面内发射激光束进行扫描，RIGEL VZ-400 及 FARO Focus 3D 为三维激光扫描仪，其坐标系定义如图 5-4 所示。

RIGEL VUX-1UAV 及禾赛 XT32 激光扫描仪为二维激光扫描仪，坐标系定义如图 5-5 所示。

激光扫描仪数据输出直接与坐标系定义相关，在进行系统标定和数据解算的时候，首先必须把不同传感器的坐标系定义确定好，在传感器之间位置和姿态标定过程中，依据传感器安装和坐标系定义，给出标定计算初值。

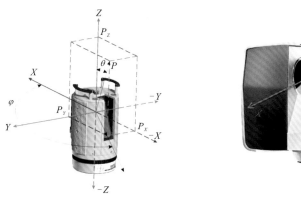

（a）RIGEL VZ-400扫描仪　　　　　　　（b）FARO Focus 3D扫描仪

图 5-4　三维激光扫描仪坐标定义

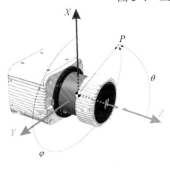
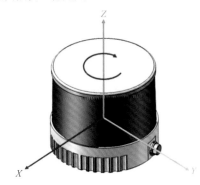

（a）RIGEL VUX-1UAV扫描仪　　　　　　（b）禾赛XT32扫描仪

图 5-5　二维激光扫描仪坐标定义

5.2　组合定位定姿

车载移动平台的定位与定姿是车载移动测量系统的一个重要部分，其提供的时间、姿态与位置创建了系统的时空基准，平台的定位与定姿精度直接决定了系统的最终精度（孙红星，2004）。目前，车载移动测量系统的定位定姿一般采用 DGPS/INS 组合的方式进行，DGPS 能够消除星钟误差、星历误差、对流层误差、电离层误差，从而大大提高定位精度（关凤英 等，2006；夏熙梅，2002），因此采用 DGPS/INS 组合定位定姿的方式来提高定位定姿的精度，即 DGPS/INS 组合定位定姿，本章所涉及的问题是车载移动测量系统的核心，本章为系统的成功集成奠定基础。

在信号良好的前提下，GPS 能够提供连续的高精度定位；然而，在市区环境及隧道、高架等复杂环境中，GPS 信号经常受到遮挡，同时易受多路径效应的影响，使 GPS 的定位精度无法满足需求；此外，GPS 的定位结果输出频率有限，一般为 1～50 Hz，无法满足车载移动测量系统的动态测量需求。INS 能够在短时间内提供高精度的位置与姿态数据输出，其输出频率高达 200 Hz；但其定位定姿误差随着时间快速积累，无法持续地提供高精度定位定姿结果；另外需要外部数据源提供初始位置与姿态，限制了惯性导航系统的独立使用。无论是单独使用 GPS 定位定姿还是单独使用惯性导航系统定位定姿，都存在不足，难以满足车载移动测量系统的定位定姿的需求。将GPS与INS进行组合能够取长补短，在 GPS 信号良好区域，可以利用 GPS 的高精度定位结果校准 INS 误差，而当 GPS 信号较弱甚至完全没有 GPS 信号的时候，可利用 INS 的自主定位定姿能力，提供持续的高精度位置与姿态输出。

与 GPS 输出绝对位置不同，INS 是一个相对位置解算系统，加速度（线、角）传感器以一定的测量周期输出数据，新位置通过与原来位置的改变量计算出来。

DGPS/INS 组合系统的基本原理如图 5-6 所示。

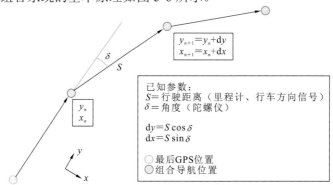

图 5-6　DGPS/INS 组合系统的基本原理（U-blox，2010）

相对位置计算需要用到以下三个方面数据。

行驶距离：通过线加速度积分得到或者通过里程计的速度脉冲得到。

行驶方向：车辆前进或者后退指示信号。

转角：通过角加速度积分得到角度变化数值。

为得到连续的绝对定位，起点必须是 GPS 给出来的一个绝对位置，也就是最后一个可用的 GPS 定位位置；初始航向也必须是通过一段 GPS 线计算给出来的方向，也就是在 GPS 信号良好的时候，运动车辆行驶一段直线所计算出来的方位角。

由于传感器存在误差，航位推算结果位置会与实际位置有偏差。惯性组合导航单元航位推算误差及性能评价如图 5-7 所示。

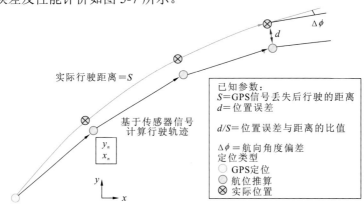

图 5-7　惯性组合导航航位推算误差及性能（U-blox，2010）

航位推算是一个增量算法，位置精度取决于所使用传感器的质量和稳定性。实际上在 DGPS/INS 集成组合中需要使用非常高精度、高稳定性的加速度元件及复杂的卡尔曼滤波算法，才能得到良好的定位和定姿效果。

5.2.1 组合定位定姿原理

DGPS/INS 组合定位定姿系统主要由基站 GNSS、移动站 GNSS、惯性测量单元（IMU）、里程计及导航计算机等组成。

1. SPAN 系统

SPAN 系统是加拿大 Novatel 公司的 GNSS/INS 组合定位定姿系统，在该系统中，惯性测量单元（IMU）与 GNSS 接收机紧密耦合，GNSS 和 IMU 通过耦合取长补短，其集成架构如图 5-8 所示。

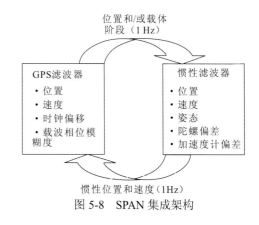

图 5-8　SPAN 集成架构

SPAN 系统的典型配置包括基站 GNSS、移动站 GNSS、惯性测量单元（IMU）及导航计算机 PCS，其安装示意图如图 5-9 所示。

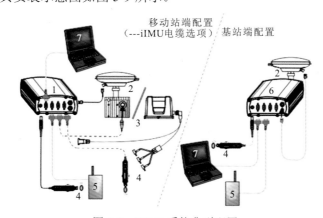

图 5-9　SPAN 系统典型配置

1—移动站 GNSS 主机，2—GNSS 天线，3—惯性测量单元（IMU），4—点烟器供电插头，
5—RTK 无线通信模块，6—基站 GNSS 主机，7—导航计算机 PCS

基站 GNSS（图 5-9 中序号 6）：基站 GPS 就是传统的测量型 GNSS，作业时基站 GNSS 安置于 GNSS 信号良好区域的已知点上，在整个作业时间范围内，基站 GNSS 以静态测量的方式采集数据，供移动站测量数据进行差分后处理使用；若需进行实时差分处理，则在基站 GNSS 及移动站中增加无线通信设备，并通过无线通信设备实时将 GNSS 差分改正信息发送到移动站。

移动站 GNSS（图 5-9 中序号 1）：移动站 GNSS 是 GNSS/INS 组合定位定姿系统的一部分，包括 GNSS 天线及集成在导航计算机中的 GNSS 接收机。移动站 GNSS 在车载移动测量系统的行驶过程中实时地采集 GNSS 数据。

惯性测量单元（IMU）（图 5-9 中序号 3）：IMU 是陀螺仪、加速度计及其安装结构组件及电子设备的组合（Chatfield，1997）。在 SPAN 组合定位定姿系统中使用的 INS 是捷联式惯性导航系统，捷联式惯性导航系统使用由微型计算机及航位推算处理软件构成的数学平台，加速度传感器安装在飞机、轮船和汽车等运动载体上（徐胜，2007），不需要平台式惯性导航系统中的稳定平台和常平架（孙树侠 等，1992）。SPAN 组合定位定姿系统可使用的惯导包括 Honeywell HG1700、Northrop Grumman LN200、iMAR-FSAS 以及 uIMU-LCI 等。

导航计算机 PCS（图 5-9 中序号 7）：导航计算机 PCS 采集、存储 GNSS 及惯性导航系统数据，并利用导航计算机 PCS 中的数据处理软件实时地处理 GNSS 与惯性导航系统数据，实时地输出位置与姿态信息。

2. 组合定位定姿数据后处理软件

使用较广泛的 GNSS/INS 数据后处理软件主要有国外的美国 Applanix 公司 POSPac 软件（图 5-10）和加拿大 NovAtel 公司 Inertial Explorer 软件（图 5-11），国内的武汉迈普时空科技有限公司 GINS 软件（图 5-12）和武汉大学 POSMind 软件（图 5-13）。

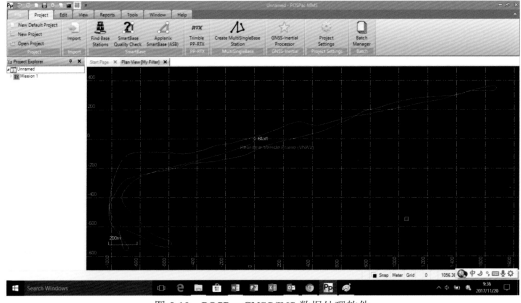

图 5-10　POSPac GNSS/INS 数据处理软件

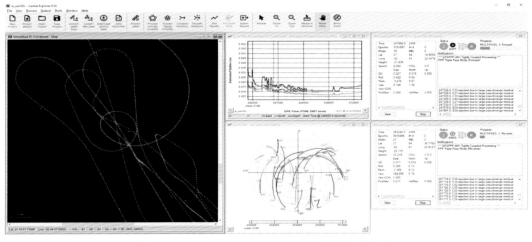

图 5-11　Inertial Explorer GNSS/INS 数据处理软件

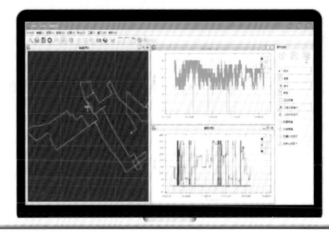

图 5-12　GINS GNSS/INS 数据处理软件

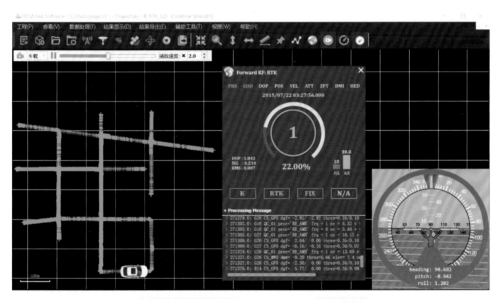

图 5-13　POSMind GNSS/INS 数据处理软件

Trimble Applannix POSPac 软件是比较强大的定位定姿数据后处理软件，对集成了全球导航卫星系统（GNSS）与惯性导航系统的定位定姿系统（POSLV）所采集的数据进行处理，经过系统运算可获取地面测图传感器的高精度直接地理参考数据，由于只能解算 Trimble 公司的惯性组合定位定姿系统硬件数据，该软件试用范围不广。

武汉迈普时空科技有限公司高精度后处理软件 GINS 能够发挥 GNSS/INS 设备的最优性能，为用户提供高精度可靠的三维位置、速度和姿态[①]，支持从高端设备如高精度

激光陀螺（RLG）、光纤陀螺（FOG），至低精度微机械陀螺（MEMS）。结合 GNSS 与紧耦合技术，即使使用低等级的惯性导航系统，依然可以获取精确可靠的结果。在紧组合处理模式中，得益于GNSS和IMU数据的高度融合，在仅有两颗卫星的情况下，仍然可以有效抑制惯性导航系统发散。特别在城市车载环境下，高楼林立，信号质量差、易遮挡，推荐使用紧组合改善数据处理结果。

武汉大学POSMind软件可以单独处理GPS/GLO/BDS-2/BDS-3/GAL/QZSS多系统数据，也可以联合惯性数据进行融合处理。解算模式上，支持模糊度固定/浮点的精密单点定位（PPP）、差分全球卫星导航系统、松组合、紧组合等多种混合模式，并提供前向/后向滤波器、前向/后向 RTS 平滑器及组合器，实现多种信息的最优融合，具备高精度定位定姿的能力。POSMind 广泛应用于动态载体导航、移动测绘、高铁轨道不平顺检测等领域，如我国天绘系列卫星的精密姿态确定、华为高精度车载导航及南方测绘公司高铁轨道几何测量等多个工程项目，并向上海华测导航股份有限公司提供 POS 核心解算模块，集成到华测导航 CoPre 软件中，经多种场景大量测试和改进，软件性能得到了很大提升。

Inertial Explorer后处理软件将IMU传感器阵列测量得到的六自由度角速度及加速度信息与 GNSS 观测数据进行融合，得到高精度的位置与姿态信息。Inertial Explorer 采用松组合或者紧组合的方式处理 GPS 与惯性导航系统数据，紧组合方式采用载波相位观测值进行处理以限制在 GPS 卫星数不足（只有2~3 颗卫星）时的定位误差（NovAtel，2011）。由于 Inertial Explorer 兼容市面上主要组合定位定姿系统硬件，且具有良好的开放性，Inertial Explorer 使用非常广泛，并成为事实上的组合定位定姿融合解算的对标产品，在国内外移动测量系统开发和研究中，一般都会使用 Inertial Explorer 或以它作为对比参照。

3. 松组合模式

松组合的工作原理：先独立解算的位置和速度，将 INS 滤波器作为主滤波器，滤波器将GPS 与 INS 获取或推算出来的速度和位置的差值作为量测值，再使用卡尔曼滤波算法，估计出惯性导航系统的导航位置误差和速度误差，进而采用误差值校正惯性导航系统（陈世同，2005）。松组合是一种较低层次的组合，其特点是 GPS 和 INS 独立导航计算，当 INS 时间被 GPS 时间同步后，GPS 辅助 INS 进行误差的估计和补偿，该组合方法工程实现简单，算法可靠性比较强。但其不足是当GPS 卫星数少于 4 颗时，GPS 不能进行有效的定位和测速，INS 独自以线加速度和角加速度的测量数据为基础进行航位推算，由于线加速度和角加速度本身的测量精度有限，并且存在时间相关的漂移，航位推算精度较低。松组合的流程如图 5-14 所示（朱智勤，2012）。

4. 紧组合模式

在 GPS 卫星数少于 4 颗的情况下，紧组合能够充分利用少量的 GPS 观测值，紧组合的流程如图 5-15 所示（朱智勤，2012）。

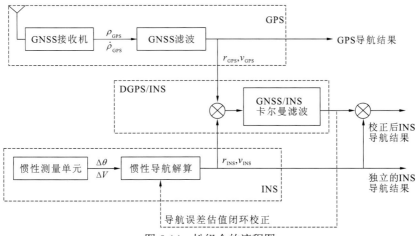

图 5-14 松组合的流程图

$\Delta\theta$ 为单位时间内角度变化量，即角速度；ΔV 为单位时间内速度变化量，即加速度；r_{INS} 为惯性导航推算出来的位置；v_{INS} 为惯性导航推算出来的速度；r_{GPS} 为 GPS 解算得到的位置，v_{GPS} 为 GPS 解算得到的速度；ρ_{GPS} 为观测微距；$\dot{\rho}_{\text{GPS}}$ 为观测微距变化率

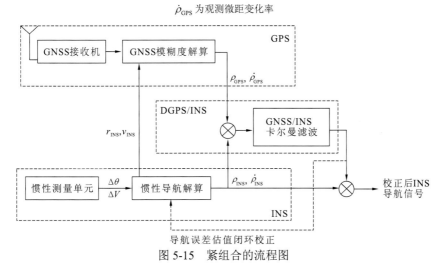

图 5-15 紧组合的流程图

ρ_{INS} 为由惯性导航推算出来的位置和卫星位置而反算出来的伪距；$\dot{\rho}_{\text{INS}}$ 为由惯性导航推算出来的位置和卫星位置而反算出来的伪距变化率

紧组合的工作方式是将 GPS 码观测信息、相位观测信息或者多普勒观测信息等直接输入滤波器，滤波器使用 GPS 观测信息估计 INS 的导航误差及元件误差等，在估计出 INS 的导航误差及元件误差后对其进行校正。根据输入滤波器的观测值不同，有不同的组合方式：一种方式是采用码观测，采用该种组合方式精度较低，但工程实现比较简单；另一种方式是采用载波相位观测，也可以附加多普勒观测值，这是一种比较复杂的组合方式，组合的精度较高。

5. DGPS/INS 数据处理流程

使用 Inertial Explorer 后处理软件进行 DGPS/INS 数据后处理包括 4 个步骤：数据预处理、DGPS/INS 数据组合、数据平滑及结果输出。Inertial Explorer 数据处理流程如图 5-16 所示。

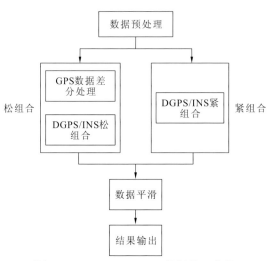

图 5-16　Inertial Explorer 数据处理流程

在图 5-16 中，数据预处理指将不同格式的 GPS 原始数据及惯性导航系统原始数据转换为 Inertial Explorer 自定义的数据格式；数据转换完成后，可以选择松组合或者紧组合中的一种进行数据处理，使用松组合时，需要先单独对 GPS 数据进行差分后处理，再进行组合，紧组合直接使用 GPS 数据与惯性导航系统数据进行处理；Inertial Explorer 使用 RST（Rauch-Tung-Striebel）平滑算法（Rauch et al.，1965）对组合结果进行平滑，可选择向前平滑、向后平滑、双向平滑及 Multi-Path 等多种平滑方式；平滑完成后，选择需要输出的数据类型进行输出。

5.2.2　车载系统组合定位定姿实验

在车载 DGPS/INS 数据后处理中，可以采用松组合及紧组合等不同的解算模式进行数据解算，不同的解算模式会得到不同的定位与定姿结果；在车载移动测量系统的集成过程中，不同的应用领域对系统的最终精度有不同的要求，因此需要选择合适精度水平的组合定位定姿系统，以达到最高的性价比；在 DGPS 中，基线的长短（基站与移动站的距离）会影响差分定位精度，同样，在 DGPS/INS 中，基线的长短也会影响 DGPS/INS 定位的结果；本小节将通过实验的方法探讨这些因素对定位定姿精度的影响。

为了有效地进行实验，在一个车载移动测量系统中搭载多套 DGPS/INS 组合定位定姿系统，使用一个 GPS 天线通过功分器将天线信号分给多个 DGPS/INS 组合定位定姿系统，同时，将多个惯性测量单元排成一条直线，固定于刚性平板中。

在实验数据采集中，采集不同环境下的组合定位定姿数据，包括 GPS 信号足够良好区域（武汉三环高速公路）、受高大树木遮挡区域（武汉大学信息学部）及完全没有 GPS 信号区域（武汉长江隧道）等，实验数据采集的行车轨迹如图 5-17 所示。

实验使用加拿大 NovAtel 公司的组合定位定姿系统，包括两台 SPAN-SE 组合定位定姿系统及一台 SPAN-CPT 组合定位定姿系统，SPAN-SE 组合定位定姿系统可以使用多种不同的惯性测量单元，在本实验中，三台 SPAN-SE 组合定位定姿系统分别使用 SPAN-CPT、iMAR-FSAS 及 uIMU-LCI 惯性导航系统，它们的技术参数如表 5-1 所示。

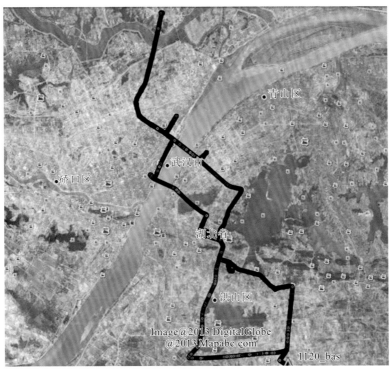

图 5-17　实验数据采集行车轨迹

表 5-1　实验所用惯性导航系统技术参数

技术参数	SPAN-CPT	iMAR-FSAS	uIMU-LCI
陀螺速率偏差/（°/h）	20	0.75	0.3
陀螺速率比例因子/ppm	1 500	300	100
角度随机游走/（°/$\sqrt{h}$）	0.0667	0.16	0.05
加速度计偏差/mGal	1.0	1.0	1.0
加速度计线性和比例因子/ppm	4 000	300	250
速度随机游走/（μG/$\sqrt{Hz}$）	NULL	50	50
后处理位置精度 0 s 中断/m	0.010/0.015	0.010/0.015	0.010/0.015
后处理姿态精度 0 s 中断/（°）	0.030/0.030/0.055	0.008/0.008/0.012	0.005/0.005/0.008
后处理位置精度 60 s 中断/m	0.290/0.100	0.150/0.050	0.110/0.030
后处理姿态精度 60 s 中断/（°）	0.033/0.033/0.074	0.010/0.010/0.016	0.06/0.009/0.010

1. 松组合与紧组合解算结果对比

在车载移动测量系统中，DGPS/INS 组合定位定姿数据主要有两种解算方式，一种为松组合方式，另一种为紧组合方式。

本次数据解算使用 SPAN-SE 加 iMAR FSAS 惯性导航系统采集的数据，图 5-18 所示为松组合与紧组合模式进行数据解算后得到的位置精度，图 5-19 所示为松组合与紧组合进行数据解算后得到的姿态精度。

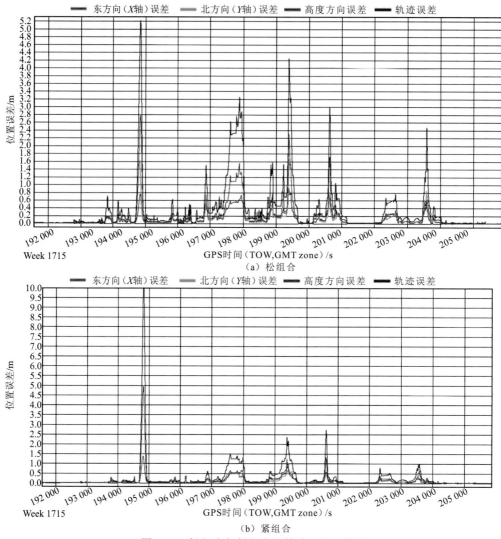

（a）松组合

（b）紧组合

图 5-18　松组合与紧组合解算结果位置精度

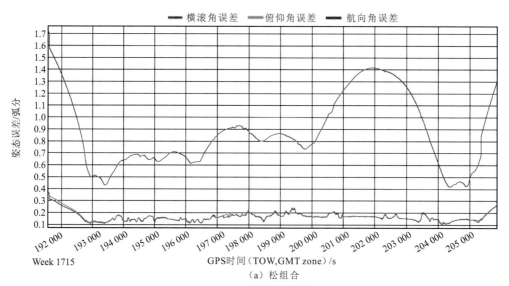

（a）松组合

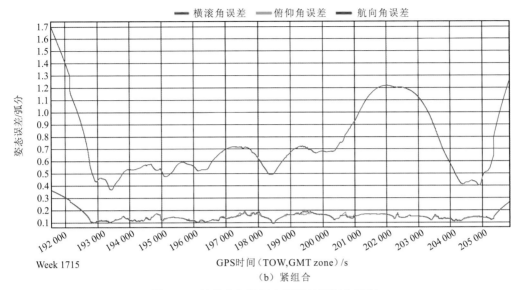

图 5-19 松组合与紧组合解算结果姿态精度

从图 5-18 中可以看出，当 GPS 信号良好的时候，松组合与紧组合能够达到同样的精度水平；在 GPS 卫星数只有 2～3 颗的情况下，使用紧组合能够达到较好的精度；在 GPS 长时间失锁的情况下（图中最大的位置误差，在长江隧道段），松组合与紧组合的解算结果没有明显的区别，甚至紧组合的精度较差。

从图 5-19 中可以看出，不管是使用松组合还是使用紧组合模式进行解算，起始阶段与结束阶段的姿态精度均较差，这主要是由惯性导航系统需要在起始阶段及结束阶段利用 GPS 轨迹进行航向对齐导致的，因此在实际作业过程中，进入作业区前及结束作业后需要进行一段时间的 DGPS/INS 数据采集。

2. 不同精度惯导解算结果对比

在实验中，选取一段 GPS 信号良好的区域（约 10 min）进行分析，在对原始数据不做任何截断处理的情况下，使用紧组合方式进行解算，以此得到的位置与姿态作为基准。然后，将 GPS 原始数据在相同时间点截取 1 min、2 min、3 min 及 4 min，分析并比较它们对组合定位定姿的影响，截取 1 min、2 min、3 min 及 4 min 的 GPS 数据后的定位误差见表 5-2 。

表 5-2 中断 GPS 信号后不同组合系统定位误差

GPS 信号中断时间/min	SPAN-CPT		SPAN-FSAS		SPAN-LCI	
	2D/m	H/m	2D/m	H/m	2D/m	H/m
1	0.264	0.041	0.187	0.078	0.105	0.053
2	1.569	0.162	1.445	0.117	1.273	0.095
3	2.393	0.920	2.356	0.358	1.894	0.165
4	10.459	1.440	3.064	0.225	2.523	0.201

在截断 GPS 数据的时间范围内，由于 Inertial Explorer 软件采用双向处理技术，定位误差在截断时间的中间部分达到最大值，在恢复 GPS 信号后的 5 s 内能够恢复正常定位水平，图 5-20 是 GPS 信号失锁后的误差变化情况。

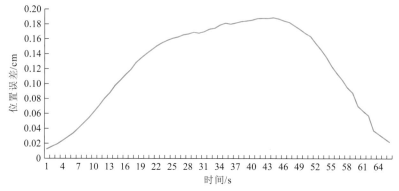

图 5-20　GPS 信号失锁后的误差变化情况

截取 1 min、2 min、3 min 及 4 min 的 GPS 数据后的姿态误差见表 5-3。

表 5-3　中断 GPS 信号后各组合系统的姿态误差　　　　　　（单位：°）

GPS 信号中断时间/min	SPAN-CPT			SPAN-FSAS			SPAN-LCI		
	横滚角	俯仰角	航向角	横滚角	俯仰角	航向角	横滚角	俯仰角	航向角
1	0.008 503	0.012 175	0.017 315	0.003 081	0.003 447	0.011 217	0.002 987	0.003 074	0.010 717
2	0.009 267	0.025 381	0.011 554	0.004 575	0.014 334	0.009 658	0.003 857	0.009 427	0.012 584
3	0.014 699	0.038 62	0.034 459	0.010 505	0.015 819	0.017 979	0.006 405	0.012 715	0.014 649
4	0.034 363	0.042 483	0.025 998	0.012 041	0.014 012	0.007 773	0.009 131	0.013 221	0.015 763

用截断分析法对卫星信号良好时后处理位置和姿态与卫星信号完全缺失时后处理位置和姿态进行对比，卫星信号完全缺失时，位置和姿态只能依靠惯性导航系统进行推算，因此比较的结果能够比较好地反映惯性导航系统性能。

3. 基线距离对 DGPS/INS 定位结果的影响

在 DGPS/INS 组合定位定姿中，随着基站与移动站的距离增加，系统的定位精度会降低，这是由于随着基线距离的增加，流动站和基站的空间和地面环境差别逐渐变大，很多公共误差难以通过差分的方式进行消除，同时随着解算基线距离增加供基站和流动站同时观测到的相同的卫星数也会减少，影响定位精度或导致解算失败，另外，基线越长，模糊度的解算难度越大，成功率越低（王潜心 等，2011）。因此研究基线长度对 DGPS/INS 定位定姿精度的影响具有重要意义。

在本实验中，使用基线长度不同的单基站及多基站对同一份 DGPS/INS 数据进行处理，分析基线距离对定位精度的影响，实验数据采集行车轨迹如图 5-21 所示。

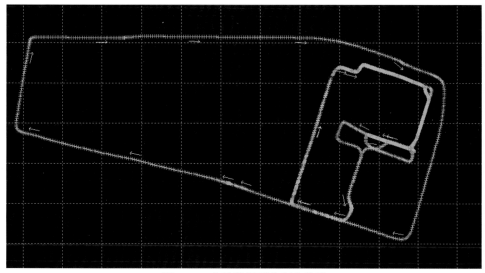

图 5-21 实验数据采集行车轨迹

（1）多 CORS 站方式 POS 数据后处理。多 CORS 站方式后处理使用 7 个 CORS 站数据作为基站数据进行解算，多 CORS 站及作业区的分布如图 5-22 所示。

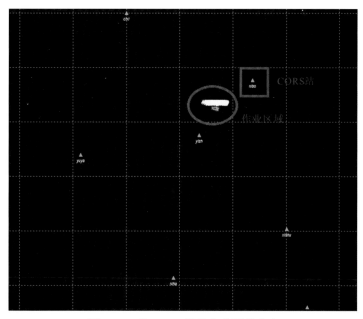

图 5-22 多 CORS 站及作业区的分布

（2）单 CORS 站方式 POS 数据后处理。单 CORS 站方式 POS 数据后处理使用距离作业区最近的一个 CORS 站的观测数据作为基站数据进行 POS 数据的解算，单 CORS 站与作业区的分布如图 5-23 所示，CORS 站距离作业区的距离约为 16.8 km。

（3）单基站方式 POS 数据后处理。单基站方式在作业区架设基站（架设基站控制点在 WGS84 坐标系下经纬度及大地高已知，基站距离移动测量系统的距离在 7 km 以内），单基站方式的基站与作业区分布关系如图 5-24 所示。

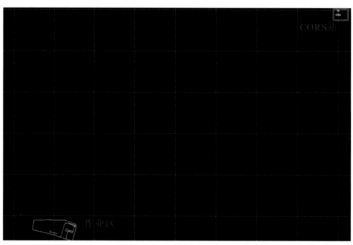

图 5-23　单 CORS 站与作业区的分布

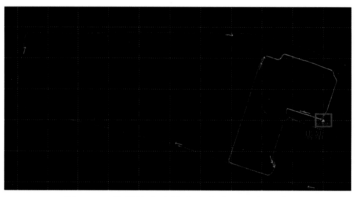

图 5-24　单基站方式的基站与作业区的分布

（4）不同基线长度处理精度分析。为了验证不同基线长度对 POS 数据后处理的精度影响，以扫描车两次经过同一条直线的高程差作为检验标准，检验结果如表 5-4 所示。

表 5-4　精度对比结果　　　　　　　　　　　　（单位：m）

项目	多 CORS 站	单 CORS 站（基线约 16.8 km）	单基站（基线小于 7 km）
第一次经过高程	18.415	18.398	18.240
第二次经过高程	18.552	18.599	18.285
高程差	0.137	0.201	0.045

从表 5-4 中可以看出，基线长度在 7 km 以内，高程差在 5 cm 以内，精度最高；多 CORS 站解算结果次之，高程差达到 13.7 cm；基线长度超过 15 km 以后，组合定位结果的高程差达到 20.1 cm。

从实验结果可以看出，在移动测量数据采集时，将基站架设在距离作业点较近的地方，能够提高 POS 数据的解算精度，进而提高整个系统的定位性能。

5.3 基于立体影像的三维测量

在基于立体影像的三维测量中，要分析和研究立体像对解析处理方法，首先必须建立起相机的成像模型。在建立好的相机成像模型中，涉及立体相机中的单个相机的内部参数和两个立体相机之间的相对位置和角度参数，如果获得了立体相机的这些参数，利用立体成像原理，通过立体像对解析处理算法就可以计算出空间点的三维坐标。从立体相机中左、右像点的位置计算出三维坐标是立体摄影测量的一个重要任务和关键步骤。只有通过空间坐标点的三维坐标重建，才能从两幅二维图像中恢复三维的立体信息。从计算方法和过程上来讲，三维坐标计算是立体相机系统标定的逆过程。

5.3.1 立体像对测量模型

在双目立体测量系统中，两台相机安装在一个稳固的刚体之上，相机的光轴可以平行布置，也可以交向布置。如果按照理想的相机光轴平行布置的方式，立体相机中的左右相机各个光轴坐标轴需精确地平行，相机之间分开一定距离形成基线，因此左右相机的光轴原点位置会不相同，在这种情况下，立体相机中相对位置和姿态参数就大大简化，因此立体相机系统的标定和三维坐标的计算都比较简单。按照平行光轴的方式安装相机，只有在实验室环境下才能完成，如在高精度的坐标量测机的运动测头上安装一个相机，通过移动一个相机来模拟双目立体相机的测量，由于坐标量测机运动精度很高，在这种情况下相机在两个位置上的光轴可以看作平行光轴。在实际立体测量应用中，这样的条件很难满足，而且在平行光轴立体测量模型下，双目立体相机中左相机的左边部分图像和右相机的右边部分图像是非重叠区域，因此相机的重叠区域会变小，有效测量范围有限，两个相机布置为光轴交向方式是常见的选择，如图 5-25 所示。

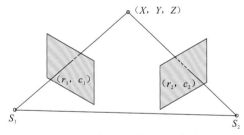

图 5-25 交向式空间前方交会

在立体相机测量系统设计中，以交向方式布置相机，尽可能地扩大立体测量范围，可以有效地利用各相机的视场。

如图 5-25 所示，S_1 和 S_2 的位置放一个交向布置立体相机，物方空间有一点 (X, Y, Z) 同时在左右两个相机上成像，物方点在左相机的图像上的图像平面坐标为 (r_1, c_1)，在右相机的图像平面坐标为 (r_2, c_2)。图 5-25 中 (r_1, c_1) 和 (r_2, c_2) 分别所在的平面可以认为是左相机和右相机的成像平面。三维坐标的计算就是利用左、右相机的各自参数和相对位置姿态参数以及从成像面上获取的左像点 (r_1, c_1)、右像点 (r_2, c_2)，求解物方点坐标 (X, Y, Z)。

通过相机的标定，可以获得立体相机的各自参数和相对位置姿态参数，根据共线方程并顾及相机镜头的畸变有式（5-4）、式（5-5）（张祖勋 等，2000；李德仁 等，1992），单个相机只有两个方程，需求解三个未知数 (X, Y, Z)。当采用立体相机成像时，左、右相机总共可列出四个方程，需求解物方点坐标中三个未知数，可用最小二乘法求解。

$$-f\frac{a_1(X-X_s)+b_1(Y-Y_s)+c_1(Z-Z_s)}{a_3(X-X_s)+b_3(Y-Y_s)+c_3(Z-Z_s)}=u+\sigma_u(u,v) \tag{5-4}$$

$$-f\frac{a_2(X-X_s)+b_2(Y-Y_s)+c_2(Z-Z_s)}{a_3(X-X_s)+b_3(Y-Y_s)+c_3(Z-Z_s)}=v+\sigma_v(u,v) \tag{5-5}$$

观察式（5-6）及式（5-7），由于相机参数已知，因此式子的右边导出更简洁的形式，令 $u_{LF}=u+\sigma_u(u,v)$，$v_{LF}=v+\sigma_v(u,v)$，那么对于左相机有

$$\frac{a_{L1}X+a_{L2}Y+a_{L3}Z+X_{Ls}}{c_{L1}X+c_{L2}Y+c_{L3}Z+Z_{Ls}}=u_{LF} \tag{5-6}$$

$$\frac{b_{L1}X+b_{L2}Y+b_{L3}Z+Y_{Ls}}{c_{L1}X+c_{L2}Y+c_{L3}Z+Z_{Ls}}=v_{LF} \tag{5-7}$$

式（5-6）、式（5-7）也可写为如下形式：

$$(a_{L1}-u_{LF}c_{L1})X+(a_{L2}-u_{LF}c_{L2})Y+(a_{L3}-u_{LF}c_{L3})Z=u_{LF}Z_{Ls}-X_{Ls} \tag{5-8}$$

$$(a_{L1}-v_{LF}c_{L1})X+(a_{L2}-v_{LF}c_{L2})Y+(a_{L3}-v_{LF}c_{L3})Z=v_{LF}Z_{Ls}-X_{Ls} \tag{5-9}$$

同样右相机也有关系式（5-10）、式（5-11）：

$$(a_{R1}-u_{RF}c_{R1})X+(a_{R2}-u_{RF}c_{R2})Y+(a_{R3}-u_{RF}c_{R3})Z=u_{RF}Z_{Rs}-X_{Rs} \tag{5-10}$$

$$(a_{R1}-v_{RF}c_{R1})X+(a_{R2}-v_{RF}c_{R2})Y+(a_{R3}-v_{RF}c_{R3})Z=v_{RF}Z_{Rs}-X_{Rs} \tag{5-11}$$

式（5-8）、式（5-9）、式（5-10）和式（5-11）构成一个方程组（李玉广，2009；刘勇，2004），通过观察左相机和右相机各自的方程可知，该方程组是线性的，所以测量点的三维坐标(X,Y,Z)可以采用线性的最小二乘解方法求解出来。现建立立体相机坐标系，如图 5-26 所示。

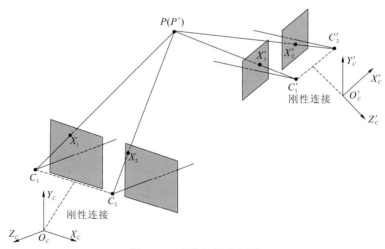

图 5-26　立体相机坐标系

其中$O_C-X_CY_CZ_C$为标定相机时所用控制场坐标系。由立体相机标定原理可知，标定结果中的外方位元素（三个平移量和三个旋转量）表示相机在控制场坐标系中的位置和姿态，相机与该坐标系构成了刚性关系。当移动了立体相机，则相当于把该坐标系也做了相应的移动$O_C'-X_C'Y_C'Z_C'$。因此，$O_C'-X_C'Y_C'Z_C'$即相当于立体相机的坐标系

$O_S-X_SY_SZ_S$。而通过立体影像重建的目标点三维坐标也位于这个移动后的坐标系下。因此，同一个目标点 P，通过不同位置和姿态的立体相机来测量，得到的坐标点是不一样的 P'，且与立体相机构成了一种相对关系。

5.3.2　绝对测量模型

仅利用立体影像所测得的尺寸是物体的真实值，但其位置却是相对于立体相机坐标系的，而非大地坐标系。为了能直接从影像上定位目标，需要把测得的相机坐标系点转换到大地坐标系。如果能知道每个立体影像拍摄时立体相机在大地坐标系的位置和姿态，那么从立体影像上所测的坐标就可以转换到大地坐标系下。

当设计车载系统时，立体相机、组合定位导航系统和汽车三者之间被定义为刚性连接（汽车坐标系一般定义为与汽车惯导坐标系重合）。它们自身的局部坐标系之间只相差一个平移和旋转关系。因此，如果已知组合定位导航系统的位置和姿态，以及立体相机与组合定位导航系统之间的相对位置和姿态关系，则可推算出立体相机当前的绝对位置和姿态。图 5-27 为汽车惯导坐标系的设置，坐标系原点为惯性导航系统的中心，Y 轴指向汽车的前进方向，Z 轴竖直向上，X 轴按右手法则确定。按此设置，惯性导航系统的翻滚角（roll）为绕 Y 轴的旋转角；俯仰角（pitch）为绕 X 轴的旋转角；航向角（heading）为绕 Z 轴的旋转角，且方向相反。

图 5-27　安装汽车上的惯导坐标系

图 5-28 所示为立体相机坐标系、组合定位导航坐标系和大地坐标系三者之间的关系。在图 5-28 中，$O_W-X_WY_WZ_W$ 代表大地坐标系，$O_I-X_IY_IZ_I$ 代表组合定位导航坐标系，$O_S-X_SY_SZ_S$ 代表立体摄影测量坐标系。

设 $O_S-X_SY_SZ_S$ 坐标系中的一点 (X_S,Y_S,Z_S) 转换到 $O_I-X_IY_IZ_I$ 坐标系中 (X_I,Y_I,Z_I) 的方程式为

$$\begin{bmatrix} X_I \\ Y_I \\ Z_I \end{bmatrix} = \boldsymbol{R}_{S-I}\begin{bmatrix} X_S \\ Y_S \\ Z_S \end{bmatrix} + \boldsymbol{t}_{S-I} \tag{5-12}$$

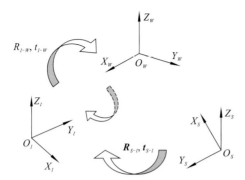

图 5-28　车载立体测量系统中坐标系转换关系

其中 $\boldsymbol{R}_{S-I}$ 和 $\boldsymbol{t}_{S-I}$ 表示从坐标系 $O_S - X_SY_SZ_S$ 到坐标系 $O_I - X_IY_IZ_I$ 的旋转矩阵和平移矢量，是需要通过标定得出的。由组合定位导航系统提供的 6 个外部定向参数 X_{POS}、Y_{POS}、Z_{POS}、roll、pitch、heading，可以把惯导坐标系 $O_I - X_IY_IZ_I$ 里的一点 (X_I, Y_I, Z_I) 转换到大地坐标系 $O_W - X_WY_WZ_W$ 里的点 (X_W, Y_W, Z_W)，其转换方程为（式中的 r、p、h 分别表示 roll、pitch 和 heading）

$$\begin{bmatrix} X_W \\ Y_W \\ Z_W \end{bmatrix} = \begin{bmatrix} \cos(-h) & \sin(-h) & 0 \\ -\sin(-h) & \cos(-h) & 0 \\ 0 & 0 & 1 \end{bmatrix} \begin{bmatrix} 1 & 0 & 0 \\ 0 & \cos r & \sin r \\ 0 & -\sin r & \cos r \end{bmatrix} \begin{bmatrix} \cos p & 0 & -\sin p \\ 0 & 1 & 0 \\ \sin p & 0 & \cos p \end{bmatrix} \begin{bmatrix} X_I \\ Y_I \\ Z_I \end{bmatrix} + \begin{bmatrix} X_{\text{POS}} \\ Y_{\text{POS}} \\ Z_{\text{POS}} \end{bmatrix}$$

（5-13）

因此，通过立体影像得到的三维点可使用如下步骤转换到大地坐标系下。

利用式（5-12）把位于立体相机坐标系下的点转换到惯导坐标系下，需要事先已知 $\boldsymbol{R}_{S-I}$ 和 $\boldsymbol{t}_{S-I}$。

利用式（5-13）把位于惯导坐标系下的点转换到大地坐标系下，需要的位置和姿态可从惯性导航数据中获得。由上可知，基于立体影像的三维测量，只要已知 $\boldsymbol{R}_{S-I}$ 和 $\boldsymbol{t}_{S-I}$ 即可通过影像来定位目标的绝对位置。而 $\boldsymbol{R}_{S-I}$ 和 $\boldsymbol{t}_{S-I}$ 的确定，需要通过标定过程来得到。

图 5-29 是用数字摄像机同时拍摄的 4 幅影像。

图 5-29　系列立体影像

图 5-30 是立体系列影像测量界面。通过基础的点坐标量测可以实现距离、角度、面积等的量测。

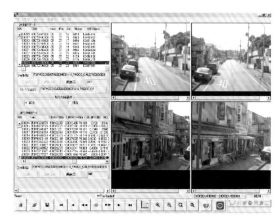 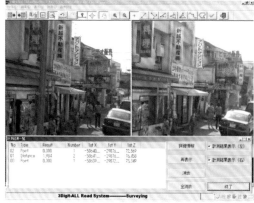

（a）数据管理界面　　　　　　　　　　　　　　　（b）立体量测界面

图 5-30　立体系列影像三维测量界面

5.4　车载激光扫描技术

三维激光扫描系统可划分为三类：机载（或星载）型激光扫描系统、地面型激光扫描系统和手持型激光扫描系统（马力广，2005）。在地面型激光扫描系统中，可将激光扫描仪置于三脚架上进行单站三维扫描，此方式称为固定式激光扫描系统；也可将激光扫描仪与组合定位定姿系统、光学成像系统等集成于一个数据采集平台上，将采集平台安置于汽车、舰船上进行移动式数据采集，此即为移动式激光扫描系统。本书中的车载激光扫描技术指将激光扫描仪集成在车载移动数据采集平台中的激光扫描技术。

不管是机载（或星载）型激光扫描系统、地面型激光扫描系统还是手持型激光扫描系统，其核心技术均为激光测距。有两种基本方法实现激光测距，一种是光线传播时间测量法（TOF），另一种是激光三角法测距（laser triangulation measurement，LTM）。其中光线传播时间测量法又可分为脉冲法与相位法，对应脉冲式激光测量和相位式激光测量。

5.4.1　车载激光扫描仪工作原理

车载移动测量系统中搭载的激光扫描仪主要有两种工作方式：线扫描模式及走走停停模式（go and stop mode）（Kukko et al.，2007）（图 5-31）。线扫描模式车载移动测量系统早期主要采用单线扫描模式，目前除单线扫描模式外，还有多线扫描模式及基于多个旋转棱镜的半固态扫描模式。单线扫描模式在车辆的行进过程中进行断面扫描，图 5-31（a）中的绿色粗实线表示激光扫描仪有效扫描边界，两条绿色粗实线之间的区域表示有效扫描区域，绿色细实线代表激光束，蓝色折线代表地物表面，包括道路面及建筑物外轮廓，红色点则代表激光扫描点，随着车辆的前进，连续的断面构成地物的三维采样表达。

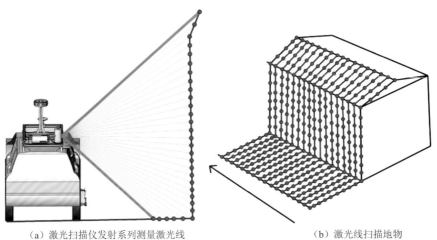

| (a) 激光扫描仪发射系列测量激光线 | (b) 激光线扫描地物 |

图 5-31　车载激光线扫描示意图

图 5-31（b）中黑色实线是地物的轮廓线，带箭头的直线表示行车轨迹及方向，红色点表示激光点，距离激光扫描仪距离近的区域激光点密度比距离激光扫描仪距离远的区域密度大，蓝色实线表示一条扫描线。走走停停模式车载移动测量系统在需要进行扫描的区域将车静止，使用激光扫描仪的三维扫描模式对周围地物进行扫描。

多线扫描模式激光扫描仪具备多个线束（通常为 8、16、32 或 64），多个线束可同时进行扫描以提高扫描速度，进而提高点云的密度，如图 5-32 所示，图中的黑色虚线代表激光线束，多条黑色虚线表示多个线束。多线扫描模式激光扫描仪一般同时绕 Z 轴在水平面内旋转，实现 360° 视场角的扫描。

图 5-32　多线激光扫描仪扫描示意图

半固态激光雷达是近年兴起的一种新型扫描模式激光雷达，大疆 LiVox 系列激光雷达是这类扫描模式激光雷达的代表。如图 5-33 所示，LiVox 激光雷达仅有一个激光发射源，使用两个梯形棱镜并通过两个梯形棱镜旋转到不同位置的组合实现激光光束朝不同方向的扫描。

本书中的车载移动测量系统中，动态测量时激光扫描仪采用线扫描模式进行工作；在走停模式和静态模式中，激光扫描仪采用三维扫描模式进行工作。

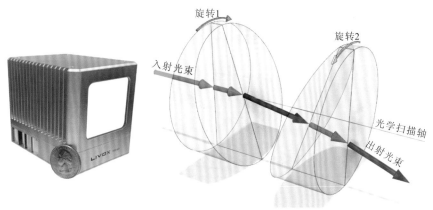

旋转1

旋转2

入射光束

光学扫描轴

出射光束

图 5-33　大疆 LiVox 半固态激光雷达扫描示意图

引自 Brazeal 等（2021）

5.4.2　车载激光点云重建

车载移动测量系统中，各传感器的测量是在传感器自身坐标系下完成的，车载激光扫描仪的原始扫描数据基于激光扫描仪自定义的扫描仪坐标系，扫描过程中，相对于激光扫描仪自身来说，扫描在一个平面内进行，如图 5-34 所示。

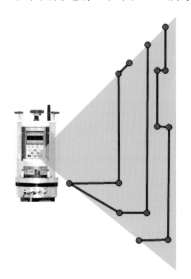

图 5-34　车载激光扫描线"聚集"于一个平面内

图 5-34 中，每一条蓝线代表不同时刻的一条扫描线，激光扫描仪在扫描仪坐标系下的一个固定平面内进行扫描，因此，车载激光扫描仪的原始扫描数据"聚集"于一个平面内，车载移动测量系统集成过程中的一个核心技术就是从一个平面中的"二维"激光点云中恢复出地物的三维结构，本书将这一过程称为车载激光点云重建。

1. 车载激光扫描定位原理

车载移动测量系统中涉及的几个坐标系之间的关系如图 5-35 所示。

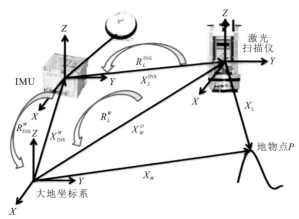

图 5-35　移动测量系统中各坐标系之间的关系

如图 5-28 所示，假设在 K_L 时刻，激光扫描仪坐标系下任一地物点 P 的坐标为 X_L，其对应地面点的 WGS84 坐标为

$$X_W = X_W^O + \lambda \boldsymbol{R}_L^W X_L \tag{5-14}$$

式中：λ 为尺度因子；X_W^O 为激光扫描仪坐标系原点在 WGS84 坐标系下的坐标；$\boldsymbol{R}_L^W$ 为激光扫描仪坐标系到 WGS84 坐标系的旋转矩阵。由于激光扫描仪坐标系与惯导坐标系之间的关系固定，且惯导载体与 GPS 接收机之间的偏移量可通过直接测量获得，则 X_W^O、$\boldsymbol{R}_L^W$ 分别为

$$X_W^O = X_{\text{INS}}^W + \boldsymbol{R}_{\text{INS}}^W X_L^{\text{INS}} \tag{5-15}$$

$$\boldsymbol{R}_L^W = \boldsymbol{R}_{\text{INS}}^W \boldsymbol{R}_L^{\text{INS}} \tag{5-16}$$

式中：X_{INS}^W 为惯导坐标系原点在 WGS84 坐标系中的坐标向量；$\boldsymbol{R}_{\text{INS}}^W$ 是惯导坐标系到 WGS84 坐标系的旋转矩阵；X_{INS}^W 及 $\boldsymbol{R}_{\text{INS}}^W$ 可通过 DGPS/IMU 组合定位定姿数据联合解算获得；X_L^{INS} 为激光扫描仪坐标系原点在惯导坐标系中的偏移向量（平移参数）；$\boldsymbol{R}_L^{\text{INS}}$ 为由激光扫描仪坐标系与惯导坐标系间的旋转角所构成的旋转矩阵；X_L^{INS} 及 $\boldsymbol{R}_L^{\text{INS}}$ 由激光扫描仪的绝对标定得到。

综合式（5-15）和式（5-16），可得到车载激光扫描系统的严密定位方程

$$X_W = X_{\text{INS}}^W + \boldsymbol{R}_{\text{INS}}^W X_L^{\text{INS}} + \lambda \boldsymbol{R}_{\text{INS}}^W \boldsymbol{R}_L^{\text{INS}} X_L \tag{5-17}$$

式中

$$X_L^{\text{INS}} = [T_X, T_Y, T_Z]^{\text{T}} \tag{5-18}$$

$$\boldsymbol{R}_L^{\text{INS}} = \begin{bmatrix} r_{11} & r_{12} & r_{13} \\ r_{21} & r_{22} & r_{23} \\ r_{31} & r_{32} & r_{33} \end{bmatrix} \tag{5-19}$$

$$\boldsymbol{R}_{\text{INS}}^W = \begin{bmatrix} \cos h & -\sin h & 0 \\ \sin h & \cos h & 0 \\ 0 & 0 & 1 \end{bmatrix} \begin{bmatrix} 1 & 0 & 0 \\ 0 & \cos r & -\sin r \\ 0 & \sin r & \cos r \end{bmatrix} \begin{bmatrix} \cos p & 0 & \sin p \\ 0 & 1 & 0 \\ -\sin p & 0 & \cos p \end{bmatrix} \tag{5-20}$$

式中：(r, p, h) 是对 DGPS/INS 组合定位定姿数据处理后获得的激光扫描测量时刻的滚动角、俯仰角和偏航角。

2. 车载激光点云重建流程

本书所使用的三维激光点云重建流程如图 5-36 所示。

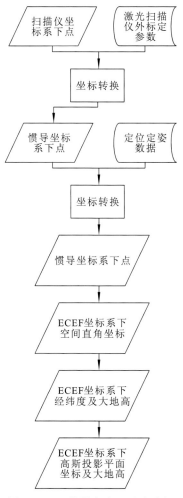

图 5-36　三维激光点云重建流程

车载激光点云重建技术根据激光扫描仪定位方程，将原始的激光扫描数据融合激光扫描仪外标定参数及组合定位定姿数据，重建出三维的激光点云。

如前文所述，激光扫描仪坐标系下的激光点云"聚集"于一个平面内，图 5-37（a）是激光扫描仪坐标系下点云的侧视图，从该图可以看出点云在一个面内，而在俯视图（b）以及正视图（c）中，点云在一条线上，结合侧视图、俯视图、正视图及斜视图（d）能够清楚地看出激光点云"聚集"于一个平面内。

图 5-38 是激光扫描仪坐标系下的点云经过点云三维重建后得到的大地坐标系下的激光点云的俯视图和侧视图，从图中能够清楚地看到房屋的立面及道路旁边的树木。

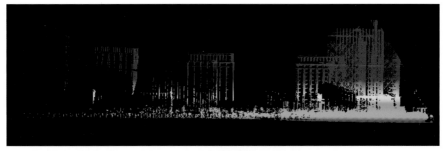

（a）侧视图

（b）俯视图

（c）正视图

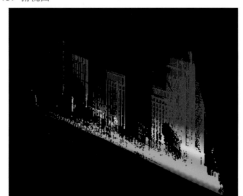

（d）斜视图

图 5-37　激光扫描仪坐标系下点云侧视图、俯视图、正视图及斜视图

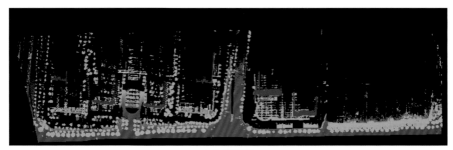

（a）俯视图

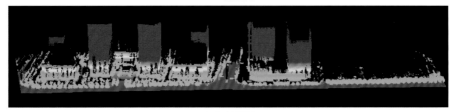

（b）侧视图

图 5-38　重建后激光点云的俯视图和侧视图

第6章

多传感器系统整体标定

车载移动测量系统中集成的各传感器，由于制造工艺的不完善等原因，传感器自身存在系统误差，为了提高系统的定位精度，需要对各传感器的系统误差进行建模和标定。此外，在多传感器集成系统中，各传感器在各自自身的坐标系中工作，为了实现各传感器数据的融合，需要对各传感器之间的相对安置关系进行标定。因此，车载移动测量系统完成了前期的硬件系统集成后，需要对系统多传感器进行整体标定，一方面对车载移动测量系统中的各系统误差进行建模并消除其影响，另一方面通过整体标定验证系统的整体性能和精度。车载移动测量系统的多传感器整体标定包括激光扫描仪内参数标定、组合定位定姿系统内参数标定、全景相机内参数标定、激光扫描系统安置参数标定、全景相机安置参数标定以及全景相机与激光扫描仪之间的相对安置关系标定等。

6.1　车载立体测量系统相对标定和绝对标定

车载移动测量系统最终目标是从采集到的大量不同来源的数据中提取需要的空间信息和属性数据。车载立体测量系统使用双目或者多视相机作为相对测量传感器，使用 GNSS/IMU 组合定位定姿系统作为绝对测量传感器，因此车载立体测量系统的标定包括立体相机内参数标定和相机之间的空间关系的求解（相对标定）以及相机相对于惯导坐标系的位置和姿态标定（绝对标定）两个部分。相对标定使立体相机具有相对于自身坐标系的相对测量能力；绝对标定则使立体相机的相对测量结果能够与 GNSS/IMU 定位定姿数据融合并实现目标的绝对定位（使测量的目标点具有大地坐标）。

6.1.1　立体相机相对标定

对构成立体相机的单个相机而言，需要标定的参数包括主点 (r_0, c_0)、等效焦距

(f_u , f_v) 及各种畸变系数 $(k_1 , k_2 , \cdots , p_1 , p_2 , \cdots , s_1 , s_2 , \cdots)$ 。对立体相机而言，需标定左右相机之间的相对位置和姿态。在标定单个相机时，已得到各相机相对于控制场坐标系的位置和姿态 $(X_S , Y_S , Z_S , \varphi , \varpi , \kappa)$ ，因此，可间接得到两个相机相对的位置和姿态关系。

与传统的摄影测量中使用量测型传感器不同，为了节约系统设备的成本和满足车载移动测量系统对传感器数据采集快速、控制性能优良等要求，车载移动测量系统中往往采用工业非测量图像传感器作为图像获取设备，该类图像传感器本身的参数（内方位）未知，且摄影镜头有非常大的畸变，因此，在标定方法上采用经典的后方交会方法的同时，也通过数字运算的方法，确定图像传感器的参数及镜头的畸变系数。实践表明，普通非量测相机镜头的畸变必须采用复杂的数学模型来描述，否则会产生很大的测量误差，其中径向畸变需采用高达 7 次方的方程才能对径向误差进行准确建模，偏轴畸变和薄透镜畸变也需考虑。

根据针孔相机成像模型，考虑径向畸变、切向畸变及薄透镜畸变的相机成像模型为

$$u + \delta_u (u,v) + \frac{l_1 x + l_2 y + l_3 z + l_4}{l_9 x + l_{10} y + l_{11} z + 1} = 0 \tag{6-1}$$

$$v + \delta_v (u,v) + \frac{l_5 x + l_6 y + l_7 z + l_8}{l_9 x + l_{10} y + l_{11} z + 1} = 0 \tag{6-2}$$

式（6-1）和式（6-2）中的 $\delta_u (u,v)$ 和 $\delta_v (u,v)$ 表示以上径向畸变、切向畸变及薄透镜畸变在 u 、 v 方向上引起的总的畸变误差。由于畸变描述公式是一个无限的多项式，不可能全部考虑进去，只考虑 u 和 v 的 3 次、5 次和 7 次项以下的畸变，那么可以得到对这三种畸变的三种不同精度的近似表达式（刘勇，2004）。

3 次以下：

$$\delta_{u3} (u,v) = k_1 u(u^2 + v^2) + p_1 (3u^2 + v^2) + 2p_2 uv + s_1 (u^2 + v^2) \tag{6-3}$$

$$\delta_{v3} (u,v) = k_1 v(u^2 + v^2) + 2p_1 uv + p_2 (u^2 + 3v^2) + s_2 (u^2 + v^2) \tag{6-4}$$

5 次以下：

$$
\begin{aligned}
\delta_{u5} (u,v) = {}& k_1 u(u^2 + v^2) + k_2 u(u^2 + v^2)^2 \\
& + p_1 (3u^2 + v^2) + 2p_2 uv + p_3 [2u^2 (u^2 + v^2) + (u^2 + v^2)^2] + 2p_4 uv(u^2 + v^2) \\
& + s_1 (u^2 + v^2) + s_3 (u^2 + v^2)^2
\end{aligned} \tag{6-5}
$$

$$
\begin{aligned}
\delta_{v5} (u,v) = {}& k_1 v(u^2 + v^2) + k_2 v(u^2 + v^2)^2 \\
& + 2p_1 uv + p_2 (u^2 + 3v^2) + 2p_3 uv(u^2 + v^2) + p_4 [(u^2 + v^2)^2 + 2(u^2 + v^2)v^2] \\
& + s_2 (u^2 + v^2) + s_4 (u^2 + v^2)^2
\end{aligned} \tag{6-6}
$$

7 次以下：

$$
\begin{aligned}
\delta_{u7} (u,v) = {}& k_1 u(u^2 + v^2) + k_2 u(u^2 + v^2)^2 + k_3 u(u^2 + v^2)^3 \\
& + p_1 (3u^2 + v^2) + 2p_2 uv + p_3 [2u^2 (u^2 + v^2) + (u^2 + v^2)^2] + 2p_4 uv(u^2 + v^2) \\
& + p_5 [2u^2 (u^2 + v^2)^2 + (u^2 + v^2)^3] + 2p_6 uv(u^2 + v^2)^2 \\
& + s_1 (u^2 + v^2) + s_3 (u^2 + v^2)^2 + s_5 (u^2 + v^2)^3
\end{aligned} \tag{6-7}
$$

$$
\begin{aligned}
\delta_{v7}(u,v) = &\ k_1 v(u^2+v^2) + k_2 v(u^2+v^2)^2 + k_3 v(u^2+v^2)^3 \\
&+ 2p_1 uv + p_2(u^2+3v^2) + 2p_3 uv(u^2+v^2) + p_4[(u^2+v^2)^2 + 2(u^2+v^2)v^2] \\
&+ 2p_5 uv(u^2+v^2)^2 + p_6[(u^2+v^2)^3 + 2(u^2+v^2)^2 v^2] \\
&+ s_2(u^2+v^2) + s_4(u^2+v^2)^2 + s_6(u^2+v^2)^3
\end{aligned} \tag{6-8}
$$

在本节的标定中，采用 7 次以下的相机畸变模型描述，对存在透镜畸变的相机进行标定时，可利用若干高精度控制点的物方空间坐标 (X_i, Y_i, Z_i)，以及这些控制点在图像上的图像量测平面坐标 (r_i, c_i)，通过式（6-1）、式（6-2）求解未知参数。这些参数分为相机的内部参数 r_0、c_0、f_u、f_v 和外部参数 φ、ϖ、κ、X_S、Y_S、Z_S，以及镜头的畸变系数 k_1、k_2、k_3、$\cdots$、p_1、p_2、p_3、p_4、p_5、p_6、$\cdots$、s_1、s_2、s_3、s_4、s_5、s_6、$\cdots$（视取的项数多少而定）。

建立式（6-8）中的透镜畸变模型方程至少需要 16 个控制点的坐标，并利用图 6-1 所示的列文伯格-马夸尔特（Levenberg-Marquardt，L-M）非线性优化算法对方程组进行求解。

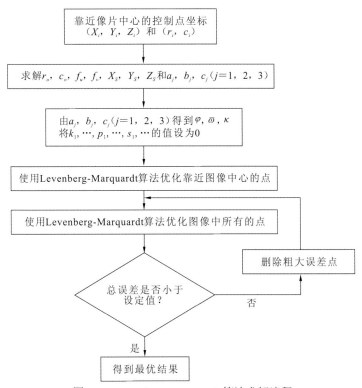

图 6-1　Levenberg-Marquardt 算法求解流程

相对标定一般在室内高精度的控制场内完成。室内控制场便于安装和设置大量的控制点，且室内的环境易于维持控制场的精度。图 6-2 是一个室内高精度的控制场，其中控制点的分布范围约为 6 m×3 m×3 m（宽×高×深），室内控制场中的控制点的点位精度优于 0.2 mm。

通过相对标定得到的左右相机参数见表 6-1。

图 6-2　室内高精度的控制场

表 6-1　左右相机相对标定结果

参数	左相机	右相机
r_0 , c_0 f_u , f_V	$r_0=824.194\ 4$	$r_0=828.755\ 1$
	$c_0=684.965\ 5$	$c_0=665.188\ 05$
	$f_u=-1\ 883.966\ 0$	$f_u=-1\ 886.089\ 0$
	$f_v=1\ 885.239\ 36$	$f_v=1\ 885.739\ 21$
X_S , Y_S , Z_S φ , ϖ , κ	$X_S=1\ 003.591\ 3$	$X_S=1\ 001.928\ 7$
	$Y_S=102.230\ 0$	$Y_S=102.232\ 9$
	$Z_S=997.748\ 7$	$Z_S=998.157\ 7$
	$\varphi=-0.243\ 076\ 9$	$\varphi=-0.247\ 014\ 1$
	$\varpi=-3.130\ 147\ 3$	$\varpi=-3.125\ 625\ 7$
	$\kappa=0.001\ 538\ 9$	$\kappa=-0.004\ 276\ 5$
k_1 、 k_2 、 k_3 , p_1 、 p_2 、 p_3 、 p_4 、 p_5 、 p_6 、 s_1 、 s_2 、 s_3 、 s_4 、 s_5 、 s_6	$k_1=-0.071\ 861\ 381\ 7$	$k_1=-0.069\ 195\ 822\ 8$
	$k_2=0.073\ 788\ 016\ 7$	$k_2=0.078\ 419\ 189\ 5$
	$k_3=0.190\ 431\ 336\ 8$	$k_3=0.198\ 694\ 060\ 7$
	$p_1=-0.000\ 294\ 440\ 2$	$p_1=-0.008\ 533\ 512\ 5$

参数	左相机	右相机
	$p_2 = 0.017\ 098\ 610\ 9$	$p_2 = 0.005\ 670\ 568\ 4$
	$p_3 = -0.006\ 831\ 427\ 9$	$p_3 = -0.026\ 291\ 646\ 4$
	$p_4 = -0.009\ 056\ 372\ 8$	$p_4 = 0.020\ 513\ 915\ 6$
	$p_5 = 0.013\ 424\ 821\ 0$	$p_5 = 0.068\ 981\ 754\ 7$
k_1、k_2、k_3，p_1、p_2、	$p_6 = 0.050\ 730\ 892\ 3$	$p_6 = -0.040\ 781\ 252\ 2$
p_3、p_4、p_5、p_6、s_1、	$s_1 = 0.000\ 188\ 024\ 2$	$s_1 = 0.008\ 198\ 532\ 8$
s_2、s_3、s_4、s_5、s_6	$s_2 = -0.025\ 689\ 923\ 2$	$s_2 = -0.001\ 127\ 949\ 6$
	$s_3 = -0.001\ 378\ 762\ 9$	$s_3 = 0.057\ 759\ 531\ 0$
	$s_4 = 0.055\ 613\ 162\ 4$	$s_4 = -0.055\ 537\ 095\ 4$
	$s_5 = 0.009\ 032\ 331\ 5$	$s_5 = -0.190\ 407\ 181\ 4$
	$s_6 = -0.149\ 416\ 289\ 2$	$s_6 = 0.112\ 333\ 587\ 1$

6.1.2　立体相机绝对标定

车载立体相机系统的绝对标定是指标定立体相机与惯性导航系统之间的相对安置关系，车载立体相机的绝对标定是实现立体相机的测量结果与 GNSS/IMU 定位定姿数据融合，将车载立体相机的测量成果转换到绝对坐标系中的基础（车载系统使用的绝对坐标系为大地坐标系）。

通过车载立体影像对这些室外标志点的成像测量所得的相对坐标系中的坐标 P_{camera}、组合定位导航系统记录拍摄影像时的大地坐标位置 $(X_{POS}, Y_{POS}, Z_{POS})$ 和姿态信息 (roll, pitch, heding) 以及室外控制点的大地坐标（P_{WGS84}），根据下面的转换关系解算绝对测量参数（Chen et al.，2009）。

$$P_{local} = (R_{-roll} \times \{R_{-pitch} \times [R_{90-heading} \times (P_{WGS84} - T_{X_{GPS}, Y_{GPS}, Z_{GPS}})]\}) \tag{6-9}$$

式（6-9）为通过影像拍摄时的惯导位置和姿态，把控制点的大地坐标转换到惯导坐标系。

$$P_{camera} = R_? P_{local} + T_? \tag{6-10}$$

式（6-10）为相机坐标系下的点与惯导坐标系下的点的对应关系式。其中的 $R_?$ 和 $T_?$ 即是所需要标定的参数。由于 P_{camera} 和 P_{local} 为两个三维坐标系中的对应点，因此，只需要 4 个对应点即可求解。但实际应用中通常提供尽可能多的点，以得到最小二乘的最优结果。采用的方法常为四元组法，该方法将坐标旋转等效于相对于一个空间轴 $a = [a_x, a_y, a_z]$ 的旋转（a 表示轴的方向，可令 $\|a\| = 1$），旋转角度为 θ 的四元组矢量 q，且

$$q = [q_0, q_1, q_2, q_3]^T = [\cos(\theta/2), \sin(\theta/2) \times a_x, \sin(\theta/2) \times a_y, \sin(\theta/2) \times a_z]^T \tag{6-11}$$

其中 $q_0 \geqslant 0$，$q_0^2 + q_1^2 + q_2^2 + q_3^2 = 1$。得到四元组后，对应的旋转矩阵可由 q 表示为

$$R(\boldsymbol{q}) = \begin{bmatrix} q_0^2 + q_1^2 - q_2^2 - q_3^2 & 2(q_1q_2 - q_0q_3) & 2(q_1q_3 + q_0q_2) \\ 2(q_1q_2 + q_0q_3) & q_0^2 - q_1^2 + q_2^2 - q_3^2 & 2(q_2q_3 - q_0q_1) \\ 2(q_1q_3 - q_0q_2) & 2(q_2q_3 + q_0q_1) & q_0^2 - q_1^2 - q_2^2 + q_3^2 \end{bmatrix} \qquad (6\text{-}12)$$

四元组计算过程中能获得平移矢量的值。

绝对标定需要借助室外标定场来实现，室外标定场相对室内标定场而言，由于场景和地形限制，往往没有太多的标定点，虽然不足以充满视场以标定镜头的畸变，但足以完成立体相机的绝对标定。

室外标定场的特点是：每个控制点的坐标都是位于大地坐标的，且控制场的设置需方便车载系统的拍摄，能接收到 GPS 信号，通过 POS 系统精确定位车辆的位置和姿态。图 6-3 所示为利用建筑的墙面和柱子建立的室外控制场。

图 6-3　车载系统室外控制场

绝对标定至少需要车载测量系统针对标定场拍摄两个方位的数据，如图 6-4 所示。需要提供的数据为每个拍摄位置的惯性导航系统位置和姿态、绝对标定点的大地坐标、绝对标定点在立体图像测量子系统中的相对坐标，数据样例如表 6-2 所示。

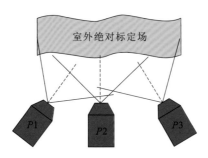

图 6-4　绝对标定拍摄方位示意图

表 6-2　POS 位置和姿态及控制点坐标值

POS 位置和姿态（位置一）					
X_S	Y_S	Z_S	roll	pitch	heading
−29 017.244	−50 667.833	72.661	0.398	−2.497	80.961

控制点相对及绝对坐标					
点号	X_{camera}	Y_{camera}	Z_{camera}	X_W	Y_W	Z_W
10	2.768 26	−1.714 61	9.054 91	−50 660.755	−29 000.083	75.840
11	−2.625 33	0.871 491	11.128 2	−50 656.356	−28 996.455	73.096
7	2.693 44	2.816 32	9.203 3	−50 660.84	−29 000.014	71.311
n11	2.701 55	1.681 05	9.150 75	−50 660.800	−29 000.031	72.465
16	2.747 99	0.044 573 8	9.134 52	−50 660.811	−29 000.044	74.088
22	1.348 83	−0.859 569	13.944 1	−50 660.974	−28 994.984	74.904
4	−2.728 53	2.045 6	11.169 9	−50 656.345	−28 996.488	71.931
15	−3.430 87	0.125 375	9.021 66	−50 654.878	−28 998.144	73.838
12	−4.086 67	1.392 03	9.969 95	−50 654.565	−28 997.026	72.594

POS 位置和姿态（位置二）					
X_S	Y_S	Z_S	roll	pitch	heading
−29 014.305	−50 666.028	70.780	−0.910	−3.741	76.037

控制点相对及绝对坐标					
点号	X_{camera}	Y_{camera}	Z_{camera}	X_W	Y_W	Z_W
7	6.378 05	2.419 44	7.484 54	−50 660.841	−29 000.014	71.311
n11	6.437 6	1.256 33	7.405 01	−50 660.800	−29 000.031	72.465
16	6.570 09	−0.358 436	7.320 6	−50 660.811	−29 000.044	74.088
n10	6.665 54	−2.093 81	7.168	−50 660.755	−29 000.083	75.840
4	1.217 82	1.426 45	9.866 22	−50 656.345	−28 996.488	71.931
11	1.296 96	0.288 996	9.871 39	−50 656.356	−28 996.455	73.096
15	0.308 513	−0.475 433	7.861 83	−50 654.878	−28 998.144	73.838
12	−0.356 957	0.716 665	8.924 94	−50 654.565	−28 997.026	72.594

通过上述方法绝对标定结果如表 6-3 所示。

表 6-3　绝对标定结果

旋转矩阵			平移矩阵
−0.455 38	−0.902 489	0.032 715	14.617 039
0.882 093	−0.447 789	0.011 852	−5.150 324
0.040 412	−0.021 588	1.019 386	−4.337 131

表 6-4 为通过立体影像测得的目标点绝对坐标，与通过全站仪测得的目标点绝对坐标进行对比的实验数据。

表 6-4　绝对标定精度检验结果　　　　　　　　　　（单位：m）

| 点号 | 三维坐标 | | | | | | 误差 | | |
| | 全站仪实测 | | | 立体影像量测 | | | | | |
	X	Y	Z	X	Y	Z	dX	dY	dZ
1	−29 000.031 1	−50 660.773 8	72.765 0	−29 000.080 6	−50 660.901 8	73.027 1	−0.049 5	−0.128 0	0.262 1
2	−28 996.488 0	−50 656.347 6	72.531 0	−28 996.500 9	−50 656.427 9	72.736 0	−0.012 9	−0.080 2	0.205 0
3	−28 994.983 9	−50 660.974	76.903 9	−28 994.870 9	−50 661.050 7	77.045 2	0.113 0	−0.076 7	0.141 3
4	−29 012.781 4	−50 676.035 8	75.197 9	−29 012.650 6	−50 675.914 8	75.428 4	0.130 8	0.121 0	0.230 5
5	−29 010.478 6	−50 667.724	75.163 9	−29 010.381 9	−50 667.640 9	75.337 3	0.096 7	0.083 1	0.173 4
6	−29 007.877 9	−50 673.404 5	78.156 6	−29 007.751 9	−50 673.263 7	78.346 5	0.126 0	0.140 8	0.189 9
7	−28 971.392 1	−50 646.349	76.327 0	−28 971.290 9	−50 646.217 9	76.529 7	0.101 2	0.131 1	0.202 6
9	−28 973.018 9	−50 646.868 1	76.132 1	−28 973.111 9	−50 647.038 9	76.207 6	−0.093 0	−0.170 8	0.075 5
10	−29 033.955 5	−50 643.495 5	74.936 5	−29 034.136 2	−50 643.593 8	75.127 1	−0.180 7	−0.098 3	0.190 6

从表 6-4 中可知，与全站仪数据相比，X 轴方向最大误差为 0.130 8 m，Y 轴最大误差为 0.170 8 m，Z 轴最大误差为 0.262 1 m。该系统中使用的 IMU 精度等级与以前研究中使用的惯导等级相同，但检验的精度比文献（Chen et al.，2004）中 0.5 m 有比较大的提高，这主要得益于采用了更复杂的镜头畸变模型来描述工业型相机镜头的畸变，并且 DGPS/INS 组合技术水平也有所提升。

6.2　二维/三维一体化激光扫描仪的绝对标定

车载移动测量系统中原始激光扫描数据是基于扫描仪坐标系的，其工作原理如图 6-5 所示，车辆行驶过程中连续的扫描数据"聚集"于激光扫描仪坐标系下的一个平面内，因此从车载激光扫描仪中得到的原始激光扫描数据是无法直接使用的，只有将激光扫描数据统一到同一个坐标系统中，激光扫描仪的扫描结果才有现实意义。通常的做法是，将扫描数据统一到大地坐标系中（Zhao，2008），也即将车载激光扫描系统中的激光测量结果和定位定姿数据融合得到地物的大地坐标。将激光扫描数据转换到大地坐标，分两个步骤：第一步将激光数据转换到惯导坐标系；第二步将激光数据从惯导坐标系转换到大地坐标系，如图 6-5 所示。

激光扫描仪的绝对定位方程式（5-17）中，X_L 由激光扫描仪测量得到，X_{INS}^W 及 R_{INS}^W 由 DGPS/IMU 组合定位定姿系统提供，由于各坐标系的尺度一致，$\lambda = 1$，为了得到地物点的绝对坐标 X_W，还需要求得 X_L^{INS} 及 R_L^{INS}。求解 X_L^{INS} 及 R_L^{INS} 的过程称为激光扫描仪的绝对标定。

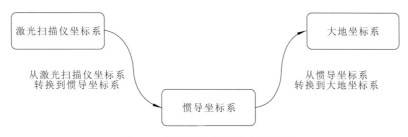

图 6-5　车载激光雷达标定示意图

对车载系统而言，高精度的标定显得尤为重要，没有高精度的标定，即使激光扫描仪及定位定姿系统能得到高精度的测量结果，车载激光扫描系统最终测量结果的精度也会受到限制，再加上激光扫描仪时常需要拆卸或者改装，拆卸或者改装后需要对激光扫描仪重新进行标定，因此寻找一种简便高效的激光扫描仪外标定方法具有重要意义。

激光扫描仪的外标定的主要工作在于寻找"同名点"，即地物点在大地坐标系中的三维坐标及地物点在激光扫描仪坐标系中的坐标，通过"同名点"求定激光扫描仪坐标系与惯导坐标系之间的转换参数。对于 RIGEL VZ-400 激光扫描仪的标定，本书提出如图 6-6 所示的标定流程。

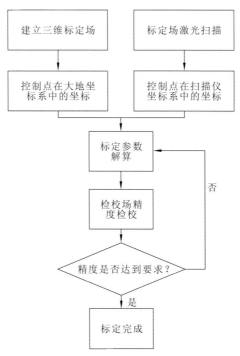

图 6-6　RIGEL VZ-400 激光扫描仪的标定流程

在图 6-6 中，进行标定参数解算的前提是寻找同一地物点在大地坐标系中的坐标及在激光扫描仪坐标系下的坐标，然后采用合适的参数解算模型得到激光扫描仪坐标系及惯导坐标系之间的转换参数，地物点在大地坐标系中的坐标可通过传统测量方法如GPS、全站仪等方式获得，地物点在扫描仪坐标系中的坐标需在激光扫描仪的原始扫描数据中获得。

6.2.1 激光标定三维标定场的建立原则

RIGEL VZ-400 激光扫描仪在远距模式下的扫描测程最大可达到 600 m，而在高速模式下其扫描测程最大可达到350 m，竖直视场角为100°。对于如此长的扫描距离及如此大的扫描角度，其对应的标定场也必定是一个大型的标定场，因此在建立标定场时，充分利用现有建筑物的空间架构，并将建筑物的房角点及窗户角点作为标定点。RIGEL VZ-400 激光扫描仪标定场的建设遵循如下原则。

（1）标定点选在规则房屋角点、窗户角点等在点云中具有明显特征的点位，以确保可以在激光点云中准确地提取"同名点"。

（2）标定点的布设避免位于同一高程平面内，即控制点保证一定的高程层次分布。

（3）对标定场位置及环境而言，选在四周空旷无遮挡、GNSS 信号良好的区域，保证高精度 GNSS/IMU 组合定位定姿数据的采集。

（4）建筑物的高度不宜过高，以不超过 15 m 为宜，保证激光扫描仪能够采集到顶部的标定点。

（5）标定控制点的精度要求：首级控制测量时的地面控制点及相邻地面控制点间的点位中误差≤5 mm；标定点（碎部测量点）的点位中误差≤10 mm。

本书中所使用的三维标定控制场建立在宁波国际贸易展览中心 1 号楼、8 号楼及其周边区域，如图 6-7 所示。

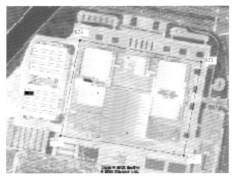 

（a）一级控制点 （b）二级控制点

图 6-7 标定场控制点的分布

宁波国际贸易展览中心的内部区域较为空旷，建筑物间距较大，可保证 GNSS 信号良好；建筑物棱角分明，可保证充足的标定点选择和合理的空间分布，因此宁波国际贸易展览中心满足标定场建设原则。

6.2.2 激光扫描仪的标定模型及标定参数解算

标定的目的是求解激光扫描仪坐标系到惯导坐标系的转换关系，可通过两种方法求解，一种方法为 L-M 非线性优化，另一种方法为最小二乘迭代求解。

1. L-M 非线性优化求解

位置 $[T_X, T_Y, T_Z]^\mathrm{T}$ 表示在 X、Y 和 Z 轴方向的平移量，角度 $(\varphi, \varpi, \kappa)$ 分别为绕 Y、X 和 Z 轴的旋转角。

设 $\boldsymbol{X}_W = [X_W \quad Y_W \quad Z_W]^\mathrm{T}$，$\boldsymbol{X}_L = [X_L \quad Y_L \quad Z_L]^\mathrm{T}$ 分别为控制点的大地坐标和在激光扫描仪坐标系下的坐标。再设一过渡坐标 $\boldsymbol{X}_I = [X_I \quad Y_I \quad Z_I]^\mathrm{T}$，表示控制点在惯导坐标系中的坐标。点（$X_L, Y_L, Z_L$）转换到点（$X_I, Y_I, Z_I$）的方程式为

$$\begin{bmatrix} X_I \\ Y_I \\ Z_I \end{bmatrix} = \boldsymbol{R}_{L-I} \begin{bmatrix} X_L \\ Y_L \\ Z_L \end{bmatrix} + \boldsymbol{T}_{L-I} \tag{6-13}$$

式中：$\boldsymbol{R}_{L-I}$ 和 $\boldsymbol{T}_{L-I}$ 表示从坐标系 $O_L - X_L Y_L Z_L$ 到坐标系 $O_I - X_I Y_I Z_I$ 的旋转矩阵和平移矢量，是需要通过标定得出的。

由组合定位导航系统提供的 6 个外部定向参数 $X_{\mathrm{POS}}, Y_{\mathrm{POS}}, Z_{\mathrm{POS}}$、roll, pitch, heading，可以把惯导坐标系 $O_I - X_I Y_I Z_I$ 中的一点（X_I, Y_I, Z_I）转换到大地坐标系 $O_W - X_W Y_W Z_W$ 中的点（X_W, Y_W, Z_W），其转换方程为（式中的 r, p, h 分别表示 roll, pitch, heading 角）

$$\begin{bmatrix} X_W \\ Y_W \\ Z_W \end{bmatrix} = \begin{bmatrix} \cos(-h) & \sin(-h) & 0 \\ -\sin(-h) & \cos(-h) & 0 \\ 0 & 0 & 1 \end{bmatrix} \begin{bmatrix} 1 & 0 & 0 \\ 0 & \cos r & \sin r \\ 0 & -\sin r & \cos r \end{bmatrix} \begin{bmatrix} \cos p & 0 & -\sin p \\ 0 & 1 & 0 \\ \sin p & 0 & \cos p \end{bmatrix} \begin{bmatrix} X_I \\ Y_I \\ Z_I \end{bmatrix} + \begin{bmatrix} X_{\mathrm{PQS}} \\ Y_{\mathrm{POS}} \\ Z_{\mathrm{POS}} \end{bmatrix}$$

$$\tag{6-14}$$

理论上只需 4 点即可求解所需参数。但考虑控制点误差、POS 的精度等影响，通常尽可能提供多的点以求最优解。建立目标方程如下：

$$E = \sum_{i=1}^{N} \left\| \boldsymbol{X}_{I,i} - \boldsymbol{X}'_{I,i} \right\| \tag{6-15}$$

式中：$\boldsymbol{X}_{I,i}$ 为利用惯导位置和姿态参数把控制点转换到惯导坐标系下的坐标；$\boldsymbol{X}'_{I,i}$ 为利用求得的 $\boldsymbol{R}_{L-I}$ 和 $\boldsymbol{T}_{L-I}$ 把相应的控制点坐标从激光坐标系下转换到惯导坐标系下的坐标。$\left\| \boldsymbol{X}_{I,i} - \boldsymbol{X}'_{I,i} \right\|$ 表示求两点的距离。

因此，激光扫描仪的标定可描述为：已知若干个控制点的大地坐标，与它们对应的激光坐标系下的坐标，以及激光在扫描该控制点时刻的汽车位置和姿态（即 POS 系统的位置和姿态），求解激光在惯导坐标系下的位置 $[T_X, T_Y, T_Z]^\mathrm{T}$ 和姿态 $(\varphi, \varpi, \kappa)$，使得目标方程满足最小。计算步骤是：①预估激光扫描仪的安装参数，包括 3 个轴向的平移和 3 个轴的旋转；②利用当时的惯导位置和姿态，把所有控制点转换到惯导坐标系下；③利用预估参数把激光坐标系下的点转换到惯导坐标系下；④利用 L-M 优化算法，使得目标方程的值最小。

2. 最小二乘迭代求解

假设有 n 个标定点，其 WGS84 坐标和激光扫描仪坐标系下的坐标分别为 $\boldsymbol{X}_W$ 和 $\boldsymbol{X}_L$，即 $\boldsymbol{X}_W = [X_W \quad Y_W \quad Z_W]^\mathrm{T}$，$\boldsymbol{X}_L = [X_L \quad Y_L \quad Z_L]^\mathrm{T}$，为了计算方便，采用重心化将标

定点的 WGS84 坐标和扫描仪坐标进行归一化处理：

$$X_{wg} = \frac{\sum X_w}{n}, \quad Y_{wg} = \frac{\sum Y_w}{n}, \quad Z_{wg} = \frac{\sum Z_w}{n}$$

$$X_{lg} = \frac{\sum X_L}{n}, \quad Y_{lg} = \frac{\sum Y_L}{n}, \quad Z_{lg} = \frac{\sum Z_L}{n}$$

(6-16)

$$\begin{cases} \overline{X}_w = X_w - X_{wg}, \quad \overline{Y}_w = Y_w - Y_{wg}, \quad \overline{Z}_w = Z_w - Z_{wg} \\ \overline{X}_L = X_L - X_{lg}, \quad \overline{Y}_L = Y_L - Y_{lg}, \quad \overline{Z}_L = Z_L - Z_{lg} \end{cases}$$

(6-17)

标定点的 WGS84 坐标和激光扫描仪坐标经过重心化处理后，重心化后的两坐标系间平移量 $\boldsymbol{X}_{\mathrm{INS}} + \boldsymbol{R}_{\mathrm{INS}}^{W}\boldsymbol{a}_{L}^{\mathrm{INS}} = 0$，$\lambda = 1$，因此标定点的 WGS84 坐标和激光扫描仪坐标间关系可用式（6-18）表示。

$$[\overline{X}_w \quad \overline{Y}_w \quad \overline{Z}_w]^{\mathrm{T}} = \boldsymbol{R}_{\mathrm{INS}}^{W}\boldsymbol{R}_{L}^{\mathrm{INS}}[\overline{X}_L \quad \overline{Y}_L \quad \overline{Z}_L]^{\mathrm{T}}$$

(6-18)

利用罗德里格矩阵形式实现快速转换计算，即将 $\boldsymbol{R}_{L}^{\mathrm{INS}}$ 表示成

$$\boldsymbol{R}_{L}^{\mathrm{INS}} = (\boldsymbol{I} - \boldsymbol{S})^{-1}(\boldsymbol{I} + \boldsymbol{S})$$

(6-19)

$$\boldsymbol{S} = \begin{bmatrix} 0 & -c & b \\ c & 0 & -a \\ -b & a & 0 \end{bmatrix}$$

(6-20)

式中：$\boldsymbol{I}$ 为单位矩阵；$\boldsymbol{S}$ 为反对称矩阵；a、b、c 为罗德里格参数。将式（6-19）式（6-20）代入式（6-18）可得

$$[\overline{X}_w - \overline{X}_l \quad \overline{Y}_w - \overline{Y}_l \quad \overline{Z}_w - \overline{Z}_l]^{\mathrm{T}} = \begin{bmatrix} 0 & \overline{Z}_w + \overline{Z}_l & -(\overline{Y}_w + \overline{Y}_l) \\ -(\overline{Z}_w + \overline{Z}_l) & 0 & \overline{X}_w + \overline{X}_l \\ \overline{Y}_w + \overline{Y}_l & -(\overline{X}_w + \overline{X}_l) & 0 \end{bmatrix} \begin{bmatrix} a \\ b \\ c \end{bmatrix}$$

(6-21)

对于 n 个标定点，可列出如下的误差方程：

$$\boldsymbol{V}_{3n \times 1}'' = \boldsymbol{A}_{3n \times 3}\boldsymbol{X}_{3 \times 1} - \boldsymbol{L}_{3n \times 1}$$

(6-22)

根据式（6-22）分别列出每个标定点的误差方程，再根据最小二乘原理解算罗德里格参数。求得罗德里格参数后，即可求出每个标定点对应的 $\boldsymbol{R}_{L}^{W} = \boldsymbol{R}_{\mathrm{INS}}^{W}\boldsymbol{R}_{L}^{\mathrm{INS}}$，将每个标定点的 WGS84 坐标系和激光扫描仪坐标系下的重心点坐标代入式（6-22），可列出偏移向量 $\boldsymbol{a}_{L}^{\mathrm{INS}}$ 的误差方程：

$$\boldsymbol{V}_{3m \times 1}' = \boldsymbol{A}_{3m \times 3}'\boldsymbol{a}_{L}^{\mathrm{INS}} - \boldsymbol{L}_{3m \times 1}'$$

(6-23)

根据最小二乘原理，可求得偏移向量 $\boldsymbol{a}_{L}^{\mathrm{INS}}$

$$\boldsymbol{a}_{L}^{\mathrm{INS}} = [T_X \quad T_Y \quad T_Z]^{\mathrm{T}} = \boldsymbol{N}'^{-1}\boldsymbol{Q}' = (\boldsymbol{A}'^{\mathrm{T}}\boldsymbol{A}')^{-1}(\boldsymbol{A}'^{\mathrm{T}}\boldsymbol{L}')$$

(6-24)

6.2.3　激光扫描仪的标定实验及结果分析

根据 6.2.2 小节的标定模型及标定参数解算方法，利用标定点的 WGS84 坐标和激光扫描仪坐标进行平移参数和旋转参数的求解。解算过程中，首先应使用估计的标定参数初始值（由设计安装方位得到）进行标定，然后使用标定得到的结果作为第二次标定初始值，进行迭代，直到两次标定的平均残差变化量小于 1 m 为止。

RIGEL VZ-400 扫描仪标定所用控制点的点位中误差≤10 mm，具体点位分布如图 6-8 所示。

图 6-8　RIGEL VZ-400 扫描仪标定所用控制点的点位分布图

在此次的标定实验中，共测量了174个高精度的标定控制点，部分点位如表6-5所示。

表 6-5　标定控制点的点位　　　　　　　　　（单位：m）

点号	东	北	大地高	点号	东	北	大地高
1	*** 715.013	**** 213.930	37.247	5	*** 726.759	**** 210.038	35.502
2	*** 719.411	**** 212.411	37.246	6	*** 728.154	**** 209.560	35.499
3	*** 717.046	**** 213.208	30.108	7	*** 717.044	**** 213.215	16.573
4	*** 718.836	**** 212.595	30.101	8	*** 718.832	**** 212.604	16.569

点号	东	北	大地高	点号	东	北	大地高
9	*** 726.010	**** 210.127	21.496	30	*** 923.964	**** 142.124	33.234
10	*** 730.164	**** 208.723	21.488	31	*** 928.610	**** 140.514	26.129
11	*** 733.169	**** 207.802	19.704	32	*** 929.573	**** 140.182	25.482
12	*** 734.540	**** 207.301	17.024	33	*** 931.495	**** 139.526	30.937
13	*** 763.539	**** 197.315	19.093	34	*** 933.290	**** 138.915	30.938
14	*** 757.491	**** 199.467	35.500	35	*** 938.324	**** 137.166	19.075
15	*** 776.120	**** 192.980	19.098	36	*** 933.289	**** 138.901	16.560
16	*** 730.071	**** 208.898	35.487	37	*** 938.328	**** 137.165	17.003
17	*** 730.068	**** 208.903	22.428	38	*** 940.455	**** 136.455	16.998
18	*** 754.629	**** 200.449	22.421	39	*** 942.577	**** 135.700	17.001
19	*** 995.433	**** 117.486	19.078	40	*** 944.706	**** 134.969	17.003
21	*** 780.351	**** 191.601	35.501	41	*** 949.654	**** 133.324	35.471
22	*** 791.008	**** 187.855	19.099	42	*** 953.906	**** 131.860	35.467
23	*** 796.697	**** 185.915	30.963	43	*** 958.158	**** 130.393	35.466
24	*** 798.481	**** 185.305	30.962	44	*** 962.440	**** 128.917	35.466
25	*** 806.040	**** 182.711	33.259	45	*** 966.696	**** 127.453	35.468
26	*** 839.684	**** 215.500	41.463	46	*** 971.139	**** 125.922	35.470
27	*** 856.017	**** 203.599	34.765	48	*** 975.396	**** 124.457	35.471
28	*** 897.374	**** 189.347	34.749	49	*** 970.928	**** 862.013	4.822
29	*** 917.563	**** 188.659	41.444	50	*** 726.010	**** 210.127	21.496

　　激光扫描数据是离散的点，某些测量的控制点在点云中不能很好地识别或选择，在实际的标定过程中，只使用部分的控制点进行标定，在此次的绝对标定实验中，使用了 27 个控制点，控制点数据及相对应的点云坐标、平面及高程残差如表 6-6 所示。表中，"点云 X"指从车载激光点云中获取的控制点的 X 坐标，"点云 Y"指从车载激光点云中获取的控制点的 Y 坐标，"点云 Z"指从车载激光点云中获取的控制点的 Z 坐标，"控制 X"、"控制 Y"及"控制 Z"指使用全站仪测量得到的控制点的 X、Y 及 Z 坐标，"平面"指平面残差，"高程"指高程残差，其计算方法为

$$平面 = \sqrt{(控制X - 点云X)^2 + (控制Y - 点云Y)^2}$$
$$高程 = 控制Z - 点云Z$$

表 6-6　RIGEL VZ-400 激光扫描仪标定精度　　　　　　　　　　（单位：m）

点号	点云 X	点云 Y	点云 Z	控制 X	控制 Y	控制 Z	平面	高程
178	*** 797.814	**** 431.476	37.196	*** 797.903	**** 431.432	37.256	0.099	0.061
177	*** 801.487	**** 430.215	22.293	*** 801.516	**** 430.186	22.313	0.041	0.020
176	*** 801.385	**** 430.256	20.652	*** 801.372	**** 430.233	20.601	0.026	0.050
175	*** 805.862	**** 428.715	20.625	*** 805.920	**** 428.680	20.601	0.067	0.024
173	*** 823.795	**** 422.436	34.129	*** 823.842	**** 422.380	34.139	0.073	0.010
174	*** 823.847	**** 422.428	22.413	*** 823.887	**** 422.503	22.297	0.084	0.115
165	*** 904.777	**** 404.901	40.049	*** 904.847	**** 404.978	40.046	0.104	0.003
166	*** 904.712	**** 404.747	36.457	*** 904.765	**** 404.743	36.453	0.053	0.005
161	*** 921.719	**** 394.465	34.125	*** 921.763	**** 394.459	34.157	0.044	0.032
155	*** 982.898	**** 378.110	40.079	*** 982.917	**** 378.103	40.048	0.021	0.030
153	*** 002.765	**** 371.236	40.043	*** 002.821	**** 371.272	40.041	0.066	0.003
154	*** 002.671	**** 371.050	37.828	*** 002.735	**** 371.032	37.827	0.066	0.001
134	*** 090.669	**** 330.720	37.290	*** 090.695	**** 330.684	37.291	0.044	0
115	*** 071.144	**** 250.048	37.838	*** 071.145	**** 250.034	37.853	0.014	0.015
116	*** 071.147	**** 250.049	36.472	*** 071.152	**** 250.038	36.456	0.012	0.017
108	*** 059.611	**** 215.880	41.449	*** 059.644	**** 215.887	41.452	0.033	0.003
110	*** 062.853	**** 225.976	37.847	*** 062.861	**** 225.958	37.852	0.020	0.005
94	*** 040.747	**** 185.641	37.258	*** 040.766	**** 185.644	37.275	0.019	0.017
62	*** 014.907	**** 110.755	37.252	*** 014.906	**** 110.701	37.250	0.054	0.002
61	*** 010.505	**** 112.215	37.233	*** 010.490	**** 112.221	37.243	0.017	0.009
30	*** 923.962	**** 142.138	33.225	*** 923.964	**** 142.124	33.234	0.014	0.009
29	*** 917.509	**** 188.650	41.447	*** 917.563	**** 188.659	41.444	0.055	0.003
25	*** 805.991	**** 182.687	33.325	*** 806.040	**** 182.711	33.259	0.054	0.066
18	*** 754.638	**** 200.425	22.418	*** 754.629	**** 200.449	22.421	0.026	0.002
1	*** 715.024	**** 213.913	37.252	*** 715.013	**** 213.930	37.247	0.020	0.005
2	*** 719.407	**** 212.401	37.231	*** 719.411	**** 212.411	37.246	0.011	0.015
9	*** 726.013	**** 210.110	21.519	*** 726.010	**** 210.127	21.496	0.018	0.023

平面位置残差及高程位置残差的折线图如图 6-9 所示。

从表 6-6 可以看出，标定后，控制点的点云坐标与控制坐标平面误差最大为 10.4 cm，平均为 4.3 cm，高程最大误差为 11.5 cm，平均为 2.0 cm；在平面位置残差及高程位置残差的折线图中，残差的分布没有明显的规律，即不存在系统误差，主要受随机误差的影响。表 6-7 所示为 RIGEL VZ-400 激光扫描仪的标定结果。

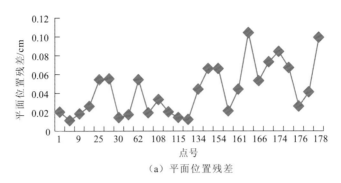

（a）平面位置残差

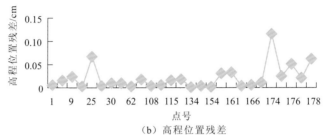

（b）高程位置残差

图 6-9　平面位置残差及高程位置残差

表 6-7　RIGEL VZ-400 激光扫描仪的标定结果

	偏移量/m			绕轴转角/（°）	
X	Y	Z	X	Y	Z
0.373 547	−1.044 195	0.368 821	−0.402 281	−0.204 639	241.175 59

表 6-7 中的标定误差为内符合精度，为了进一步验证激光扫描系统的性能和精度，在标定完成后，选择两个远离标定场的实验场地进一步验证系统的性能和精度，在两个实验场地中，分别使用全站仪由控制点出发测量了 9 个和 6 个控制点。测量完成后，使用车载移动测量系统对两个区域进行激光扫描，并将点云中得到的控制点的坐标与使用全站仪测量得到的控制点的坐标进行比较，得到残差，如表 6-8 所示。

表 6-8　激光扫描精度检校 （单位：m）

点号	点云 X	点云 Y	竣工 X	竣工 Y	X 残差	Y 残差	平面
G01	***391.327	****661.763	***391.318	****661.786	−0.009	0.023	0.025
G02	***386.132	****646.732	***386.144	****646.782	0.012	0.050	0.051
G03	***379.435	****627.301	***379.438	****627.340	0.003	0.039	0.039
G04	***376.762	****619.551	***376.757	****619.568	−0.005	0.017	0.018
G05	***370.358	****600.893	***370.325	****600.916	−0.033	0.023	0.040
G06	***352.837	****690.606	***352.852	****690.558	0.015	−0.048	0.050
G07	***348.677	****678.014	***348.624	****677.989	−0.053	−0.025	0.059
G08	***333.080	****631.661	***333.013	****631.585	−0.067	−0.076	0.101

点号	点云 X	点云 Y	竣工 X	竣工 Y	X 残差	Y 残差	平面
G09	*** 327.489	**** 615.142	*** 327.463	**** 615.085	-0.026	-0.057	0.063
D01	*** 011.723	**** 395.185	*** 011.707	**** 395.137	-0.016	-0.048	0.051
D02	*** 017.890	**** 416.578	*** 017.884	**** 416.498	-0.006	-0.080	0.080
D03	*** 018.716	**** 427.831	*** 018.710	**** 427.804	-0.006	-0.027	0.028
D04	*** 023.854	**** 449.262	*** 023.850	**** 449.200	-0.004	-0.062	0.062
D05	*** 992.667	**** 290.313	*** 992.620	**** 290.248	-0.047	-0.065	0.080
D06	*** 006.582	**** 361.864	*** 006.548	**** 361.778	-0.034	-0.086	0.092

图 6-10 为表 6-8 的 X 残差、Y 残差及平面残差的折线图。

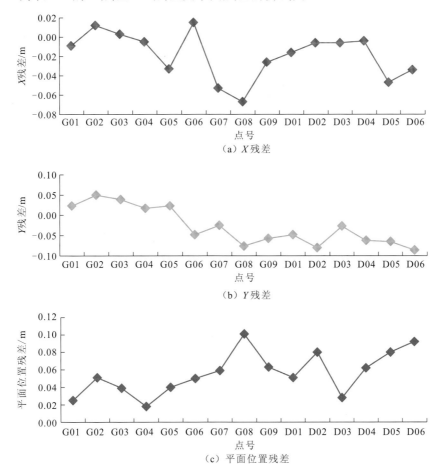

（a）X 残差

（b）Y 残差

（c）平面位置残差

图 6-10 X、Y 及平面位置残差

表 6-8 中可以看出，激光点云得到的点的平面坐标与全站仪测量得到的点的平面坐标的最大残差为 10.1 cm，平均残差为 5.6 cm，在 X 坐标残差折线图、Y 坐标残差折线图及平面位置残差折线图中，残差没有明显的规律，说明不存在系统误差，主要受随机误差的影响。

激光点云可视化是检查激光点云质量的一种强有效的工具（Vosselman，2010）。在系统完成标定前，系统对同一地物的多次数据采集可视化后常造成墙面不能重合以及地物"重影"现象，如图 6-11 所示。

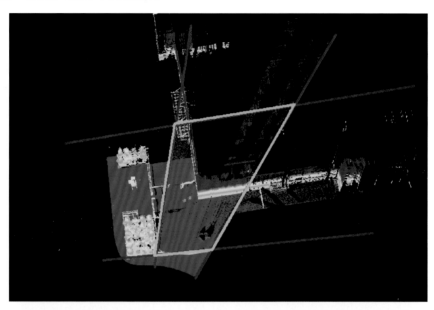

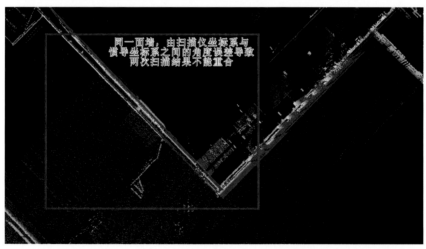

图 6-11　系统标定前激光点云的重影现象

在系统完成标定之后，墙面能够重合，"重影"现象也消失，如图 6-12 所示。

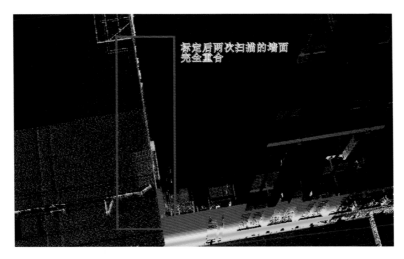

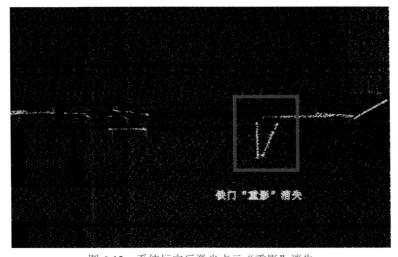

图 6-12　系统标定后激光点云"重影"消失

通过实际外业点检查和激光点云扫描重合度分析可知，对 RIGEL VZ-400 激光扫描仪进行的绝对标定方法是可行的，参数解算算法是正确的，标定后平面精度达到 5.6 cm，高程精度达到 2 cm。

6.3 二维路面激光扫描仪的绝对标定

二维路面激光扫描仪采用 RIGEL LMSQ120i 激光扫描仪，激光扫描仪架设在移动车辆系统的车尾部位，主要负责道路面数据的采集。同样，RIGEL LMSQ120i 激光扫描仪的外标定为求取 RIGEL LMSQ120i 扫描仪坐标系到惯导坐标系的转换参数。

RIGEL LMSQ120i 激光扫描仪扫描的是道路面数据，呈条带平面状，如图 6-13 所示。在该条带平面数据中，很难有足够的现存的控制点用于标定，因此刚开始，我们尝试在道路两旁布设人工控制点，如图 6-14 所示。首先，使用全站仪通过控制测量的方式测量出各三角标角点的坐标，即控制点在大地坐标系下的坐标，再使用车载移动测量系统扫描这些三角标志，得到控制点在 RIGEL LMSQ120i 坐标系下的坐标，最后通过参数解算算法解算 RIGEL LMSQ120i 激光扫描仪的外标定参数。此方法理论上可行，但在实际的标定过程中发现，由于三角标志的大小的限制以及 RIGEL LMSQ120i 激光扫描仪自身扫描精度的限制，很难在激光点云中准确地提取到三角标志的角点，因此标定效果较差。

图 6-13　RIGEL LMSQ120i 条带状道路面数据

鉴于 RIGEL LMSQ120i 激光扫描仪的标定无法像 RIGEL VZ-400 的标定那样使用房屋的角点等特征点，使用人工的三角标志标定精度又难以达到要求，因此只能另辟蹊径，寻求更巧妙的标定方法。

由于在 RIGEL LMSQ120i 激光扫描仪的机身上，存在 12 个控制点，仪器生产厂家提供这 12 个控制点在激光扫描仪坐标系下的精确坐标值，所以可以利用这些已知扫描仪坐标系下精确坐标值的控制点来完成 RIGEL LMSQ120i 激光扫描仪的绝对标定。

图 6-14　使用三角标志对 RIGEL LMSQ120i 进行绝对标定

按照前面所述的对 RIGEL LMSQ120i 标定的思路，本小节提出一种 RIGEL LMSQ120i 激光扫描仪的绝对标定流程，如图 6-15 所示。在标定过程中，可以利用自由设站的方式建立独立坐标系（以下称为自定义坐标系），测量 IMU 上控制点在该坐标系下的坐标，以及激光扫描仪上控制点在此坐标系下的坐标，如图 6-16 所示。通过特殊的控制点布设方式，IMU 上控制点在惯导坐标系下的坐标可通过 IMU 生产厂家提供的参数计算得到，又由于激光扫描仪上控制点在激光扫描仪坐标系下的精确坐标已知，通过这些控制点的坐标值即可求取标定参数。

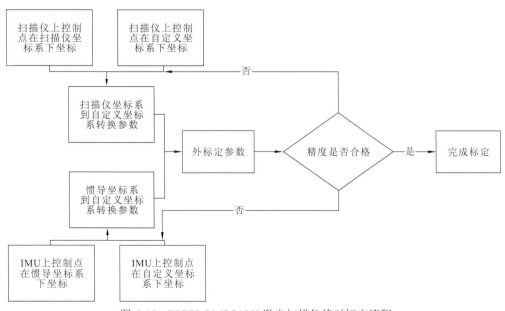

图 6-15　RIGEL LMSQ120i 激光扫描仪绝对标定流程

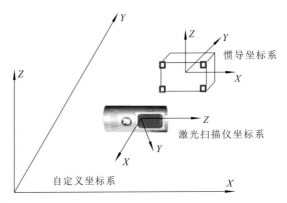

图 6-16　RIGEL LMSQ120i 激光扫描仪的标定原理

6.3.1　二维路面激光扫描仪的标定原则

对于 RIGEL LMSQ120i 激光扫描仪的标定，只需要测量激光扫描仪上控制点及 IMU 上控制点在自定义坐标系下的坐标，在自定义坐标系建立以及控制点的布设与测量过程中，应该遵循如下原则。

（1）IMU 上的反射靶标点按图 6-17 所示进行布设，即在 IMU 的 4 个角点处布设靶标，靶标要尽量与其边缘进行对齐。

图 6-17　IMU 反射靶标点示意图

（2）由于 IMU 及 RIGEL LMSQ120i 处于一个较小的车载平台中，在自定义坐标系下，一个测站可能无法测量到所有控制点的坐标，所以在自定义坐标系下，应考虑一站测量尽可能多的控制点，在一站无法测量所有控制点的情况下，换站的过程中需要严格遵守换站的相关操作规范。

（3）在控制点测量的过程中，尽量保证入射角为最小，同时尽量降低照准误差的影响。

（4）标定的精度要求较高，需保证全站仪及相关设备的测量精度，要求全站仪的测角精度优于 1″，测距精度优于 1 mm+1 ppm。

6.3.2 二维路面激光扫描仪的标定原理及标定参数解算

利用全站仪测量得到图 6-16 标定模型中的各控制点坐标后,即可利用该模型解算激光扫描仪坐标系到惯导坐标系的转换参数。测量得到的控制点数据分为两类:一类为激光扫描仪坐标系与自定义坐标系之间的"同名点",用于解算激光扫描仪坐标系到自定义坐标系之间的转换参数;另一类为自定义坐标系与惯导坐标系之间的"同名点",用于解算自定义坐标系到惯导坐标系的转换参数。

自定义坐标系与惯导坐标系的"同名点"如表 6-9 所示,由表 6-9 中的数据可求得自定义坐标系到惯导坐标系的转换参数。

表 6-9　自定义坐标系与惯导坐标系的"同名点"坐标　　　　　　　　（单位：m）

点名	自定义 X	自定义 Y	自定义 Z	惯导 X	惯导 Y	惯导 Z
IMU1	−0.779 35	−2.413 05	1.927 55	−0.075 2	−0.049 8	0.056 95
IMU2	−0.892 95	−2.414 15	1.926 10	0.042 8	−0.049 8	0.056 95
IMU3	−0.891 74	−2.414 81	1.832 51	0.042 8	−0.049 8	−0.036 65
IMU4	−0.778 15	−2.413 83	1.833 96	−0.075 2	−0.049 8	−0.036 65

自定义坐标系与激光扫描仪坐标系的"同名点"如表 6-10 所示,由表 6-10 中的数据可求得激光扫描仪坐标系到自定义坐标系的转换参数。

表 6-10　激光扫描仪坐标系与自定义坐标系的"同名点"坐标　　　　（单位：m）

点名	扫描仪 X	扫描仪 Y	扫描仪 Z	自定义 X	自定义 Y	自定义 Z
Q-120i4	−0.077 0	0	−0.270 72	−0.580 6	−1.396 5	2.119 25
Q-120i5	0.038 5	−0.066 68	−0.270 72	−0.580 95	−1.265 05	2.098 35
Q-120i6	0.038 5	0.066 68	−0.270 72	−0.578 70	−1.348 25	1.994 60

利用 RIGEL LMSQ120i 激光扫描仪的标定软件,导入自定义坐标系到惯导坐标系的转换同名点及激光扫描仪坐标系到自定义坐标系间的同名点坐标,可获得 RIGEL LMSQ120i 激光扫描仪的标定参数解算结果,如图 6-18 所示。

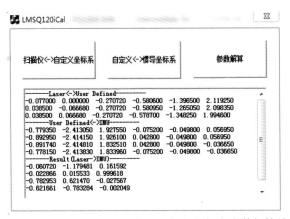

图 6-18　RIGEL LMSQ120i 激光扫描仪的标定参数解算结果

6.3.3 二维路面激光扫描仪的标定实验与结果分析

RIGEL LMSQ120i 激光扫描仪扫描的是道路面数据，对精度的要求不如 RIGEL VZ-400 高，另外 RIGEL VZ-400 激光扫描仪自身的扫描精度也比 RIGEL LMSQ120i 要高，如表 6-11 所示。因此可将 RIGEL VZ-400 的激光点云作为控制点，采用 RIGEL LMSQ120i 的点云数据与 RIGEL VZ-400 的点云数据比较的方法来检验 RIGEL LMSQ120i 的标定精度。

表 6-11　RIGEL VZ-400 与 RIGEL LMSQ120i 扫描精度对比　　　（单位：mm）

项目	RIGEL VZ-400	RIGEL LMSQ120i
精确度	5	25
重复精度	3	15

在平坦区域，通过比较 RIGEL LMSQ120i 点云与 RIGEL VZ-400 点云是否处于同一平面可检验 RIGEL LMSQ120i 点云数据的高程精度，从图 6-19 和图 6-20 中可知，RIGEL LMSQ120i 与 RIGEL VZ-400 分别扫描的相同路面的点云基本重合，因此 RIGEL LMSQ120i 扫描得到的道路面激光点云精度与 RIGEL VZ-400 激光点云的精度相当。

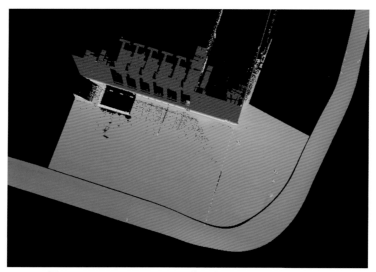

图 6-19　RIGEL LMSQ120i 点云与 RIGEL VZ-400 点云

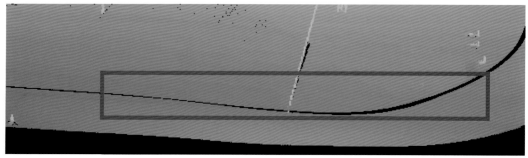

图 6-20　RIGEL LMSQ120i 数据与 RIGEL VZ-400 数据高程吻合度

通过检查一条直线处于 RIGEL VZ-400 激光点云以及 RIGEL LMSQ120i 激光点云中的两部分是否在一条直线上，能够验证 RIGEL LMSQ120i 点云的平面精度。将 RIGEL VZ-400 激光点云与 RIGEL LMSQ120i 激光点云可视化后，可看出实际地物中的一条直线在点云中的两部分仍然是一条直线，如图 6-21 所示，因此可知 RIGEL LMSQ120i 激光点云的精度较好。

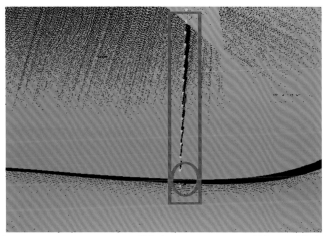

图 6-21　RIGEL LMSQ120i 数据与 RIGEL VZ-400 数据平面吻合度

6.4　无控制点车载激光扫描仪标定

本节提出一种基于点特征的无地面控制点标定方法，该方法使用车载激光扫描系统对同一场景进行多次扫描，利用同一地物多次扫描的点云需重合作为约束条件解算车载激光扫描仪的安置参数。6.4.1～6.4.3 小节介绍基于点特征无控制点外标定的思路及其数学模型和参数解算方法，6.4.4 小节设计实验并通过车载激光扫描系统采集实验数据对系统进行标定，采用控制点检核标定后系统的定位精度。

6.4.1　无地面控制点外标定原理

在理想情况下，车载激光扫描系统中不存在任何误差，则车载激光扫描系统多次对同一地物扫描的激光点云理论上完全重合，如图 6-22（a）所示，车载激光扫描系统对地物两次扫描的激光点云(红色点与绿色点代表两次扫描的激光点云)能够完全重合；在实际情况中，由于 GNSS/IMU 系统的定位定姿误差、激光扫描仪的测量误差及激光扫描仪安置参数的不准确等，激光扫描系统对地物的多次扫描结果并不能完全重合，如图 6-22（b）所示，两次扫描的地物点（红色点与绿色点）之间存在偏移。

即使车载激光扫描仪的安置参数足够精确，由于 POS 数据的位置与姿态误差（包括 GNSS/IMU 系统自身的定位定姿误差、GNSS 天线偏移量引起的误差及传感器间同步误差引起的误差等）以及激光扫描仪的测量误差等的影响，多次扫描的激光点云之间仍然

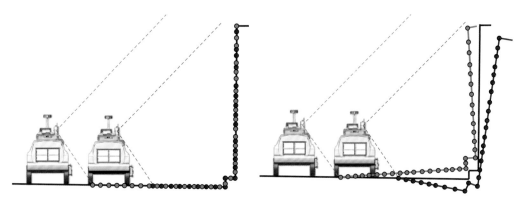

(a) 理想扫描效果	(b) 存在误差时的扫描效果

图 6-22　车载激光扫描系统理想扫描效果与存在误差时的扫描效果

难以达到理论上完全重合的状态，但是在 GNSS 信号良好的情况下，多次扫描的激光点云之间的不一致在扫描距离为 50 m 时平面和高程不一致理论上小于 2.6 cm 和 2 cm，在扫描距离为 100 m 时小于 3.9 cm 和 2.4 cm，在扫描距离为 150 m 时小于 5.4 cm 和 3 cm；而在车载激光扫描系统的安置参数存在较大误差（安置偏移误差 2 cm 及安置角误差 0.1°）时，其平面误差与高程误差远远大于相同扫描距离安置参数准确时的误差，在 50 m 扫描距离时平面误差与高程误差分别达到 11.1 cm 和 6.8 cm，在 100 m 扫描距离时达到 21.6 cm 和 12.9 cm，在 150 m 扫描距离时达到 32.2 cm 和 19.1 cm（表 6-12），即安置参数存在误差时，激光扫描系统的定位精度明显下降，且安置参数引起的定位误差在平面误差及高程误差中均占主导地位（刘华，2015），因此，图 6-22（b）中多次对同一地物扫描的激光点云不重合可认为主要是由激光扫描仪安置参数不准确引起的，故而可利用对同一地物进行多次扫描的激光点云的坐标差应接近零来解算安置参数。

表 6-12　安置偏移 2 cm 安置角误差 0.1° 时系统的定位误差　　　　　（单位：m）

扫描距离	平面误差	高程误差
5	0.033 646 9	0.025 962 3
10	0.038 398 5	0.028 180 8
15	0.045 221 7	0.031 533 4
20	0.053 327 1	0.035 701 9
25	0.062 215 7	0.040 434 9
30	0.071 596 2	0.045 556 7
35	0.081 298 6	0.050 950 2
40	0.091 220 3	0.056 537 7
45	0.101 297 0	0.062 267 0
50	0.111 486 0	0.068 102 3
55	0.121 760 0	0.074 018 6
60	0.132 099	0.079 997 8

扫描距离	平面误差	高程误差
65	0.142 488	0.086 026 9
70	0.152 918	0.092 096 1
75	0.163 380 0	0.098 197 9
80	0.173 869 0	0.104 327 0
85	0.184 381 0	0.110 478 0
90	0.194 911 0	0.116 648 0
95	0.205 456 0	0.122 834 0
100	0.216 015 0	0.129 034 0
105	0.226 586 0	0.135 245 0
110	0.237 167 0	0.141 467 0
115	0.247 756 0	0.147 698 0
120	0.258 353 0	0.153 937 0
125	0.268 957 0	0.160 183 0
130	0.279 566 0	0.166 435 0
135	0.290 181 0	0.172 692 0
140	0.300 801 0	0.178 955 0
145	0.311 425 0	0.185 221 0
150	0.322 053 0	0.191 492 0

6.4.2 外标定数学模型

假设车载激光扫描系统对同一地物点 P 进行了两次扫描，两次扫描的激光点云的定位方程如式（6-25）和式（6-26）所示。

$$\begin{bmatrix} X_{p1} \\ Y_{p1} \\ Z_{p1} \end{bmatrix} = \begin{bmatrix} X_{\text{IMU}}^1 \\ Y_{\text{IMU}}^1 \\ Z_{\text{IMU}}^1 \end{bmatrix} + \boldsymbol{R}_{\text{IMU}}^1 \left(\boldsymbol{a}_L^{\text{IMU}} + \boldsymbol{R}_L^{\text{IMU}} \begin{bmatrix} x_{p1} \\ y_{p1} \\ z_{p1} \end{bmatrix} \right) \tag{6-25}$$

$$\begin{bmatrix} X_{p2} \\ Y_{p2} \\ Z_{p2} \end{bmatrix} = \begin{bmatrix} X_{\text{IMU}}^2 \\ Y_{\text{IMU}}^2 \\ Z_{\text{IMU}}^2 \end{bmatrix} + \boldsymbol{R}_{\text{IMU}}^2 \left(\boldsymbol{a}_L^{\text{IMU}} + \boldsymbol{R}_L^{\text{IMU}} \begin{bmatrix} x_{p2} \\ y_{p2} \\ z_{p2} \end{bmatrix} \right) \tag{6-26}$$

式（6-25）和式（6-26）中，x_{p1}、y_{p1}、z_{p1} 及 x_{p2}、y_{p2}、z_{p2} 是两次扫描中 P 在激光扫描仪坐标系下的测量值，均为已知值，X_{IMU}^1、Y_{IMU}^1、Z_{IMU}^1 及 $\boldsymbol{R}_{\text{IMU}}^1$ 是第一次扫描 P 时刻 POS 的位置值及姿态值组成的旋转矩阵，X_{IMU}^2、Y_{IMU}^2、Z_{IMU}^2 及 $\boldsymbol{R}_{\text{IMU}}^2$ 是第二次扫描 P 时刻 POS 的位置值及姿态值组成的旋转矩阵，它们均为已知值，只有 $\boldsymbol{a}_L^{\text{IMU}}$ 与 $\boldsymbol{R}_L^{\text{IMU}}$ 是

未知的，即只有需要解求的激光扫描仪安置参数是未知的。

用式（6-25）减去式（6-26）则可得式（6-27），根据前文的分析，应使式（6-27）等号的左边最小。

$$\begin{bmatrix} X_{p1} - X_{p2} \\ Y_{p1} - Y_{p2} \\ Z_{p1} - Z_{p2} \end{bmatrix} = \begin{bmatrix} X_{\mathrm{IMU}}^1 - X_{\mathrm{IMU}}^2 \\ Y_{\mathrm{IMU}}^1 - Y_{\mathrm{IMU}}^2 \\ Z_{\mathrm{IMU}}^1 - Z_{\mathrm{IMU}}^2 \end{bmatrix} + \boldsymbol{R}_{\mathrm{IMU}}^1 \left(\boldsymbol{a}_L^{\mathrm{IMU}} + \boldsymbol{R}_L^{\mathrm{IMU}} \begin{bmatrix} x_{p1} \\ y_{p1} \\ z_{p1} \end{bmatrix} \right) - \boldsymbol{R}_{\mathrm{IMU}}^2 \left(\boldsymbol{a}_L^{\mathrm{IMU}} + \boldsymbol{R}_L^{\mathrm{IMU}} \begin{bmatrix} x_{p2} \\ y_{p2} \\ z_{p2} \end{bmatrix} \right) \quad (6\text{-}27)$$

6.4.3 外标定参数解算

式（6-27）中，$\boldsymbol{a}_L^{\mathrm{IMU}}$ 与 $\boldsymbol{R}_L^{\mathrm{IMU}}$ 未知，$\boldsymbol{a}_L^{\mathrm{IMU}}$ 代表三个平移参数，$\boldsymbol{R}_L^{\mathrm{IMU}}$ 是三个分别绕 X 轴、Y 轴及 Z 轴旋转的角度表示的旋转矩阵，因此式（6-27）中共有 6 个互相独立的未知数，如式（6-28）所示。

$$\boldsymbol{x} = [x_0 \quad y_0 \quad z_0 \quad \varphi \quad \omega \quad \kappa]^{\mathrm{T}} \quad (6\text{-}28)$$

本书采用 L-M 非线性优化算法解算 6 个标定参数。L-M 非线性优化算法通过迭代获得一组非线性方程的最小平方和，其数学模型见式（6-29）。

$$F(x) = \frac{1}{2} \sum_{i=1}^m (f_i(x))^2 \quad (6\text{-}29)$$

$f_i(x)$ 是一组非线性方程，L-M 算法寻找一组 x^*，使得 $F(x)$ 最小。

使用 6.4.1 小节中的标定模型，可使式（6-27）等于式（6-29）等号右边部分，如式（6-30）所示。每个点对可组成 3 个方程，若有 n 个点对，即可组成 $3n$ 个方程，通过 L-M 算法求得最优解 $\boldsymbol{x}^* = [x_0^* \quad y_0^* \quad z_0^* \quad \varphi^* \quad \omega^* \quad \kappa^*]^{\mathrm{T}}$

$$f(x) = \begin{bmatrix} X_{\mathrm{IMU}}^1 - X_{\mathrm{IMU}}^2 \\ Y_{\mathrm{IMU}}^1 - Y_{\mathrm{IMU}}^2 \\ Z_{\mathrm{IMU}}^1 - Z_{\mathrm{IMU}}^2 \end{bmatrix} + \boldsymbol{R}_{\mathrm{IMU}}^1 \left(\boldsymbol{a}_L^{\mathrm{IMU}} + \boldsymbol{R}_L^{\mathrm{IMU}} \begin{bmatrix} x_{p1} \\ y_{p1} \\ z_{p1} \end{bmatrix} \right) - \boldsymbol{R}_{\mathrm{IMU}}^2 \left(\boldsymbol{a}_L^{\mathrm{IMU}} + \boldsymbol{R}_L^{\mathrm{IMU}} \begin{bmatrix} x_{p2} \\ y_{p2} \\ z_{p2} \end{bmatrix} \right) \quad (6\text{-}30)$$

6.4.4 标定实验与结果分析

1. 实验设计

根据 6.4.1 小节中的标定原理可知，本书中的标定方法需要使用车载激光扫描系统对同一场景进行多次扫描，场景中需要有较多的易于提取的点特征，用于标定及用于标定后的系统精度检核，同时，该场景需保证在车载激光扫描系统数据采集过程中 GNSS 信号良好。

为满足上述需求，本实验中选择一道路一侧有小楼房，另一侧无高大地物遮挡 GNSS 信号的场景进行两次扫描，道路一侧的房屋可提供用于标定的特征点及用于检核的控制点，如图 6-23 所示，图中红色线及绿色线代表两次扫描的行驶路线，箭头代表行驶方向。

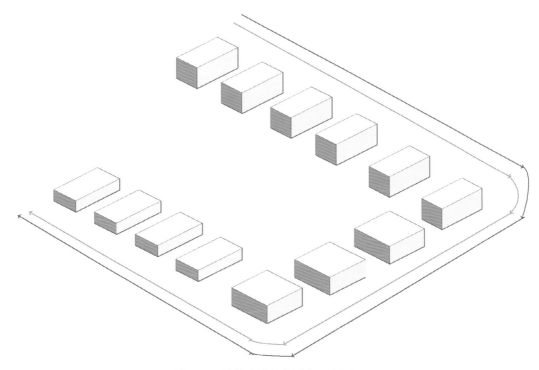

图 6-23 设计实验数据采集示意图

为了检核标定后系统的定位精度，在场景中选择一定量的房屋角点，使用全站仪测量其三维坐标，如图 6-24 所示。

图 6-24 三维控制场中的控制点

2. 实验数据采集

1）数据采集系统

数据采集系统采用自主集成的车载激光扫描系统，该系统中集成一台 RIGEL VZ-400 激光扫描仪，一台 NovAtel SPAN-SE（LCI 惯导）组合定位定姿系统，它们的技术参数如表 6-13 和表 6-14 所示。系统集成后，实验中使用的车载激光扫描系统如图 6-25 所示。

表 6-13　SPAN-SE（LCI）技术参数

参数	大小
定位精度	1 cm+1 ppm
陀螺仪零偏/(°/h)	<1.0
陀螺仪尺度因数/ppm	100
陀螺仪角度随机游走/(°/$\sqrt{h}$)	<0.05
加速度计零偏/mGal	<1.0
加速度计尺度因素/ppm	250

表 6-14　RIGEL VZ-400 激光扫描仪参数

参数			长距离模式	高速模式
激光发射频率/kHz			100	300
有效测量速率/(次/s)			42 000	122 000
最大测距/m	自然目标反射率	$\rho>90\%$	600	350
		$\rho>20\%$	280	160
回波次数			无限次	
精确度/mm			5	
重复精度/mm			3	

图 6-25　实验中使用的车载激光扫描系统

2）数据采集过程

POS 数据使用差分后处理的方式进行解算，因此在数据采集过程中需要使用 GNSS 接收机作为基站采集静态观测数据。为了提高 POS 数据处理的精度，在正式开始激光数据采集前，需要在 GNSS 信号良好的区域完成 POS 系统的初始化。

（1）GNSS 基站。

在标定场附近已知精确坐标的控制点上架设 GNSS 接收机进行静态观测，作为 POS 数据后处理中的基准站数据参与差分解算，以提高 POS 数据的精度。基站接收机在观测过程中需保证 GNSS 信号良好，并在车载激光扫描系统开始获取源数据之前开始数据采集，在获取完毕之后再结束基站接收机的数据采集。

（2）POS 系统初始化。

GNSS 基站架好后，将车辆在 GNSS 信号良好的区域静止 5 min，以完成 POS 系统的初始化。然后，可让车载机载激光扫描系统绕 8 字行驶或在平直且 GNSS 信号良好的道路上行驶一段距离（至少大于 1 km），提高 POS 系统的初始化的精度。

（3）点云数据采集。

车载激光扫描系统进入标定场进行激光点云数据采集，系统以稳定速度（15～20 km/h）围绕标定场行驶，对标定场进行多次扫描，结束后，系统在信号良好的区域再次静止 5 min，以利于 POS 数据后处理软件进行逆向解算，从而提高 POS 数据的解算精度。

3）数据采集结果

按照实验设计，使用车载激光扫描系统对标定场景进行了两次扫描，数据采集过程中系统的行驶轨迹如图 6-26 所示。

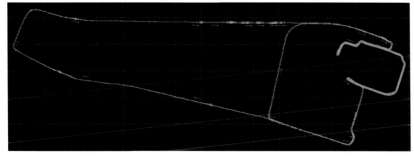

（a）完整行驶轨迹

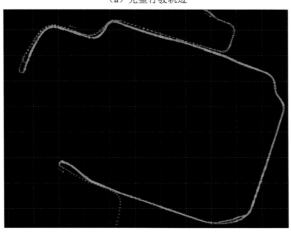

（b）用于标定的数据所在区域的轨迹

图 6-26　数据采集过程中车载激光扫描系统行驶轨迹

使用估计的激光扫描仪安置参数（表 6-15）对激光点云进行解算，激光点云效果如图 6-27 所示，图中为两次扫描的激光点云按高程渲染的效果，图 6-28 为图 6-27 中三个拐角处的放大效果，从图中可以明显看出，两次扫描的激光点云不能重合，存在明显的不一致。

表 6-15　初始估计激光扫描仪安置参数

X 偏移/m	Y 偏移/m	Z 偏移/m	绕 X 轴转角/(°)	绕 Y 轴转角/(°)	绕 Z 轴转角/(°)
0.247	−1.294	0.399	0	0	150

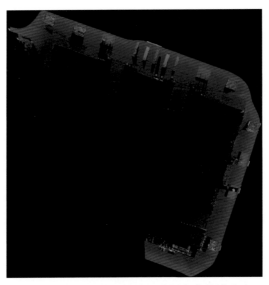

图 6-27 使用估计参数解算的标定场景内的激光点云

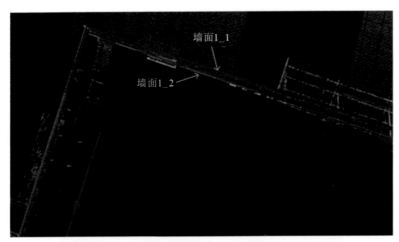

（a）拐角墙面1点云分层情况

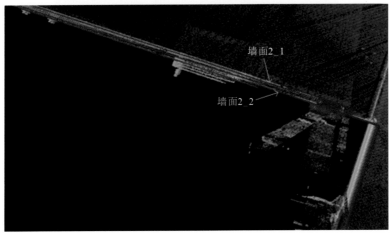

（b）拐角墙面2点云分层情况

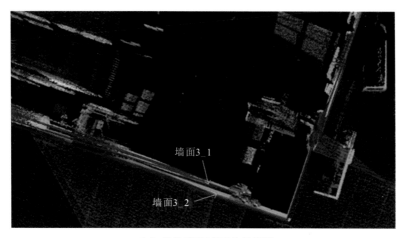

（c）拐角墙面3点云分层情况

图 6-28　使用估计外标定参数解算的点云局部放大图

3. 安置参数解算

使用估计的安置参数（安置参数初值，如表 6-15 所示），对两次扫描的激光点云进行解算，解算后的激光点云的局部放大图如图 6-28 所示，图 6-28（a）中的墙面 1_1、墙面 1_2 为同一堵墙面，（b）中的墙面 2_1、墙面 2_2 为同一堵墙面，（c）中的墙面 3_1、墙面 3_2 为同一堵墙面，由于点云中存在误差，两次扫描的墙面不重合，根据前文的分析，此处墙面的不重合可认为是由安置参数不准确引起的。

在解算的两次扫描的点云中获得同一目标点的点云坐标，使用 6.4.1 小节中的标定模型与参数解算方法对车载激光扫描系统进行标定，在解算的过程中不使用任何控制点。

标定后的激光扫描仪安置参数如表 6-16 所示。

表 6-16　标定后激光扫描仪安置参数

X 偏移/m	Y 偏移/m	Z 偏移/m	绕 X 轴转角/(°)	绕 Y 轴转角/(°)	绕 Z 轴转角/(°)
0.247	−1.294	0.399	0.186 701 2	−0.213 696 1	150.977 3

由于本书中使用的 RIGEL VZ-400 激光扫描仪为三维激光扫描仪，其激光扫描仪坐标系原点在其技术文档中明确指出，通过全站仪能够精确测量出激光扫描仪坐标系原点在惯导坐标系中的偏移量，因此本书中使用全站仪测量的安置偏移参数并在解算中固定该参数。

4. 标定精度检核

将两次扫描的激光点云叠加在一块目视检查它们之间的一致性是一种简单直观的精度检查方法，图 6-28 为标定前的点云的局部放大图，（a）中的墙面 1_1、墙面 1_2 为同一堵墙面，（b）中的墙面 2_1、墙面 2_2 为同一堵墙面，（c）中的墙面 3_1、墙面 3_2 为同一堵墙面，它们之间存在明显的偏移和不一致。图 6-29 为使用标定后的激光扫描仪安置参数解算的两次扫描的激光点云叠加后，在相同区域的局部放大显示效果，与

图 6-28 相比，图 6-29 在图中的放大尺度上两次扫描的激光点云的一致性较好，肉眼基本上看不出两次扫描激光点云墙面之间的偏移，从直观上可知，使用书中的标定方法提高了车载激光点云的精度。

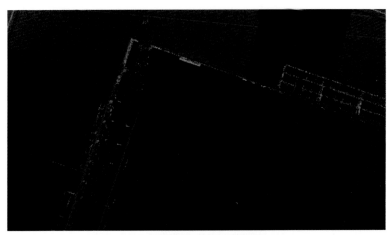

（a）拐角墙面 1 点云无明显偏移

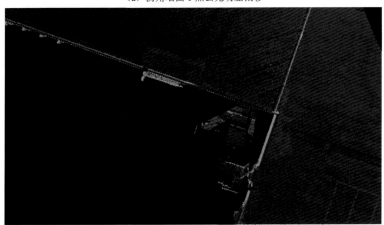

（b）拐角墙面 2 点云无明显偏移

（c）拐角墙面 3 点云无明显偏移

图 6-29　标定后两次扫描激光点云叠加显示效果

为了定量检验标定后车载激光点云的精度，使用标定场中的三维控制点作为检核点，检核标定后车载激光点云的精度。为保证检核点在激光点云中能够被识别，在数据采集时将激光扫描仪的扫描角度分辨率设置为最高（本书使用数据扫描时的角度分辨率为 0.002 4°，即在 100 m 处扫描方向的激光点云的间隔为 5 mm）同时将车速降低（本书使用数据扫描时的车速约为 5 km/h）。通过比较检核点的三维坐标与车载激光扫描系统所获取点云对应点的坐标可以更加客观可靠地评定标定的精度指标。表 6-17 列出了使用车载激光扫描系统及控制点的坐标的比较结果，表中点云 X、点云 Y、点云 Z 指通过车载激光扫描系统获得的检核点的 X、Y、Z 坐标，全站 X、全站 Y、全站 Z 指通过全站仪测量得到的检核点的 X、Y、Z 坐标，dx、dy 及 dz 是相应的点云坐标减去全站坐标的差值，平面误差通过式（6-31）计算得到。

$$dp = \sqrt{dx \cdot dx + dy \cdot dy} \tag{6-31}$$

从表 6-17 中可以计算得到，平面误差的均值为 7 cm，高程误差绝对值的均值为 2 cm。

表 6-17 车载激光点云精度评定结果 （单位：m）

点号	点云 X	点云 Y	点云 Z	全站 X	全站 Y	全站 Z	dx	dy	dz	平面
178	*** 797.92	**** 431.49	37.27	*** 797.90	**** 431.43	37.26	0.02	0.06	0.01	0.06
177	*** 801.55	**** 430.27	22.32	*** 801.52	**** 430.19	22.31	0.03	0.08	0.01	0.09
163	*** 915.04	**** 401.79	41.40	*** 914.96	**** 401.77	41.44	0.08	0.02	-0.04	0.08
165	*** 904.92	**** 405.01	40.09	*** 904.85	**** 404.98	40.05	0.07	0.03	0.04	0.08
161	*** 921.83	**** 394.45	34.16	*** 921.76	**** 394.46	34.16	0.07	-0.01	0	0.07
159	*** 963.11	**** 380.19	34.15	*** 963.12	**** 380.21	34.15	-0.01	-0.02	0	0.02
158	*** 972.94	**** 381.80	41.41	*** 972.94	**** 381.80	41.43	0	0	-0.02	0
155	*** 982.94	**** 378.01	40.05	*** 982.92	**** 378.10	40.05	0.02	-0.09	0	0.09
134	*** 013.02	**** 368.07	41.46	*** 012.99	**** 368.02	41.44	0.03	0.05	0.02	0.06
93	*** 037.43	**** 175.90	37.26	*** 037.43	**** 175.99	37.29	0	-0.09	-0.03	0.09
94	*** 040.76	**** 185.55	37.34	*** 040.77	**** 185.64	37.28	-0.01	-0.09	0.06	0.09
62	*** 014.82	**** 110.60	37.26	*** 014.91	**** 110.70	37.25	-0.09	-0.1	0.01	0.13

5. 标定结果分析

为了避免建筑物对 GNSS 信号的遮挡，在数据的采集过程中，车载激光扫描系统尽量远离建筑物，本实验中，检核控制点的扫描距离约为 100 m。本书实验所用系统激光扫描距离为 100 m 时的理论平面定位精度为 3.9 cm，理论高程定位精度为 2.4 cm，理论定位三维误差为 4.6 cm，该系统使用本书的标定方法标定后，使用控制点检核的结果平面误差的均值为 7 cm，高程误差绝对值的均值为 2 cm，三维误差为 7.2 cm。

标定后，系统的高程定位精度与理论定位精度相当，平面定位精度比理论定位精度略差。

6.5 车载全景影像与激光点云联合标定

6.5.1 全景相机的内标定

车载激光扫描与全景成像城市测量系统的全景相机由 8 台面阵 CCD 相机构成，在每个采样时刻同步控制系统控制 8 个 CCD 相机同时曝光，获取同一场景不同视角的 8 张面阵 CCD 影像，然后通过全景拼接处理得到 360° 视场的全景影像。由于全景成像系统的 8 台 CCD 相机为非量测工业相机，其成像存在较大的成像畸变，而成像畸变会对影像与点云配准的精度及影像量测建模的精度产生影响，需要使用畸变参数对影像进行畸变矫正；另外，相机的内方位元素（主点、焦距）也是影像解析处理的必要元素。因此需要对单台面阵 CCD 相机进行内标定，以确定每个镜头的内方位元素和畸变系数。本节采用张正友提出的平面标定法（Zhang，2000）进行相机的内标定。

1. 平面标定原理和流程

张正友在文献（Zhang，2000）中提出一种介于传统标定方法和自标定方法之间的平面标定法。该方法采用平面标定装置，利用旋转矩阵的正交性，求出摄像机参数并通过投影误差最小准则进行优化。它既避免了传统标定方法设备要求高、操作烦琐等缺点，又比自标定方法的精度高、鲁棒性好（李云翔，2009）。该方法主要步骤如图 6-30 所示。

图 6-30　张正友算法流程图

图 6-31 是张正友平面标定法示意图，物方标定合作目标是平面的，因此可假设其 Z 坐标为 0，物方坐标的原点可以随意假设（一般取棋盘某个角点为坐标系原点）。利用光线相交，建立每个棋盘角点的物方坐标和平面图像坐标的约束关系。

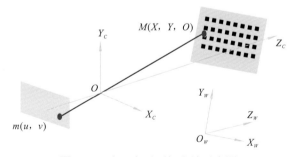

图 6-31　张正友平面标定法示意图

全景相机内标定的实验器材为平面棋盘格标定板，如图 6-32 所示。该标定板使用复合基材，表面呈漫反射，边长为 40 cm×30 cm。标定棋盘格阵列数为 12×9，每个棋盘格尺寸大小为 30 mm×30 mm，点位精度为 0.2 mm。

图 6-32　复合材料棋盘格标定板

采用车载全景影像系统管理软件，对每个镜头环绕拍摄棋盘影像。采集标定影像时，需要满足以下条件。

（1）光照条件。拍摄过程中要保证光照均匀，尽量避免太阳直射所引起的逆光拍摄。

（2）图像几何条件。标定图像面之间不能平行，因为在平行的情况下，多视图提供的几何约束将变弱甚至消失，在实际操作中，要尽量以不同的视角来进行"环绕"拍摄。

（3）标定板成像大小。为了能够为图像的整个区域进行畸变建模，需要保证标定板在图像中所占像幅的大小，标定板至少需要占据图像的一半以上区域。

（4）标定图像张数。用于标定的图像一般以 8～12 张为宜，若当前标定使用的图像不能获得稳定、精确的标定参数，则需要删除质量不好的标定图像，并增加新的图像。

获取的影像图如图 6-33 所示。

图 6-33　标定原图像

完成标定影像的采集后，将影像导入自主开发的相机内参数标定软件进行标定。影像内标定软件的主界面如图 6-34 所示，对标定影像进行棋盘格角点提取，角点提取的效果图如图 6-35 所示。

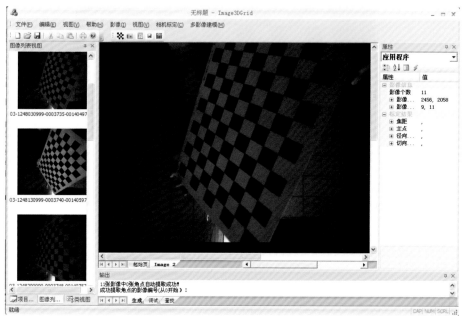

图 6-34　影像内标定软件主界面

图 6-35　图像棋盘格角点提取

2. 内标定结果及精度分析

为了验证本节内标定算法的稳定性，对每台 CCD 相机进行内标定时，选择不同张数的标定图像进行多次标定实验，以 6 号相机为例，多次标定实验标定结果的统计值如表 6-18 所示。

表 6-18　多次标定实验标定结果统计　　　　　　　　　　　　　　　　（单位：像素）

张数	焦距		主点		径向畸变/($\times 10^{-2}$)		切向畸变/($\times 10^{-4}$)		中误差
	f_x	f_y	$x0$	$y0$	$k1$	$k2$	$p1$	$p2$	
24	1 461.30	1 460.96	1 211.58	1 048.92	−3.62	5.80	−6.87	1.47	0.39
21	1 460.96	1 460.49	1 211.54	1 049.28	−4.03	6.29	−6.00	1.54	0.37
19	1 460.87	1 460.40	1 211.39	1 049.17	−4.03	6.26	−6.01	1.54	0.35
17	1 460.49	1 460.13	1 211.60	1 049.52	−4.07	6.35	−6.22	1.72	0.34
15	1 460.42	1 460.10	1 211.67	1 049.44	−4.11	6.43	−6.70	2.02	0.33
13	1 461.08	1 460.52	1 211.53	1 048.50	−4.51	7.35	−7.86	2.30	0.32
11	1 460.73	1 460.23	1 211.38	1 048.43	−4.47	7.27	−8.29	2.26	0.31
9	1 459.91	1 459.51	1 211.49	1 049.09	−4.60	7.52	−8.11	2.13	0.30
7	1 459.84	1 459.37	1 211.02	1 048.81	−4.62	7.31	−8.25	2.03	0.29

为描述标定结果的稳定性，统计各个参数在多次标定实验中的中误差，如表 6-19 所示。其中，多次标定实验焦距的中误差在0.5像素左右，而主点的中误差也在0.4像素以内，由此可以说明标定的参数稳定性较高，得到的结果较为可靠。

表 6-19　多次标定实验标定参数的中误差　　　　　　　　　　　　　（单位：像素）

项目	焦距		主点		径向畸变/($\times 10^{-2}$)		切向畸变/($\times 10^{-4}$)	
	f_x	f_y	$x0$	$y0$	$k1$	$k2$	$p1$	$p2$
中误差	0.504	0.498	0.192	0.386	0.339	0.628	0.981	0.326

由表 6-18 的最后一列可以看出，各次标定的点位中误差都比较小，多次实验的平均点位中误差为0.33 像素，满足标定要求中精度内符合在 1 像素内的设定。另外随着图像张数的变化，标定精度在很小范围内波动，这同样也说明了该标定算法稳定性强。

采用上述的标定算法依次对全景成像系统的 8 个 CCD 相机进行内标定，其标定结果如表 6-20 所示。

表 6-20　单台面阵 CCD 相机的标定结果　　　　　　　　　　　　　（单位：像素）

相机号	焦距		像主点		径向畸变/($\times 10^{-2}$)		切向畸变/($\times 10^{-4}$)	
	f_x	f_y	$x0$	$y0$	$k1$	$k2$	$p1$	$p2$
1	1 459.11	1 459.76	1 000.27	1 227.45	−3.02	4.49	6.19	−9.47
2	1 460.74	1 461.27	1 019.71	1 219.31	−4.32	6.69	−11.35	−1.23
3	1 450.24	1 453.64	1 018.79	1 230.42	−3.69	5.51	−9.17	1.99
4	1 465.15	1 468.08	1 019.34	1 221.15	−3.17	4.27	5.23	−2.21
5	1 453.18	1 454.59	1 010.37	1 223.92	−1.84	2.62	−8.63	−11.32
6	1 458.30	1 458.22	1 006.09	1 210.66	−3.69	5.00	4.03	3.80
7	1 468.88	1 471.16	1 002.33	1 216.16	−5.02	6.98	−3.08	−3.30
8	1 459.36	1 460.34	1 002.63	1 212.83	−3.74	6.19	−11.69	−3.46

6.5.2 激光点云与全景影像的高精度配准

1. 配准方案

全景影像外标定是为了恢复影像拍摄瞬间相机在WGS84坐标系下的位置与姿态，经过外标定的全景影像能与WGS84坐标系下同一场景的激光点云进行"套合"，即实现全景影像和点云的配准。在全景拼接时，全景影像与单张面阵CCD影像间的映射关系可精确得到；激光扫描仪坐标系与惯导坐标系之间的转换关系可通过建立高精度标定控制场解算激光扫描传感器与惯导坐标系的相对位置得到，而惯导坐标系与WGS84坐标系间的转换关系可由POS数据插值。因此，若能获取单张面阵CCD影像在激光扫描仪系统坐标系下外方位元素，则可实现车载全景影像与WGS84坐标系下激光点云的高精度配准。由于车载移动测量系统中，车上的主要传感器（激光扫描仪、全景相机、POS系统）被固定在刚性平台上，其相对位置关系保持不变，而且相关研究中车载系统所采用的RIGEL VZ-400扫描系统能够支持在同一扫描坐标系下的移动二维线扫描及静态三维全景扫描两种工作模式，因此可利用RIGEL VZ-400在车载系统保持静止状态下的三维全景扫描数据作为全景CCD标定的控制点。本书全景影像与激光点云的配准方案如图6-36所示。

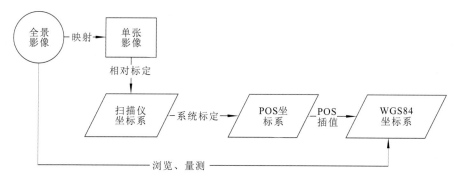

图6-36　全景影像与激光点云的配准方案

2. 全景影像与单张CCD影像间的映射

设面阵CCD影像 $I_m(m=1,2,\cdots,8)$ 上任意像点 A 的像素坐标为 (i,j)，其对应于全景影像上的点的球面坐标用 (θ,φ,r) 表示，其中 θ 为水平旋转角，φ 为俯仰角，r 为球体半径，则全景坐标和单张面阵CCD影像的像素坐标转换公式为

$$\begin{cases} i = \dfrac{W}{2} - r \cdot \cot(\beta - \theta) \\ j = \dfrac{H}{2} + r \cdot \dfrac{\sin\varphi}{\cos\varphi \cdot \sin(\beta - \theta)} \end{cases} \tag{6-32}$$

式中：β 为相机光轴绕垂直轴 Y 轴的旋转角度，对于相机 I_m 而言，$\beta = 45 \times (m-1)$；W 和 H 分别为面阵CCD影像 I_m 的长度和宽度。根据全景影像上任意一点的球面坐标 (θ,φ,r)，由式（6-25）可确定它所对应的单张面阵CCD影像上的像点坐标，进而可建立全景和单片像素间的映射关系。

3. 激光扫描坐标系下单片外标定

根据上述分析，为了达到车载点云与全景影像的高精度配准，其核心步骤在于将 8 个 CCD 相机与激光点云在激光扫描仪坐标系下进行配准，即获取相机在扫描仪坐标系下的外方位元素。

首先需要选择合适的标定场景，在场景中布设靶标，靶标需分布均匀，且要在深度方向上有丰富的变化。调整车载系统至合适位置及方向，并在系统静止条件下依次利用 8 个 CCD 相机获取标定场景影像，并且扫描获得标定场景的激光扫描数据。获取标定数据后，在每张影像和其对应的点云数据中，手动选取 4 个以上的控制点，得到其对应的图像坐标 (x, y) 及激光扫描坐标系下的激光点坐标 (X, Y, Z)，结合内标定所获取的相机内方位元素 (x_0, y_0, f) 和畸变参数，由共线方程：

$$\begin{cases} x - x_0 - \mathrm{d}x = -f \dfrac{a_1(X - X_S) + b_1(Y - Y_S) + c_1(Z - Z_S)}{a_3(X - X_S) + b_3(Y - Y_S) + c_3(Z - Z_S)} \\ y - y_0 - \mathrm{d}y = -f \dfrac{a_2(X - X_S) + b_2(Y - Y_S) + c_2(Z - Z_S)}{a_3(X - X_S) + b_3(Y - Y_S) + c_3(Z - Z_S)} \end{cases} \tag{6-33}$$

式中：$\mathrm{d}x$、$\mathrm{d}y$ 分别为像点在 x、y 方向的畸变改正量；X_S、Y_S、Z_S 分别为 CCD 相机在扫描仪坐标系下的位置 $\boldsymbol{T}_{CL}$ 的三个分量，而 a_i、b_i、$c_i (i = 1, 2, 3)$ 则构成旋转矩阵 $\boldsymbol{R}_{CL}$ 的 9 个元素，即

$$\boldsymbol{R}_{CL} = \begin{bmatrix} a_1 & a_2 & a_3 \\ b_1 & b_2 & b_3 \\ c_1 & c_2 & c_3 \end{bmatrix}$$

由共线方程列出对应的误差方程，即可求得 CCD 相机与激光扫描仪的相对标定参数。

4. 全景影像和点云在 WGS84 坐标系下的配准

设某物方点 P 在全景影像上成像并同时获得其激光点数据。由全景和单片的映射关系，可以获取该点在对应单张影像的像空间坐标系下的坐标 $(X_C \quad Y_C \quad Z_C)^{\mathrm{T}}$。利用上文中标定获取的 8 个 CCD 相机与激光扫描仪相对位姿关系 $\boldsymbol{T}_{CL}$、$\boldsymbol{R}_{CL}$，则该点在单片像空间坐标系与激光扫描仪坐标系的转换关系描述如下：

$$\begin{bmatrix} X_C \\ Y_C \\ Z_C \end{bmatrix} = \boldsymbol{R}_{CL} \left(\begin{bmatrix} X_L \\ Y_L \\ Z_L \end{bmatrix} - \boldsymbol{T}_{CL} \right) \tag{6-34}$$

式中：$(X_L \quad Y_L \quad Z_L)^{\mathrm{T}}$ 为该点在激光扫描仪坐标系下的坐标。通过系统标定激光扫描仪坐标系与惯导坐标系的转换关系 $\boldsymbol{T}_{LP}$、$\boldsymbol{R}_{LP}$，已知惯导坐标系下点的坐标为 $(X_P \quad Y_P \quad Z_P)^{\mathrm{T}}$，则由激光扫描仪坐标系到惯导坐标系转换关系为

$$\begin{bmatrix} X_P \\ Y_P \\ Z_P \end{bmatrix} = \boldsymbol{R}_{LP} \begin{bmatrix} X_L \\ Y_L \\ Z_L \end{bmatrix} + \boldsymbol{T}_{LP} \tag{6-35}$$

惯导坐标系与 WGS84 坐标系之间的转换关系 $\boldsymbol{T}_{PW}^t$、$\boldsymbol{R}_{PW}^t$ 是与时间相关的变量，可

以根据影像获取的时间由 POS 数据插值得到。记点在 WGS84 坐标系下的坐标为 $(X_W \quad Y_W \quad Z_W)^{\mathrm{T}}$，则两个坐标系之间的转换关系为

$$\begin{bmatrix} X_W \\ Y_W \\ Z_W \end{bmatrix} = \boldsymbol{R}_{PW}^t \left(\begin{bmatrix} X_P \\ Y_P \\ Z_P \end{bmatrix} \right) + \boldsymbol{T}_{PW}^t \tag{6-36}$$

式（6-34）、式（6-35）、式（6-36）分别描述了激光扫描仪坐标系、惯导坐标系、WGS84 坐标系之间的转换关系。将影像和激光点云进行配准就是要获得二者在 WGS84 坐标系下的转换关系。这里考虑的激光点云已经转换到了 WGS84 坐标系下，若设单片的像空间坐标系与 WGS84 坐标系的转换矩阵为 $\boldsymbol{R}_{CW}$、$\boldsymbol{T}_{CW}$，则两坐标系下的点满足下式：

$$\begin{bmatrix} X_C \\ Y_C \\ Z_C \end{bmatrix} = \boldsymbol{R}_{CW} \left(\begin{bmatrix} X_W \\ Y_W \\ Z_W \end{bmatrix} - \boldsymbol{T}_{CW} \right) \tag{6-37}$$

根据矩阵推导可求得

$$\boldsymbol{R}_{CW} = \boldsymbol{R}_{CL} \boldsymbol{R}_{CW}^{-1} \tag{6-38}$$

$$\boldsymbol{T}_{CW} = \boldsymbol{T}_{LW} + \boldsymbol{R}_{LW} \boldsymbol{T}_{CL} \tag{6-39}$$

其中，

$$\boldsymbol{R}_{LW} = \boldsymbol{R}_{PW}^t \boldsymbol{R}_{LP} \tag{6-40}$$

$$\boldsymbol{T}_{LW} = \boldsymbol{R}_{PW}^t \boldsymbol{T}_{LP} + \boldsymbol{T}_{PW}^t \tag{6-41}$$

将式（6-40）、式（6-41）代入式（6-38）、式（6-39），即可计算出 $\boldsymbol{R}_{CW}$ 和 $\boldsymbol{T}_{CW}$。在已知单片与全景影像映射关系条件下，即可实现全景影像与激光点云的配准。

5. 配准结果与分析

由前述标定原理和流程可知，全景影像和激光点云在 WGS84 坐标系下的配准最核心的环节是单个 CCD 相机与激光扫描仪的相对标定，这一步标定的精度对最终的基于配准的量测效果起到决定性影响。采用上一节中的方法获取标定数据，实验场景为某会展中心的选定建筑，8 台相机的标定结果如表 6-21 所示。

表 6-21 单台面阵 CCD 相机与 RIGEL VZ-400 扫描仪间的转换关系

相机编号	平移矩阵			旋转矩阵		
1	$\boldsymbol{T}_{CL}^1$	1.204 5	$\boldsymbol{R}_{CL}^1$	-0.551 191 580	-0.834 348 590	0.007 090 523
		-0.253 2		-0.018 165 208	0.003 503 5712	-0.999 828 860
		0.507 3		0.834 180 960	-0.551 226 050	-0.017 087 254
2	$\boldsymbol{T}_{CL}^2$	1.108 3	$\boldsymbol{R}_{CL}^2$	-0.979 561 560	-0.200 936 640	0.009 144 764
		-0.314 8		-0.010 854 810	0.007 410 1998	-0.999 913 630
		0.525 0		0.200 851 520	-0.979 576 210	-0.009 439 876
3	$\boldsymbol{T}_{CL}^3$	0.955 4	$\boldsymbol{R}_{CL}^3$	-0.837 345 120	0.546 470 660	0.014 932 317
		-0.385 8		-0.017 615 365	0.000 329 129	-0.999 844 780
		0.470 4		-0.546 390 750	-0.837 478 190	0.009 350 685

相机		平移矩阵			旋转矩阵	
4	T_{CL}^4	0.984 0	R_{CL}^4	−0.219 785 040	0.975 509 100	0.008 748 413 6
		−0.219 7		−0.015 410 830	0.005 494 744	−0.999 866 150
		0.527 7		−0.975 426 590	−0.219 890 450	0.013 825 742
5	T_{CL}^5	0.946 2	R_{CL}^5	0.550 912 070	0.834 562 350	0.001 254 780 3
		−0.123 4		−0.011 866 932	0.009 336 957 6	−0.999 885 990
		0.521 4		−0.834 478 920	0.550 834 370	0.015 047 537
6	T_{CL}^6	1.057 4	R_{CL}^6	0.973 944 640	0.226 405 300	−0.013 132 850
		−0.039 1		−0.014 588 434	0.004 757 055 4	−0.999 882 270
		0.560 2		−0.226 316 170	0.974 021 570	0.007 936 007 3
7	T_{CL}^7	1.105 6	R_{CL}^7	0.841 880 790	−0.539 552 810	−0.010 931 265
		−0.109 7		−0.007 805 453	0.008 079 493 9	−0.999 936 900
		0.500 4		0.539 607 080	0.841 912 990	0.002 590 516 5
8	T_{CL}^8	1.258 8	R_{CL}^8	0.212 925 760	−0.970 467 80	−0.006 496 970 7
		−0.127 6		−0.011 434 456	0.004 157 221	−0.999 925 980
		0.501 5		0.977 001 470	0.212 984 280	−0.010 286 819

以 3 号相机为例，对全景影像和点云在激光扫描仪坐标系下的配准参数进行精度检验。在该相机和激光点云的相对标定过程中，分别在影像和点云中提取了对应的 9 个靶标点，其中 7 个靶标点作为控制点平差解算标定参数，将另外两个靶标点作为检核点检验标定精度，坐标残差统计如表 6-22 所示。

表 6-22　平差解算的残差　　　　　　　　（单位：像素）

点号	点类型	x 残差	y 残差	点位误差
tp001	控制点	−1.14	−1.76	2.10
tp002	控制点	−0.46	−1.09	1.18
tp003	控制点	0.83	0.59	1.02
tp004	控制点	0.39	1.74	1.78
tp005	控制点	0.64	−1.67	1.79
tp006	控制点	0.17	2.14	2.15
tp007	控制点	−0.11	0.30	0.32
tp008	检核点	−0.60	0.70	0.92
tp009	检核点	0.54	−1.44	1.54

由表 6-22 可知，平差解算后控制点的点位均方差为 1.48 像素，检核点的点位残差也在 1.6 像素以内，标定参数的精度高，能满足相关应用的要求。在激光扫描仪坐标系下，3 号相机影像与激光点云的配准结果如图 6-37 所示。

图 6-37　3 号相机影像与激光点云的配准结果

　　获得单个 CCD 相机和激光扫描仪的标定参数后，在已知全景与单片的映射关系以及激光扫描仪坐标系与 POS 坐标系相对关系的情况下，经过 POS 数据插值，即可实现全景影像和激光点云在 WGS84 坐标系的配准，配准效果如图 6-38 所示。通过实地布设地物标志点对本书的配准精度进行验证，测得在平均距离为 42 m 时配准精度为 7.8 cm。

图 6-38　车载点云与全景影像配准后的结果

　　配准参数精确标定后，通过将全景影像数据和三维激光点云数据进行融合处理，得到具有真实颜色信息的地物点云，效果如图 6-39 和图 6-40 所示。

图 6-39　与影像融合后的激光点云数据

图 6-40　与影像融合后的激光点云数据局部放大图

　　由实验可以看出，融合数据在保留激光点云数据特性的前提下，道路边线、道路标识、路灯等清晰可辨，路旁绿化带的颜色逼真，建筑物墙面的纹理真实感也非常强。

　　综上可得本书车载全景影像与激光点云联合标定方案是有效可行的，能使车载全景影像和激光点云数据进行高精度的配准，将两种数据进行有效的关联，充分结合激光扫描点的几何优势和全景影像的纹理细节优势，可使二者在城市目标量测、地物分类识别与三维建模等方面发挥更大的优势。

>>>>>> 第 **7** 章

移动测量系统典型应用

移动测量系统的快速发展和技术创新，已经使其成为测绘地理信息领域中不可或缺的工具。随着系统性能和数据处理能力的增强，移动测量系统（MMS）在多种工程和科研应用中展现出其独特的价值。本章将详细介绍车载移动测量系统的研究成果、工作流程及一系列典型工程化应用案例，通过对移动测量系统在多种实际应用中潜力和效果的案例，为读者提供对移动测量系统实际应用的深入理解，以及如何将这些技术应用于解决具体测绘地理信息问题的认识。

7.1 车载移动测量系统研究成果

车载移动测量系统研究成果可分为硬件系统和软件系统，硬件系统是指集成了大量前沿仪器设备的车载数据采集系统，软件系统是指一系列硬件控制、数据管理和数据处理软件。

7.1.1 硬件系统集成成果

根据车载移动测量系统的不同应用要求，可以有不同的设计及采用不同功能的传感器。车载移动平台集成不同类型和功能的多种传感器以适应不同测绘及信息采集目标的需要。

1. 面向城市测绘的移动测量系统

车载三维激光与全景影像智能测量系统如图 7-1 所示，该系统集成了高精度 IMU、双频 GPS、车轮编码器、8 台摄像头全景相机、RIGEL VZ-400 和 RIGEL LMS-Q120i 激光扫描仪等仪器设备，对作为移动平台的车辆进行了改装，并通过自主研发的集成控制系统，形成了完整、稳定、相互适应的硬件系统。

图 7-1　车载三维激光与全景影像智能测量系统

2. 面向空间信息采集与发布的移动测量系统

面向空间信息采集与发布的移动测量系统集成了 SPAN-CPT 惯性定位定姿系统、车轮编码器、7 台摄像头全景相机、3 台激光扫描仪等仪器设备。该系统是一个系列，可以满足不同城市区域及不同作业条件下城市空间信息采集的需求，包括不同车载平台（小型机动车辆、非机动车辆）空间信息采集系统及背包空间信息采集系统。车载空间信息采集系统如图 7-2 所示。

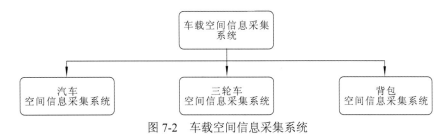

图 7-2　车载空间信息采集系统

汽车空间信息采集系统可方便进入主干道进行作业，采集数据速度快、精度高、信息量大，如图 7-3 所示。

图 7-3　汽车空间信息采集系统

便捷的三轮车空间信息采集系统主要是适用于城市里的小巷、公园、自然风景区、学校、名胜古迹等汽车测量系统无法抵达的地方，如图 7-4 所示。

图 7-5 所示背包空间信息采集系统主要在未通行车辆的环境下采集空间数据，如步行街、商业街、景区及室内数据采集。

图 7-4　三轮车空间信息采集系统　　　　图 7-5　背包空间信息采集系统

3. 基于立体摄影测量的移动测量系统

立体摄影测量采集车如图 7-6 所示，该系统集成了 3 对立体测量相机、3 台激光扫描仪、1 台摄像机、GPS/INS 惯性定位定姿系统。

图 7-6　立体摄影测量采集车

基于立体摄影测量移动采集车主要用于道路资产管理、数字部件普查及数字城市管理系统构建，如图 7-7 所示。基于立体摄影测量的高级辅助驾驶地图采集系统车辆安装如图 7-8 所示。基于立体摄影测量的高级辅助驾驶地图采集系统界面如图 7-9 所示。

基于立体摄影测量的高级辅助驾驶地图采集系统除用于导航地图采集外，还可以用于道路资产数字化数据采集。

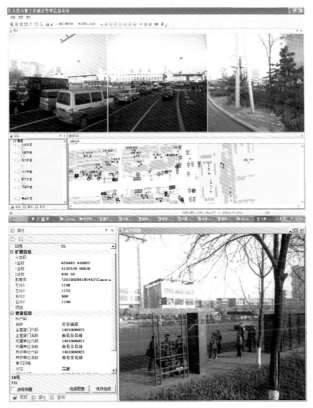

图 7-7 数字城市管理系统及数字部件普查

图 7-8 高级辅助驾驶地图采集系统车辆安装

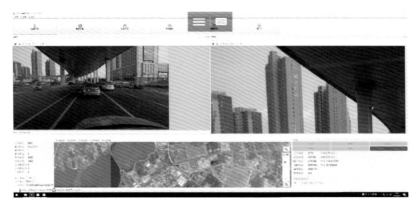

图 7-9 高级辅助驾驶地图采集系统界面

4. 多平台激光扫描移动测量系统

相较纯车载移动测量系统，多平台激光扫描移动测量系统更具作业灵活性和场景适应性，因此多平台激光扫描移动系统更受到用户的欢迎。研究开发的多平台激光扫描移动测量系统（图 7-10），以移动搭载平台的方式，满足不作业环境下测绘地理信息数据采集的需求。

图 7-10　多平台激光扫描移动测量系统主机和全景套件

多平台激光扫描移动测量系统主要部件为 RIEGL VUX-1LR222D 激光扫描仪、NovAtel 公司的 718D 多频、多星座双天线 GNSS 板卡、Honeywell HG4930 惯性导航系统、FLIR Ladybug5+全景相机、集成控制单元、存储单元及供电单元，是一套高性能的移动测量系统，主要技术指标如下。

扫描距离：1 845 m

测距精度/重复精度：15 mm/5 mm

扫描角度：360°

扫描线数：200 线/s

激光测量频率：150 万点/s

回波次数：15 次

角度分辨率：0.001°

GNSS 测量频率：5 Hz

IMU 测量频率：600 Hz

后处理位置精度：水平 0.01 m，高程 0.02 m

后处理姿态精度：0.005°/0.005°/0.010°

面阵相机：分辨率 4 500 万像素，焦距 21 mm/35 mm

全景相机分辨率：单相机 500 万像素，全景照片 3 000 万像素

系统测量精度：平面 5 cm，高程 5 cm（距离 150 m）

多平台激光扫描测量系统车载工作模式如图 7-11 所示。

图 7-11　多平台激光扫描移动测量系统车载工作模式

多平台激光扫描移动测量系统重量较轻，只需利用车辆标准的行李架就可以安装，为调节方便，都配有专用设计的车顶伸缩支架。在车辆通行道路环境和城市内街道环境，部件级实景三维主要以车载工作模式完成采集。

旋翼无人机已经成为重要的移动测量载体平台，在非飞行限制区域，旋翼无人机搭载多平台激光扫描移动测量系统主机和面阵相机或者倾斜相机作业（图 7-12），雷达主机和相机挂载于无人机机腹，飞行速度为 5～10 m/s，在高精度测绘时飞行高度为 100～200 m。系统能快速地获取高精度三维点云和高分辨率影像数据，后处理可以得到正射影像、地形、三维模型等成果。

图 7-12　旋翼无人机工作模式

旋翼无人机飞行速度、飞行高度和飞行时长都比较短，如果需要进行大面积地形测绘，常常用垂直起降固定翼无人机搭载多平台激光扫描移动测量系统进行作业，雷达主机和相机安装在垂直起降固定翼无人机机腹内（图 7-13 和图 7-14），飞行速度可以达 20 m/s 以上，飞行高度一般在 200 m 以上，飞行时长可达 100 min，单次作业面积可达 30 km² 以上。

图 7-13　垂直起降固定翼无人机工作模式

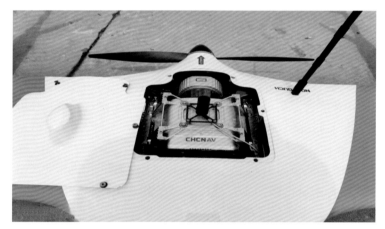

图 7-14　激光雷达主机安装在垂直起降固定翼无人机机舱内

在无人机飞行受限的水域，激光雷达可以安装在各类船体上（图7-15），进行河道、湖库、海岸扫描测量。需要注意的是，如果在狭窄的河道中，由于船舶体型较大、航速较慢，需要规划好测量路线，以便对 GNSS/IMU 进行有效初始化，且 GNSS/IMU 融合处理选用海洋（marine）模式，否则测量精度会降低，数据出现较大分层现象。

图 7-15　船载工作模式

在很多作业环境下，如不能通行车辆且无人机飞行受限，为保证数据的全域覆盖，需引入背包测量模式（图 7-16）。在背包测量模式下，人工背负设备在作业区按照规划的路线行走，完成该区域的修补测。由于人工背负移动测量系统行走，行走速度低、姿态不稳定，会导致 GNSS/IMU 解算效果比较差，需要注意尽量在卫星信号良好的区域行走，在 GNSS 数据解算的时候采用行人（pedestrian）模式，且解算点云的时候，限制测量距离，以控制误差。

图 7-16　背包工作模式

7.1.2　软件研发成果

软件系统主要可分为 5 个部分：车载系统标定软件、车载系统控制软件、激光点云数据预处理软件、全景影像数据处理软件和点云数据处理成图软件。这 5 个部分软件融合于车载立体影像采集系统的应用过程中，是硬件系统和数据成果能够用于测绘生产实践的必要工具和重要支撑。

1. 车载系统标定软件

车载系统标定软件是用于求取车载系统上各传感器自身坐标系到大地坐标系之间转换参数的一系列工具软件。该系列软件的内部算法是 6.2 节和 6.3 节标定原理的直接体现，包含 RIGEL VZ-400 扫描仪自身自定义坐标系到大地坐标系之间的转换参数计算、RIGEL LMS-Q120i 扫描仪直接标定转换参数计算、全景相机中单个相机归算到 RIGEL VZ-400 扫描仪自身坐标系和全景相机进一步整体归算到大地坐标系的转换参数计算等几个部分。

硬件系统受作业环境、气候、温度，甚至生产特殊需要影响，各设备在车载平台上的位置会发生改变，每隔一段时间或有项目需求时，需要重新进行标定，确保点云的精度。通过开发该套软件，将复杂艰深的标定技术和标定运算过程简化，直接输入在标定场测得的标定点高精度坐标，即可获得实际生产所需的一整套坐标转换参数，实现流程化作业。项目实施过程中进行了多次标定实验，并利用标定结果进行了测图实验，结果表明，该软件采用算法合理、计算结果可靠、使用简易方便，可以用于日常测绘作业。

2. 车载系统控制软件

车载系统控制软件是专门为了操作员在车辆内部操控车载系统各仪器设备，使其符合测绘作业需要所研发的一系列软件。它包括 IMU+GPS 控制软件、RIGEL VZ-400 扫描仪和 RIGEL LMS-Q120i 扫描仪控制软件、全景相机控制软件。

IMU+GPS 控制软件主要负责查看和管理 GPS 信号、IMU 初始化和采集时的状态和数据记录情况。RIGEL VZ-400 扫描仪控制软件主要负责数据采集时的扫描仪配置及设定，如扫描模式、扫描角度、扫描状态、数据存储路径和命名等。RIGEL LMS-Q120i 扫描仪控制软件主要负责数据记录、数据存储路径和命名、扫描状态等。全景相机控制软件主要负责相机配置集的设置、相机影像的预览、色调调整、亮度调整、白平衡设置、采集时的同步触发控制、数据的存储路径、数据记录等。

这些软件为硬件设备的使用和维护保养提供可视化的人机交互界面，是操作员进行测绘作业时的基本工具（图 7-17）。它既避免了部分车载系统过于"傻瓜"的操作界面，导致设备的适应性和应用性下降，又防止了车载系统仅有少数研发人员或专业人员才能掌握复杂的参数设置，导致系统难以推广生产。从项目实验和实际生产来看，该部分软件能够顺利地完成人机交互，可以满足操作员的各类需求。

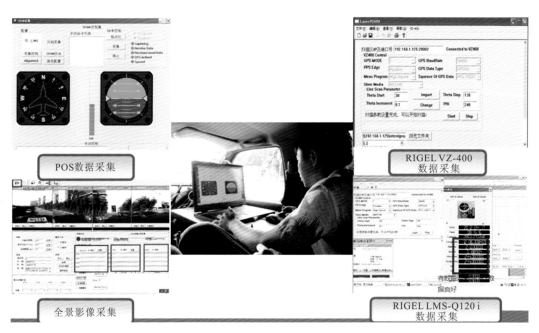

图 7-17　车载系统数据采集及控制软件

3. 激光点云数据预处理软件

在点云进入生产之前，需要进行 POS 数据解算、点云坐标赋值、拼接合并、分割分块、点云抽稀等预处理工作，以保证点云可以实现"所见即所得"的功能，这部分功能就需要一系列预处理软件来实现。

GPS 提供车载系统的位置信息，IMU 提供车载系统的姿态信息，加入车轮编码器辅助信息，三者联合解算出很高精度的车辆行迹线。根据 GPS 对激光扫描仪和全景相机进行授时，确定任一时刻激光扫描仪和全景相机相对于 GPS 和 IMU 的位置关系，根据标定参数，对每一个激光点进行坐标赋值。由于计算机软硬件性能限制，数据文件不可过大；为方便实际测绘成图和三维建模需要，原本某些不同数据文件下的点云必须合并到一起，原本同一文件下的点云必须进行单独操作，需要提供点云分割、合并和抽稀功能。在车载系统"走停"模式下，不同测站之间利用对靶标球高精度扫描来进行点云的相对定向和绝对定向，形成整体数据，这是点云用于生产之前最为重要的预处理内容。

数据预处理是为了将最原始的外业记录数据处理成可以进行测绘生产的点云数据，是内外业之间的桥梁。简单易用、满足需要的预处理软件是项目成果进行生产应用的重要组成部分。

4. 全景影像数据处理软件

全景影像的主要作用是提供真实可靠的纹理、色彩信息，辅助激光点云进行测绘成图。全景影像数据处理软件是将单个相机拍摄的影像进行拼接，并与激光点云进行高精度匹配。

全景影像实际由 8 张单个相机采集的影像拼接而成，8 个相机各自有不同的标定参数来建立与激光扫描仪之间的联系，继而定位到绝对坐标系中，但拼接时需要归化到统一的投影中心，投影到同一个球面坐标系中。同时拼接时需要进行同名点匹配和平差计算。为使每个全景影像能以便于操作和易于理解的方式与激光点云在数据处理软件中进行展示和辅助测图，还需要将之转换到"全景球"的形式。这些数据处理工作，均需要由全景影像数据处理软件完成。

全景影像为激光点云的高效成图和三维建模提供了充分的参考信息，是人机交互激光点云处理时必要的辅助数据，为此开发软件也具有重要的实践意义和实用价值。

5. 点云数据处理成图软件

点云数据处理成图软件 VR_CityScene 是按相关项目要求开发的一套基于三维激光扫描点云数据进行城市测绘工作的点云数据处理系统，它是激光点云测绘作业最核心、最重要的应用软件。VR_CityScene 吸取了目前流行的各类商用激光点云处理软件的优点，在此基础上进行了充分的研发，主要分为数据管理功能区和数据处理功能区，能够浏览和管理海量激光点云数据，具备与现有 CAD 平台测绘软件对接的二三维绘图、三维建模功能，是目前国内唯一特别为城市测绘工作定制的、可以投入实践测绘生产的、具有自主知识产权的激光点云数据处理软件。

VR_CityScene 软件目前已能够应用于城市部件普查、城市规划竣工测量、土方量测量、公路检验、三维建模等领域，并且还在不断进行新功能新模块的开发研制，以期能够适用于多领域的需求。

7.2 多平台激光雷达系统作业流程

随着移动测量系统在效率、精度、测量范围等方面性能的不断提升及相关技术理论的发展，其在大规模城市信息采集、城市部件级实景三维、道路勘测、全景发布及应急与灾害等领域得到广泛应用。尽管在不同的工程应用时，数据处理流程会有所差异，但总体而言，移动测量系统工作的基本流程一般包含测量任务规划、外业数据采集、内业数据处理，总体框架如图7-18所示。

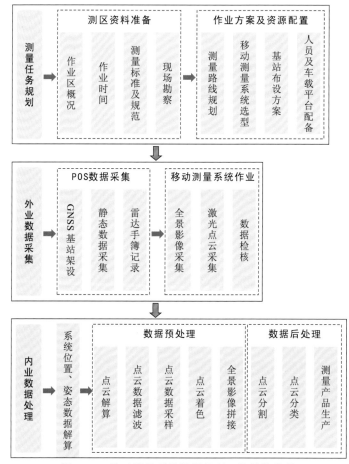

图 7-18 移动测量系统数据处理工作总体流程

7.2.1 多平台激光雷达测量系统概述

多平台激光雷达系统，不同于车载移动测量系统，它既可搭载于固定翼、多旋翼等无人机平台，又可安装在汽车上，实现车载移动测量，同时还可以安装在船、背包、电瓶车等多种载体上，实现一机多用、效益最大化。

以华测导航的 AU1300 激光雷达系统为例，其集成了长距离/高精度/高速扫描仪、多频多星座双天线GNSS板卡、高精度MEMS惯性导航系统、高分辨率全景相机、高分辨率全画幅相机。激光发射频率可达 $1.5×10^6$ 点/s，绝对精度优于 5 cm，360° 视场角，可以配合多平台载体使用，实现一机多用，场景适应性强。

7.2.2 测量任务规划

1. 测区资料准备

1）作业区域概况

在进行数据采集前，首先根据项目计划提前准备作业区域的资料，信息来源可包括现有的底图资料、天气预报及卫星预报等资料，所需要了解的情况主要包括以下几个方面。

（1）位置：包括作业区域的范围、地形、交通情况等信息。

（2）天气情况：包括作业区 1～2 天内的雨水、光照、雾气等情况，这些均会对全景影像质量及激光测量效果造成影响。除了应避开雨水和大雾天气，在城市两侧具有高建筑的街道作业区还应避免强光照引起的影像阴影覆盖大、色调差异大等问题。

（3）GNSS 预报：GNSS 可见卫星数量是影响 GNSS 定位结果精度的重要因素，为了提高移动测量系统所采集数据的精度，在进行数据采集前，对采集当天的可见卫星数进行预报，选择可见卫星数多的时间段进行数据采集，提高数据质量。

（4）作业时间窗口：应该尽量避开冰雪较多的冬季，防止雪层覆盖而导致的目标特征不完整或丢失，以及因路面湿滑而导致的安全作业问题。

2）作业时间

作业时间需要根据作业区情况来进行划定，主要包括天气情况及 GNSS 卫星预报情况。图 7-19 所示为某地某一天截止高度角为 15° 时一天 24 h 可见的 GPS+GLONASS 卫星数，从图中可知，15:00～18:00 的可见卫星数较少，在进行作业时间规划阶段，要避免在这个时间段安排数据采集。

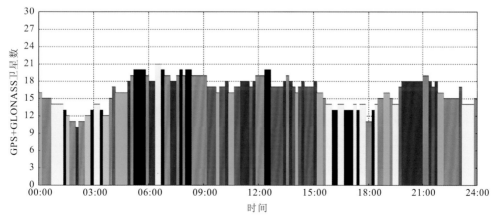

图 7-19　GNSS 卫星预报

3）测量标准及规范

在移动测量任务的规划和实施过程中，明确引用和严格遵循相关规范有助于降低误差和风险。规范通常包含了各个环节的技术要求、操作规程和质量控制标准，可以有效降低人为误差和系统风险。另外，通过规范的引用，能够确保任务执行的技术路径是被广泛验证和认可的，从而提高测量结果的可信度。最后，实际测量任务中可能涉及多个团队、机构或部门的协同合作，规范作为共同遵循的基准，有助于各方明确任务要求。

激光雷达作业可参考的规范有：

CH/T 2009—2010《全球定位系统实时动态测量（RTK）技术规范》

CH/T 8024—2011《机载激光雷达数据获取技术规范》

CH/T 8023—2011《机载激光雷达数据处理技术规范》

CHT 9008.3—2010《基础地理信息数字成果 1∶500、1∶1 000、1∶2 000 数字正射影像图》

GB/T 20257.1—2017《国家基本比例尺地图图式　第 1 部分：1∶500　1∶1 000　1∶2 000 地形图图式》

DB 33/T 552—2014《1∶500 1∶1000 1∶2000 数字地形图测绘规范》

CH/T 5004—2014《地籍图质量检验技术规程》

GB/T 13923—2022《基础地理信息要素分类与代码》

GB/T 39608—2020《基础地理信息数字成果元数据》

GB/T 24356—2023《测绘成果质量检查与验收》

CH/T 1001—2005《测绘技术总结编写规定》

4）现场勘察

测区踏勘和资料收集的主要工作是对测区有一个大致的了解和观察，确保测量工作的顺利开展。应防止出现测量不完整、数据不准确或是作业人员和仪器设备在危险区域作业，造成事故等情况的发生。踏勘时可采集一些测区的照片或是携带同区域大比例尺影像图，对测量路线、激光扫描方案进行预先粗略规划。主要包括以下内容：①了解实际区域与计划区域、范围、地形是否符合；②了解初步现有方案是否符合现场实际情况；③了解现场的天气、风力、人流情况、干扰、高点位置等；④根据踏勘情况调整或更改作业方案，安排外业采集流程、人员分工，预估外业时间，并将情况报告给项目经理。

5）项目成果要求

测量精度：按照 1∶500 比例尺地形测量规范要求。

坐标系统：CGCS2000 坐标系、大地高。

提交成果：点云数据、地面点数据、DEM、地形图。

2. 作业方案及资源配置

1）测量路线规划

飞行航线设计：根据数据精度要求及测区实地地形勘察情况确定安全飞行高度，

并根据数据重叠率设计合理航宽，并结合飞机有效航时确定最终航线（图7-20）。

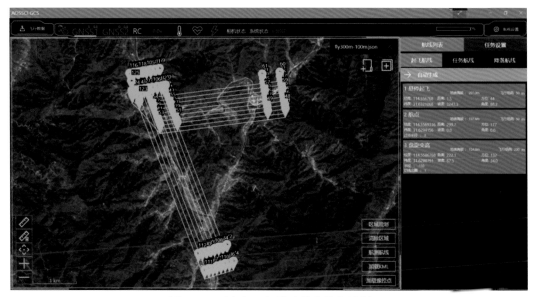

图 7-20 无人机飞行模式作业航线规划

车载或背包路线规划：根据测区范围及道路情况确定测量路线（图7-21），保证以最少的重复线路获取完整的测区数据，提高作业效率。对车载移动测量而言，需要根据点密度要求确定行车速度。

图 7-21 车载或背包路线规划

2）基站布设方案

在 GNSS 动态差分定位中，随着移动站与基准站的距离增加，移动站的定位精度会降低，因此，为了提高移动测量系统的 POS 定位精度（GNSS 定位精度达到厘米级），需要在已知点（按 GNSS 测量规范测量得到）架设基站。基准站的架设可参考《全球定位系统实时动态测量（RTK）技术规范》（CH/T 2009—2010）图根点测量规范，移动站与基准站的最大距离一般控制在 7 km 以内，因此在进行大范围长距离的作业时，需要在沿线每隔 15 km 左右布设一个基准站。

3）人员及测量装备配备

在进行移动测量任务前，合理配置作业人员并进行详细的移动测量系统准备与检查是保证任务顺利进行和数据质量可控的关键步骤，不同的测量系统可能需要具备不同专业背景和技能的操作人员。另外，无人机、汽车等测量系统载体的准备与检查是确保测量设备正常运行的关键环节，包括但不限于设备状态、动力系统、通信设备及电源系统等方面，以确保设备在任务执行期间能够稳定运行，并且获得准确可靠的测量数据。

7.2.3 外业数据采集

1. GNSS 基站架设

在移动测量系统作业过程中，需要将雷达的 POS 系统与外部参考站的数据进行同步观测，并在测量完成后联合解算。解算的精度与 GNSS 观测条件、IMU 测量精度、GNSS 基站观测条件、GNSS 基站与移动站距离、GNSS 基站架设的已知点坐标精度等有关。作业前，GNSS 基站（图 7-22）以静态观测模式在雷达 POS 数据开始采集之前提前几分钟开启，并于雷达 POS 数据采集完毕后延迟几分钟关闭。

图 7-22　GNSS 基站架设

2. 设备安装

（1）车载模式安装：作业人员需要在汽车上安装行李支架，然后将激光雷达置于车载平台上，将车载平台整体再安装到汽车的行李支架上，保证螺丝拧紧。车载平台配备有全景相机，相机拍照一般需要按照距离触发，就需要另外安装车轮编码器，如图 7-11 所示。

（2）机载模式安装：按照操作规范进行无人机的安装，包括机臂、脚架、电池、地面站等；一般选择空旷位置进行安装，必要时地面进行铺垫；在安装好之后不能立即通电，需等其他设备安装完成。然后，作业人员将激光雷达安装至无人机上，需要时可让人协助抬起无人机再安装设备；安装时需要保护设备，确保螺旋和销栓紧固后再放手；如需安装正射相机，可先将相机安装至激光雷达上，再将激光雷达整体安装于无人机上。旋翼无人机和垂直起降固定翼无人机安装分别见图 7-12 和图 7-13。

（3）背包模式安装：作业人员需要在背包支架上安装激光雷达及天线，保证相关螺丝拧紧，安装方式及作业照片见图 7-16。

3. 数据采集

设备安装并检查后通电，采用移动测量系统的数据采集软件 CoCapture 进行数据采集，数据主要包括激光点云数据、全景数据、GNSS 数据与惯性导航数据。在无人机工作模式下，利用遥控端操控激光雷达主机进行数据采集，数据主要包括激光点云数据、高分辨率正射/倾斜相机数据、GNSS 数据与惯性导航数据，手持遥控器控制端采用数传技术，最大控制范围达 8 km，可实时显示激光状态、照片信息、剩余内存等信息。图 7-23 为移动测量系统主机手持遥控端界面。图 7-24 为手持遥控端参数设置。

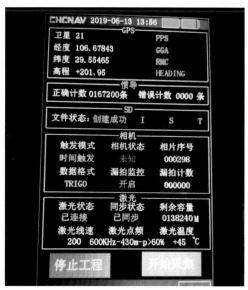

图 7-23　移动测量系统主机手持遥控端界面

采集操作如下。

（1）参数设置：对雷达相机、线速度、点频、扫描角度进行设置。

（2）点击"开始工程"，进行 GPS、IMU 数据采集。为了确保数据精度，激光雷达系统需静止 1~3 min 采集足够的静态历元，便于进行后差分解算减小误差。此时应保证设备绝对静止，并保证地面 GNSS 基站的静态采集已经开始。

（3）点击"开始采集"，进行激光、相机数据采集。待雷达正常采集数据时，即可执行无人机飞行操作。

（4）点击"关闭采集"，为了防止数据冗余，可在无人机执行完航线之后，用手持端提前关闭激光、照片采集。

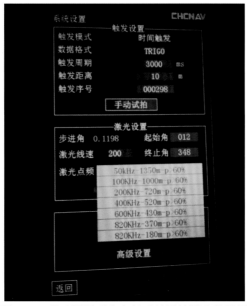

图 7-24　移动测量系统主机手持遥控端参数设置

（5）点击"关闭工程"。无人机平稳落地后，为了确保数据精度，激光雷达系统仍需静止 1～3 min 采集足够的静态历元，便于进行后差分解算减小误差。

4. 数据检核及拷贝

外业采集结束后，对各项数据的完整性进行检查，可用拷贝程序自动对数据进行拷贝（图 7-25），并对各类数据自动创建相关文件夹。原始数据主要包括以下几种：①GNSS 基准站数据，为基站观测得到的 GNSS 数据；②定位定姿（POS）数据，主要包括移动站 GNSS 数据与惯性导航数据；③激光数据，为激光扫描仪扫描数据；④影像数据，即相机拍摄的照片。

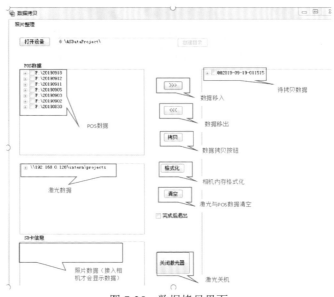

图 7-25　数据拷贝界面

7.2.4 数据预处理

1. 原始数据结构说明

数据文件夹界面如图 7-26 所示。

名称	修改日期	类型	大小
BASE	2017/6/30 16:47	文件夹	
CCD	2017/6/30 16:47	文件夹	
LAS	2017/6/30 16:47	文件夹	
PARA	2017/6/30 16:47	文件夹	
POST	2017/6/30 18:56	文件夹	
ROVER	2017/6/30 16:47	文件夹	
SYNC	2017/6/30 16:47	文件夹	
TRACE	2017/6/13 15:35	文件夹	

图 7-26 数据文件夹界面

由图 7-26 可知，原始数据文件夹包括以下几类。

"BASE"文件夹存放基站数据（RINEX3.02 格式），该类数据需要从基站主机中获取并转换。

"CCD"文件夹存放拍摄的照片，机载单相机放入文件夹"1"。

"LAS"文件夹存放激光扫描仪原始数据，按照扫描仪类型存入原始激光文件，如本次演示 AS300HL 需将 rxp 文件放入 RIEGL 文件夹中。

"PARA"文件夹存放参数文件，包括标定 EP 文件、dandian.txt；（分别为系统检校参数和照片 POS 文件）。

"POST"文件夹存放 Inertial Explorer 软件解算出来的 PosT 文件。

"ROVER"文件夹存放采集的 GNSS 和 IMU 数据。

"SYNC"文件夹存放 log 数据和 TRIG 数据。

"TRACE"文件夹存放采集过程中的轨迹数据。

2. 系统位姿数据解算

移动测量系统的 POS 解算指的是解求系统位置和姿态参数，位姿参数可以通过 Inertial Explorer 软件 POS 解算获得。Inertial Explorer 软件是一款强大的、可配置度高的后处理软件，可用于 GNSS、INS 数据处理，提供高精度组合导航信息，包括位置、姿态、速度等信息，Inertial Explorer 软件后处理操作步骤如图 7-27 所示。

图 7-27 Inertial Explorer 软件后处理操作步骤示意图

经过 Inertial Explorer 软件解算获得移动测量系统的轨迹数据，POS 解算结果如图 7-28 所示。移动测量系统能够直接记录测量范围内的点云数据和全景相片，但由于点云和全景影像数据量庞大，数据导入与快速可视化困难且耗时。而轨迹数据量相对较小，且能精确定位搭载平台的姿态及空间位置，因此，可以通过轨迹数据的分段管理，实现当前轨迹所对应的点云和影像的快速选择、定位和组织管理。

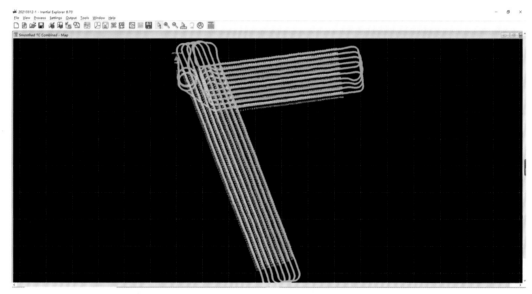

图 7-28　移动测量系统 POS 解算结果

3. 点云解算

以华测导航的 CoPre 移动测量数据预处理软件为例，数据预处理包含激光点云解析、照片整理、点云着色、全景拼接、深度图、坐标转换等步骤（图 7-29）。

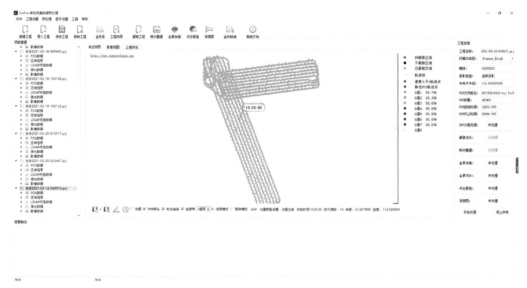

图 7-29　CoPre 移动测量数预处理界面

其中，点云解算是将激光雷达测距数据和 POS 解算的位置和姿态信息进行联合解算，得到每个激光点云的三维坐标的过程。激光扫描系统中激光扫描仪的原始扫描数据是基于激光扫描仪坐标系的，由于随着载体的移动及姿态变化，激光扫描仪坐标系的原点及坐标轴的指向在不断地变化，也即原始数据中的扫描点处于不同的坐标系中，无法直接使用，将原始的激光扫描数据可视化以后，可以看到所有的数据聚集在"一条线"或者"一个面"内。只有将激光扫描数据统一到一个坐标系统中，通常的做法是将三维激光扫描系统中的激光测量结果和位姿数据融合得到地物的大地坐标。解算后的点云效果如图 7-30～图 7-33 所示。

图 7-30　车载模式的点云

图 7-31　旋翼无人机模式的点云

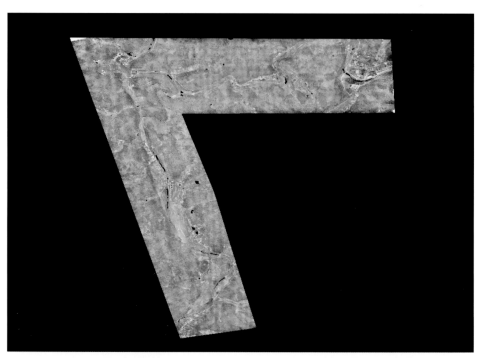

图 7-32　固定翼无人机模式的着色点云

图 7-33　背包模式的点云

7.2.5　数据后处理

在实际项目中，点云往往不是最终成果。根据不同的项目类型，需要提交的成果类型是不同的，例如地形图、DEM、DOM、道路断面、体积测量结果、三维模型等。因此，需要根据不同的成果要求对点云和影像数据进行后处理。

1. 地形测量

在地形测量应用中，最常见的数据成果就是数字高程模型（DEM）和地形图。从点云到最终的成果，往往要经过以下几个步骤（图 7-34）。

图 7-34　地形测量数据处理流程

其中，点云分类滤波是非常关键的一步。点云分类是给移动测量系统获取的每个点云或对象分配一个语义标签，将点云分类到不同的点云集，同一个点云集具有相似或相同的属性，点云分类也可以称为点云语义分割。在地形测量应用中，需要将点云进行分类滤波，仅保留地面点（图 7-35）。

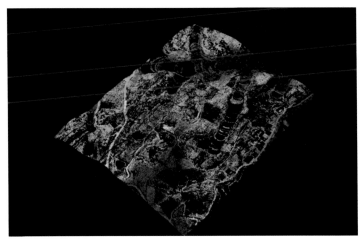

图 7-35　滤波后的地面点云

在华测导航的 CoProcess 点云后处理软件中，基于地面点数据，软件可自动构网生成数字高程模型（图 7-36）。以数字高程模型为基础，又可自动生成等高线和高程点数据，为地形图的绘制提供很大的便利。图 7-37 为地形图成果。

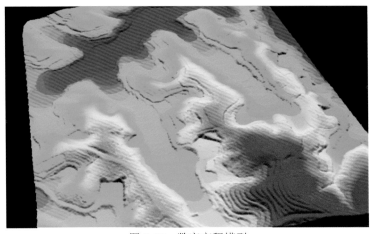

图 7-36　数字高程模型

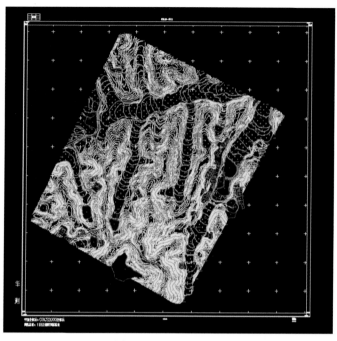

图 7-37　地形图成果

2. 道路勘测

在公路建设初期,需要对公路地形进行勘察测量。基于勘测的成果,设计人员可对公路的路线进行设计。激光雷达在道路勘测应用中,发挥了自身的特长,利用植被穿透的特点,可以获取高精度的地形成果,大大提高了道路勘测的效率。

道路勘测所需的成果是基于道路现有中线获取的横断面、纵断面数据。与地形测量应用一样,断面的提取也需要基于点云分类后的地面点数据。在华测导航的CoProcess 点云后处理软件中,基于地面点数据,软件可自动提取道路的横、纵断面,1 h 可处理 200 km 的道路数据。图 7-38 所示为道路勘测处理流程,图 7-39 所示为点云和道路横断面,图 7-40 所示为道路纵断面视图。

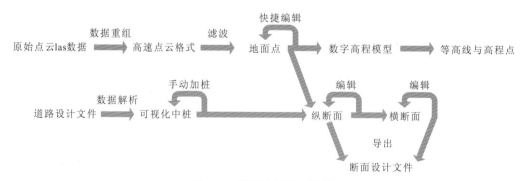

图 7-38　道路勘测处理流程

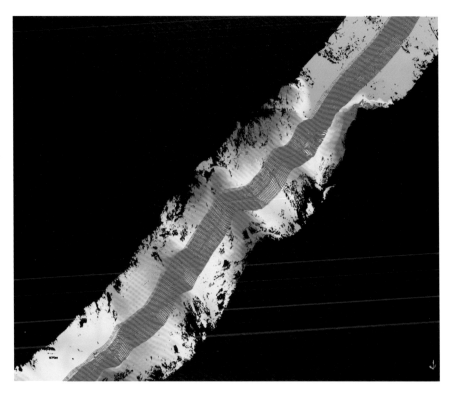

图 7-39　点云和道路横断面

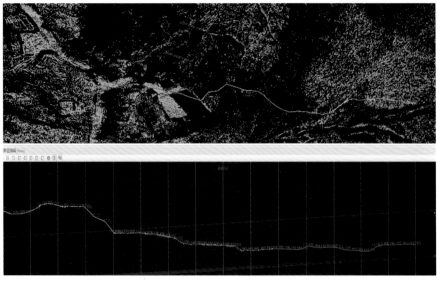

图 7-40　道路纵断面视图

3. 矿山测量

矿山测量中的体积计算是评估矿产资源储量和规划开采活动的重要环节。使用三维激光扫描技术获取矿体的点云数据，然后通过软件重建矿体的三维模型（图 7-41），最后计算模型的体积，或对比体积变化，相对于传统 RTK 测量的方式，效率提升显著。

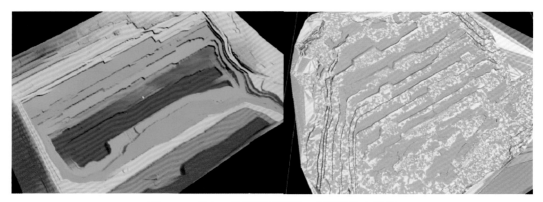

图 7-41　矿山三维模型及两期三角网填挖方计算

在华测导航的 CoProcess 后处理软件中，可基于点云数据构建三角网模型 TIN，基于 TIN 可以计算得到堆体的体积，也可对多期数据进行对比，获取体积的变化量。矿山测量流程如图 7-42 所示。

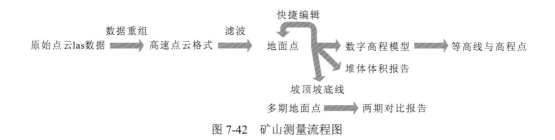

图 7-42　矿山测量流程图

4. 道路要素智能提取与建模

道路全息测绘是一种先进的道路信息采集技术，它利用全息原理来获取道路及其周边环境的三维数据。这项技术可以提供非常精确和详细的道路信息，包括道路表面、路标、交通信号、绿化带、建筑物等。通过车载激光雷达测量系统，道路全息测绘可以获取高精度、全面性的三维立体的道路数据，精确反映道路的形状和特征，同时记录道路两旁的建筑物、植被、交通设施等环境信息。道路全息测绘是现代测绘技术的一个重要分支，随着技术的进步，它在智能交通系统、城市规划和自动驾驶等领域的应用越来越广泛。

根据矿山地面点云构建的两期三维模型进行三角网叠加计算，可以快速检测出矿山作业区地形变化量，从而生成矿山月末汇总表（表 7-1），表中详细给出了不同作业面填挖方数据，为矿山管理提供数字依据。

在华测导航的 CoProcess 后处理软件中，可基于点云数据自动、半自动地提取道路上的标线、交通标志、行道树、路灯等要素，并可基于三维的矢量自动化构建模型场景，为城市部件普查、道路资产管理、高精度地图等应用提供基础数据。图 7-43 所示为道路要素智能提取与建模流程，图 7-44 所示为道路三维矢量。

表 7-1 矿山月末汇总表

序号	起止时间	块号	挖方体积/m³	填方体积/m³	平盘	设备	地质类型	经营类型	开挖面积/m²	平均高度/m	平均厚度/m	块区标号	中心坐标/m
0	0501-0526	waibao_li-006	7 205	72	1 260	3001	黄土	自营	3 214	2.26	2.22	122768	12271，76812
1	0501-0526	waibao_li-003	29 932	1 669	1 290	3001	黄土	自营	12 025	2.63	2.35	117768	11774，76810
2	0501-0526	waibao_li-024	2 729	23	1 260	3001	黄土	自营	606	4.54	4.46	121767	12151，76799
3	0501-0526	waibao_li-016	100 640	4 434	1 240	3001	黄土	自营	17 724	5.93	5.43	120764	12076，76418
4	0501-0526	waibao_li-020	10 134	39	1 210	3001	黄土	自营	3 774	2.70	2.67	125756	12549，75682
5	0501-0526	waibao_li-008	139 224	5 233	1 280	3001	黄土	自营	17 854	8.09	7.50	118769	11851，76994
6	0501-0526	waibao_li-014	49 767	53	1 260	3001	黄土	自营	4 898	10.17	10.15	122767	12294，76704
7	0501-0526	waibao_li-022	44 588	1 340	1 250	3001	黄土	自营	10 434	4.40	4.14	123767	12378，76749
8	0501-0526	waibao_li-012	31 724	627	1 270	3001	黄土	自营	3 277	9.87	9.49	119768	11985，76817
9	0501-0526	waibao_li-010	18 372	141	1 280	3001	黄土	自营	6 067	3.05	3.00	115766	11527，76683
10	0501-0526	waibao_li-025	617	440	1 280	3001	黄土	自营	359	2.94	0.49	114766	11464，76646
11	0501-0526	waibao_li-007	26 604	520	1 250	3001	黄土	自营	9 169	2.96	2.84	123769	12305，76904
12	0501-0526	waibao_li-015	3 514	371	1 250	3001	黄土	自营	1 507	2.58	2.09	123767	12351，76742
13	0501-0526	waibao_li-021	81 307	119	1 250	3001	黄土	自营	6 487	12.55	12.51	123766	12397，76604
14	0501-0526	waibao_li-009	10 323	2 605	1 250	3001	黄土	自营	3 279	3.94	2.35	120769	12098，76914
15	0501-0526	waibao_li-004	109 740	138	1 290	3001	黄土	自营	10 218	10.75	10.73	117769	11741，76938
16	0501-0526	waibao_li-000	29 160	6 440	1 310	3001	黄土	自营	26 806	1.33	0.85	114769	11493，76913
17	0501-0526	waibao_li-018	196 567	22 949	1 210	3001	黄土	自营	64 584	3.40	2.69	123758	12397，75879
18	0501-0526	waibao_li-011	44 003	113	1 260	3001	黄土	自营	6 758	6.53	6.49	115766	11571，76626
19	0501-0526	waibao_li-013	59 554	5 792	1 270	3001	黄土	自营	6 691	9.76	8.03	121766	12102，76698
20	0501-0526	waibao_li-023	11 300	3 251	1 210	3001	黄土	自营	15 217	0.96	0.53	125755	12564，75505
21	0501-0526	waibao_li-017	160 493	78 720	1 270	3001	黄土	自营	38 481	6.22	2.13	120765	12007，76568
22	0501-0526	waibao_li-005	89 213	19	1 250	3001	黄土	自营	8 255	10.81	10.8	122768	12221，76889
23	0501-0526	waibao_li-019	17 738	208	1 230	3001	黄土	自营	5 267	3.41	3.33	124761	12405，76155
24	0501-0526	waibao_li-001	260 286	1 285	1 290	3001	黄土	自营	31 887	8.20	8.12	115768	11591，76846
25	0501-0526	waibao_li-002	104 889	8 745	1 300	3001	黄土	自营	21 868	5.20	4.40	116770	11606，77032

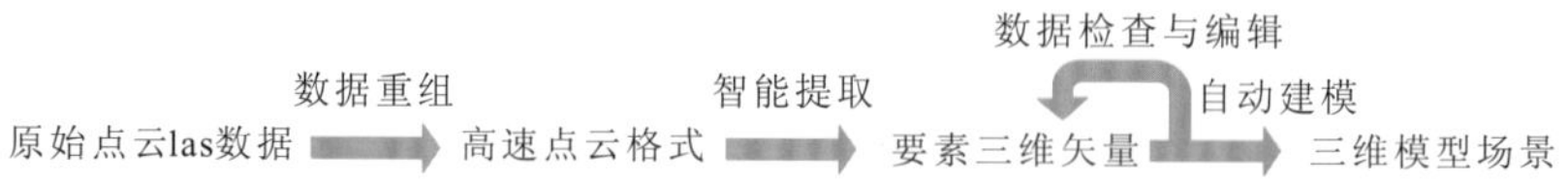

数据检查与编辑
数据重组
智能提取
自动建模
原始点云las数据
高速点云格式
要素三维矢量
三维模型场景

图 7-43　道路要素智能提取与建模流程

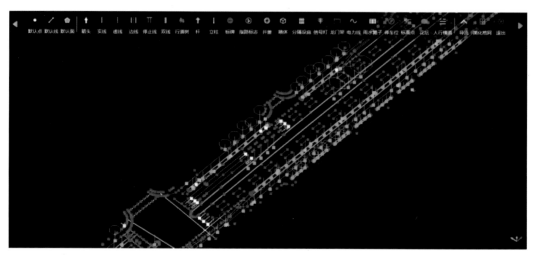

图 7-44　道路三维矢量

5. 电力巡检

电力巡检是指对电力线路进行定期或不定期的巡查和检查，以确保电力系统的稳定运行和安全供电。这项工作对预防电力故障、减少停电事件、延长电力设施的使用寿命以及提高电力供应的可靠性至关重要。

通过无人机载激光雷达进行电力巡检，可以检查输电线路的导线、绝缘子、金具等部件，检查线路走廊内的树木、建筑物等障碍物与电线是否在安全距离内等。图 7-45 所示为电力线巡检成果图。

1
2
1_2档平断面图
档距：372.671 m
0
100
200
300

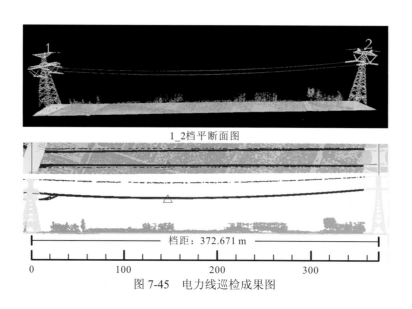

图 7-45　电力线巡检成果图

6. 林业调查

机载激光雷达已经成为森林资源调查领域的重要工具，通过激光扫描获取到森林资源的三维空间数据，可以实现林业资源调查的自动化，减少人力成本。基于高密度的激光点云数据，可以进行单木分割，提取单木的树高、胸径、位置等信息，也支持计算郁闭度、叶面积指数等森林群体参数；支持回归分析，反演森林生物量、蓄积量等。图 7-46 所示为林业激光点云，图 7-47 所示为森林调查成果。

图 7-46　林业激光点云

在华测导航的 CoProcess 后处理软件中，可基于点云数据构建三角网模型 TIN，基于 TIN 可以计算得到堆体的体积，也可对多期数据进行对比，获取体积的变化量。矿山测量流程如图 7-42 所示。

森林调查参数成果统计表

ID	Pos_X(m)	Pos_Y(m)	Pos_Z(m)	height(m)	Crown_diameter(m)	Crown_area(m2)	Crown_length(m)	Crown_surface_area(m2)	Crown_volume(m3)	D_breast_height(cm)	out_tree_vol	leaved_tree_volume(m3)
1	4059.12	5983.21	3352.20	15.4213	5.9975	20.1759	13.4167	108.7051	90.2314	17.9537	0.1819	0.1958
2	4062.95	5935.36	3337.69	15.3466	5.3201	27.2995	13.3195	126.3261	121.1961	18.1497	0.1851	0.1991
3	4049.48	5930.55	3344.92	15.1256	5.3817	16.8622	13.1053	96.8637	73.6613	18.9517	0.1595	0.1723
4	4043.61	5936.45	3349.54	14.9676	6.4501	29.3678	12.9670	127.3669	126.9369	17.7303	0.1730	0.1862
5	4059.62	5945.16	3342.31	13.5798	6.9543	30.8507	11.9742	121.8543	128.1381	16.2478	0.1373	0.1482
6	4066.19	5949.47	3339.48	13.4442	5.3921	28.8679	11.4316	112.5276	110.0019	15.5277	0.1214	0.1313
7	4062.82	5982.27	3349.67	12.7881	6.4251	17.9575	10.7583	82.7767	64.3973	14.6365	0.1036	0.1121
8	4067.23	5933.52	3354.42	12.4559	6.3772	18.6451	10.4488	82.1145	64.3909	14.1362	0.0940	0.1024
9	4070.98	5934.06	3332.89	12.3520	6.0893	15.7056	10.2323	73.5702	53.5678	13.7552	0.0890	0.0965
10	4036.91	5955.26	3329.01	12.0340	6.3727	28.2686	10.0140	98.5130	94.3605	13.5450	0.0845	0.0916
11	4047.76	5938.94	3347.21	11.8224	6.4018	22.0072	9.8177	84.5475	72.0199	13.2780	0.0800	0.0867
12	4056.84	5934.47	3340.87	11.2293	5.3109	20.0044	9.1776	81.5414	70.3781	12.3874	0.0669	0.0726
13	4072.10	5989.65	3345.70	11.0879	6.4202	27.5476	9.0839	86.8835	83.4138	12.2764	0.0650	0.0705
14	4022.75	5942.39	3364.61	10.6559	6.3086	26.5901	8.6467	83.3998	76.6569	11.6018	0.0563	0.0611
15	4030.39	5953.53	3362.80	10.6530	6.4152	24.9918	8.0324	75.4343	66.9152	10.8592	0.0471	0.0511
16	4018.17	5927.42	3363.12	9.8144	6.1181	13.6540	7.7585	52.5977	35.2981	10.3265	0.0419	0.0454
17	4007.10	5903.19	3300.71	9.5099	5.0024	16.6040	7.5050	70.5017	61.1147	10.1140	0.0394	0.0420
18	4024.08	5926.22	3359.82	9.3857	6.1623	13.1392	7.3611	49.0845	32.2394	9.7845	0.0363	0.0394
19	4018.19	5961.34	3353.82	9.3957	6.4313	31.1069	7.3288	78.8179	75.9607	9.9685	0.0377	0.0408
20	4028.89	5935.13	3358.67	9.2912	6.4639	19.3565	7.2853	60.0183	47.0058	9.7845	0.0366	0.0396
21	4040.33	5938.51	3351.68	12.0416	3.4003	3.4003	4.0744	65.1713	5.5878	10.9568	0.0553	0.0608
22	4053.09	5904.63	3351.13	9.0945	5.9932	18.6473	6.4345	52.6611	39.9954	9.2827	0.0345	0.0346
23	4071.50	5950.28	3335.38	9.0930	6.4106	22.6935	7.0124	63.4097	53.0654	9.5613	0.0339	0.0366
24	4050.78	5959.03	3351.41	9.1410	6.3636	20.0021	7.0194	59.1292	46.8009	9.5944	0.0342	0.0370
25	4041.46	5963.52	3327.89	8.8763	6.4106	21.5492	6.8712	60.5033	49.3562	9.2721	0.0313	0.0338
26	4032.19	5931.70	3335.52	8.6021	6.2655	22.3303	6.8021	61.1924	50.6311	9.1723	0.0306	0.0331
27	4026.50	5951.52	3364.63	8.8547	6.4895	13.4301	6.6400	45.1917	29.7389	8.6789	0.0237	0.0259
28	4029.97	5949.40	3362.08	8.7450	5.0791	11.2502	6.4082	39.7294	24.0352	8.2034	0.0242	0.0263
29	4026.52	5954.48	3365.44	8.7172	4.6788	3.2424	6.2337	20.1580	6.7374	7.8877	0.0223	0.0243
30	4060.92	5950.28	3342.95	8.7010	5.8121	20.6632	6.6963	57.7964	46.1431	8.7715	0.0268	0.0290
31	4034.98	5958.40	3360.88	8.5674	6.0556	11.9703	6.6364	42.4326	26.4880	8.7715	0.0275	0.0298
32	4063.92	5962.78	3344.85	8.6657	4.4053	22.6852	6.6449	60.5097	50.2471	8.9853	0.0288	0.0295
33	4000.03	5900.07	3322.45	8.2172	6.0160	13.0936	6.0112	45.4072	30.1727	8.4189	0.0202	0.0274
34	4063.39	5970.51	3346.71	8.6153	6.3981	27.0685	6.5371	66.0812	58.9834	9.8164	0.0283	0.0305
35	4041.76	5927.29	3348.74	8.5957	6.2370	9.3690	6.5748	36.8801	20.5332	8.7862	0.0274	0.0296
36	4036.27	5945.97	3357.31	8.5489	6.3334	30.3097	6.5433	70.6791	66.1086	8.7867	0.0273	0.0295

图 7-47　森林调查成果

7. 铁路既有线测量

铁路既有线测量是指对已经建成并投入使用的铁路线路进行的测绘活动。这类测量工作对确保铁路安全运营、进行线路维护、升级改造以及规划新线路等都具有重要意义。激光雷达作为新兴的测量技术，在铁路既有线测量应用中，具有以下优势。

（1）非接触式测量：可以在不干扰铁路正常运营的情况下进行数据采集。

（2）高精度：激光雷达技术可以提供非常高精度的测量数据，其平面和高程的误差通常小于 0.1 m，满足铁路工程的高精度要求。

（3）高效率：与传统的外业人工实测相比，采用激光雷达技术进行测量的效率平均提升 3 倍。

图 7-48 所示为铁路既有线测量流程，图 7-49 所示为铁路线自动提取。

图 7-48　铁路既有线测量流程

图 7-49　铁路线自动提取

7.3　车载移动测量系统工程化应用

在系统工程应用和验证环节中，协同生产单位对车载激光扫描与全景成像城市测量系统的技术指标、产品标准化、应用拓展、设备保养维护等问题进行了研究和实践，充分分析车载系统的误差来源和生产效率，明确了车载系统在静态和动态两种模式，以及不同观测条件下的测量精度等级和生产作业效率，建立车载系统用于城市测绘的规范的工艺流程，完成了车载激光扫描与全景成像城市测量系统应用体系建设，推进基于激光点云和全景影像的"办公室测绘"（office surveying）技术的实施。

车载移动测量系统开发成功以后，已经在测绘、勘测部门、智能交通领域及城市规划中城市地图、规划图等的更新中得到广泛应用，利用三维激光扫描点云结合影像数据可以进行城市测绘中的道路竣工、建筑竣工、城市部件采集以及全景和激光点云网络发布等工作。

7.3.1 部件级实景三维中国建设

在城市环境部件级实景三维中国建设这一需求背景下，诸如无人机移动测量、背包移动测量和车载移动测量等新兴测量方式日趋成熟。但为了保证数据精度，往往需要布设大量的外业控制点，因此造成外业成本高，作业周期长；此外，因城市内有大量的城市部件，相较传统测绘，内业提取工作内容大幅增加，传统手工绘制效率低的现状被进一步放大。

针对这些问题，利用高精度车载移动激光雷达系统，实现了上海市部分道路部件级实景三维中国建设。首先，该项目提出了一套标准化的城市激光雷达采集与预处理作业流程，易于实施落地且可拓展到其他类型移动测量平台。然后，利用华测导航研发的Alpha 3D 移动测量系统实现了目标区域的高精度、高一致性的车载激光点云数据采集。最后，结合先进的自动化道路部件提取软件，实现了关键道路部件的高效率、高准确性提取。

将华测导航 AU900 多平台激光扫描移动测量系统作为数据采集平台，在上海市展开了道路部件级实景三维中国建设应用。图 7-50 为某高架桥处采集的车载激光雷达点云。

图 7-50　高架区域车载激光雷达点云

基于高精度车载激光点云，自主研发了一套道路部件提取软件，该软件通过机器学习技术极大提升了关键道路部件的提取效率。例如，只需手动框选道路标志，内置机器学习算法即可自动识别该标志为直行还是左转；还可通过手动绘制参考线的方式自动识别参考线周围的行道树，从而大量减少人工交互的操作。目前，该软件支持 124 类城市部件的快速提取，并且提取成果支持导入主流空间数据库，软件界面如图 7-51 所示。

图 7-51　道路部件自动提取软件界面

此外，部件级实景三维中国建设要求获取部件空间位置的同时，还需获取其空间属性。例如行道树，还需获取行道树的树高、胸径、冠幅等信息，这些在传统的生产模式中，都需要人员实地测量，即便采用移动测量手段，也需要在影像或者点云上进行量测，再填入属性表。而该项目开发的软件在自动提取城市道路部件空间位置的同时，还可直接计算其空间属性信息，并直接写入属性表，免除了大量人工测量、输入的工作，也降低了人为错误的概率。该软件目前支持园林、交通、市政等，在数据质量较好的情况下，精度可达厘米级。

如图 7-52 所示，自动化道路部件提取软件获取的行道树空间位置信息准确，树高和胸高直径等关键参数信息完整，可有效提升作业效率与成果精度。然后根据提取出的道路部件专题数据，构建简易白模，并可将倾斜影像获取的高精度纹理信息映射到白模，最终建立道路部件级三维实景，其流程和最终结果分别如图 7-53 和图 7-54 所示。

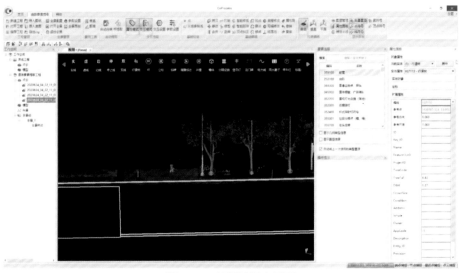

图 7-52　行道树提取界面

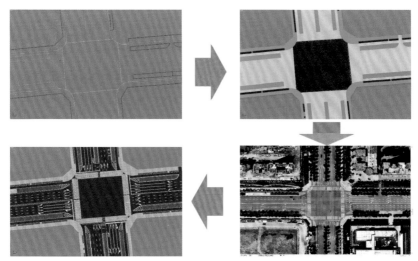

图 7-53　道路部件级实景三维建模流程

图 7-54　上海市某地区部分道路部件级实景三维成果

　　车载移动测量系统能够快速采集精确的道路部件信息，并结合自主研发的道路部件提取软件提升了道路部件提取效率和准确度。该项目在满足精度要求的情况下，实现了从原有方案 120 m 一个控制点，降低到平均 1 km 3 个控制点，整体控制点数量减少 50%以上，效率提高 100%，成本降低 50%，为城市环境部件级实景三维中国建设提供了有力的数据基础和技术支撑。

7.3.2　城市级全景影像采集及网络发布

　　利用车载移动测量系统，完成西安市全景影像及三维激光数据采集，为全景在线发布提供高分辨率、高色彩还原性的全景影像及高精度的激光点云。该项目采集范围为三环以内，全长约 3 235 km，其中，二环内道路街景数据（包含二环）约 85.18 m，包含面积约为 86.3 km² （图 7-55），二环至三环之间街景数据（包含三环）约 2 384 km（图 7-56）。

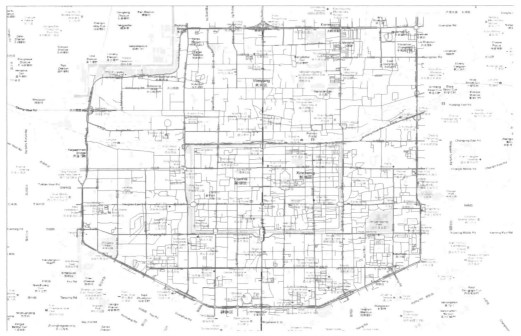

图 7-55　西安市二环内道路采集范围

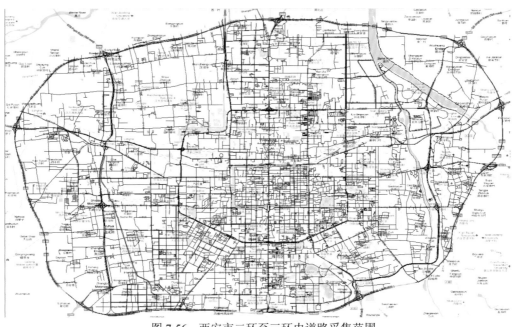

图 7-56　西安市二环至三环内道路采集范围

　　全景在线发布能够为用户提供准确、清晰、逼真的在线地图服务，人的环境视角在地图浏览中真正实现相同体验的再现，为用户提供更加真实准确、更富画面细节的虚拟地理环境服务，在网络上发布与共享的全景数据效果如图 7-57 所示。

　　从图 7-57 可以看出，全景影像清晰，色调、对比度和亮度等符合人的观看习惯，影像质量良好，无明显的拼接误差或层次感。数据真实可靠，能够展现采集路段的风貌和特点。

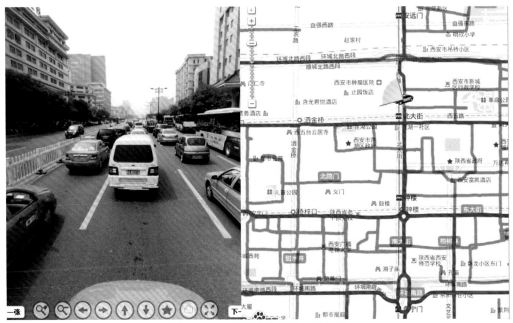

图 7-57 高分辨率全景发布的界面

车载移动测量系统能够采集丰富的地理信息，并能在网络上发布与共享全景数据（融合激光数据），提升了基于激光扫描仪与影像的地理信息的价值。

7.3.3 城市部件采集

利用车载移动测量系统，对宁波市东钱湖旅游度假区进行城市部件普查测绘生产，对沿道路两侧的 7 大类 105 小类城市部件进行空间坐标采集和属性调查，总面积约 10.7 km^2（图 7-58），共采集城市部件 28 000 余个（表 7-2）。

图 7-58 东钱湖普查范围图

表 7-2　各类城市部件数量统计

大类划分	小类划分	小类普查数量	大类普查数量
公用设施	上水井盖	663	
	污水井盖	768	
	雨水箅子	1 738	
	电力设施	1 774	10 603
	路灯	2 164	
	监控电子眼	312	
	……	……	
道路交通设施	停车场	7	
	公交站亭	92	
	路名牌	113	1 876
	交通标志牌	886	
	……	……	
市容环境	公共厕所	9	
	垃圾箱	581	633
	行道树	11 499	
	……	……	
房屋土地	宣传栏	50	50
	人防工事		
	……	……	
其他设施	重大危险源	3	
	工地	6	12
	……	……	
扩展部件	公交站牌	117	3 786
	沿街经营户	898	

外业采集的点云及全景影像数据经过预处理，利用点云数据处理成图软件，通过全景影像辅助，利用点云提取多种城市部件的位置、规格、材质、面积、权属等数据（图 7-59 和图 7-60）。

按国家相关标准规范及宁波市实际情况，城市部件的数学精度级别分为 3 类，即 A 类、B 类和 C 类，各精度级别的中误差及部件说明如表 7-3 所示。

图 7-59　城市部件属性

图 7-60　下水道井盖位置坐标提取

表 7-3　城市数字部件精度级别

序号	精度级别	中误差/m	说明
1	A	≤±0.5	空间位置或边界明确的部件，如井盖、路灯等
2	B	≤±1.0	空间位置或边界较明确的部件，如果皮箱、绿地、岗亭、广告牌等
3	C	≤±10.0	空间位置概略表达的部件，如桥梁、停车场等

全景影像清晰，色调、对比度和亮度等符合人的观看习惯，影像质量良好，无明显的拼接误差或层次感。数据真实可靠，能够展现采集路段的风貌和特点，如图7-61所示。

图 7-61　全景影像

该项目总投入工作人员4人，外业工作时间4天，内业工作时间15天，项目劳动强度远远低于传统作业方式，工作效率则提升了至少100%。

经项目检查，数学精度符合住房和城乡建设部城市部件管理要求，属性完整可靠，顺利通过项目验收。基于车载移动测量系统的城市部件信息采集方案能快速、高效、高精度地采集城市部件的几何信息及纹理信息，同时使内业的属性数据录入等工作方便、快捷。

7.3.4　建筑竣工测量

利用车载移动测量系统，针对宁波市海曙区银润豪园商住楼盘进行建筑竣工验收测量。该项目位于滨江大道以东，江东北路以西，民安路以北，通途路以南，南北长约550 m，东西长约200 m，总用地面积约8.54万 m²，总建筑面积约34万 m²（其中地上面积约23万 m²），容积率为2.7，绿化率为20%，建筑高度为83.5 m（图7-62）。

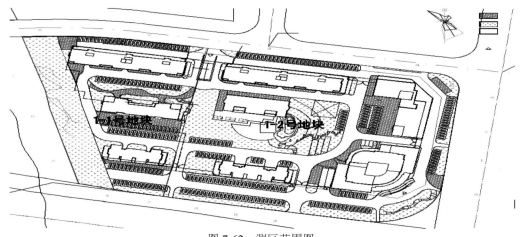

图 7-62　测区范围图

外业采集的点云及全景影像数据经过预处理，利用点云数据处理成图软件，通过全景影像辅助，直接在点云上进行建筑尺寸的测量、建筑竣工图绘制等，并结合 CAD 成图软件编制建筑竣工图（图 7-63 和图 7-64）。

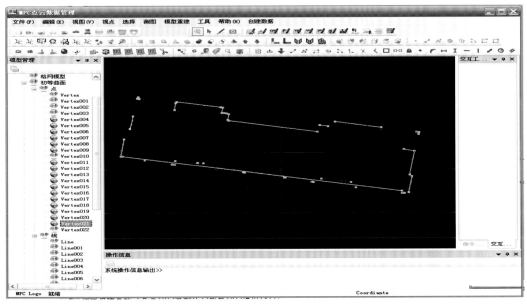

图 7-63　建筑轮廓线提取

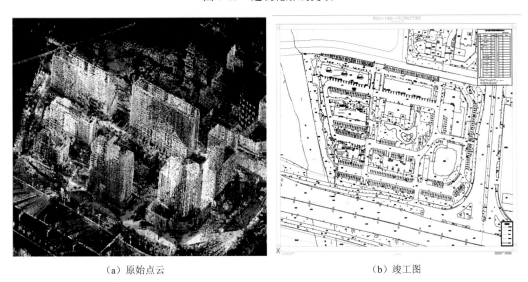

（a）原始点云　　　　　　　　　　　　　　（b）竣工图

图 7-64　建筑竣工原始点云与竣工图

该项目一级检查的内业抽检比例为 100%。平面坐标检测一类地物点 21 个，点位中误差为 ±2.1 cm（≤±5 cm）；二类地物点 16 个，点位中误差为 ±2.0 cm（≤±7.5 cm）；三类地物点 30 个，点位中误差为 ±7.2 cm（≤±20.0 cm），其精度统计详见表 7-4～表 7-6，表中中误差按公式 $m_{中} = \pm\sqrt{[\Delta\Delta]/2n}$ 计算，其中 Δ 为成果数据与检测数据的校差，n 为抽样点数。检查结果符合设计要求，并对检查发现的问题进行了整改。

表 7-4　一类地物点平面坐标误差分布统计

地物点 类别	检测 点数	误差分布区间及比例						中误差/cm
		$0\sim m_{中}$	比例/%	$m_{中}\sim 2m_{中}$	比例/%	$>2m_{中}$	比例/%	
一类	21	8	38.1	11	52.4	2	9.5	±2.1

表 7-5　二类地物点平面坐标误差分布统计

地物点 类别	检测 点数	误差分布区间及比例						中误差/cm
		$0\sim m_{中}$	比例/%	$m_{中}\sim 2m_{中}$	比例/%	$>2m_{中}$	比例/%	
二类	16	6	37.5	8	50.0	2	12.5	±2.0

表 7-6　三类地物点平面坐标误差分布统计

地物点 类别	检测 点数	误差分布区间及比例						中误差/cm
		$0\sim m_{中}$	比例/%	$m_{中}\sim 2m_{中}$	比例/%	$>2m_{中}$	比例/%	
三类	30	7	23.3	20	66.7	3	12.5	±7.2

针对宁波市海曙区银润豪园商住楼盘进行的建筑竣工验收测量，项目共计作业人员 4 人，外业耗时 1.5 个工作日，内业成图约 3 个工作日，数学精度与常规测量方式相近，规划指标量算更新准确直观，作业效果良好。

7.3.5　高速公路改扩建测量

随着交通量的迅速增长，道路拥挤程度加剧，交通事故数量增加，通行能力下降。为缓解国道运输繁忙局面，建设国家公路大通道，使车辆"快速、安全、舒适"地大量连续通行，充分发挥省会中心城市的辐射作用，带动沿线经济发展和社会进步，各个省市之间大量修建高速公路，同时后期高速公路的维护以及改扩建工作量也在不断加大，高速公路改扩建的重要前提是道路及其附属结构等三维信息的精确获取。实际表明，仅依靠竣工资料是难以满足改扩建要求的，为最大限度地利用现有道路路面，实现桥梁、路基等构造物的无缝拼接，确保道路的行车安全，现有高速公路改扩建工程对测量精度的要求远高于新建道路工程，其详测与施工图设计要求平面精度为 0.03 m，高程精度为 0.02 m。

利用车载移动测量系统，短时间内获取高精度的高速公路路面点位置信息和边坡地形信息，完成广东省某区域部分高速公路改扩建工程，该区域测量总里程为 30 km（往返 60 km），区域内高速公路左右两侧地形大多为山丘沟壑交错，树木茂密且较高大，测区内客户提供的符合要求的可用控制点较多（10 个左右），事先沿路左右两侧推好水准点用于点云高程纠正。同时沿高速公路两侧边线打好验证点。

针对使用激光扫描车载移动测量系统进行高速公（道）路勘测项目，其详细的阐述及整体工艺流程如图 7-65 所示。

激光点云成果如图 7-66 和图 7-67 所示，由点云数据提取的 DLG 数据如图 7-68 所示。

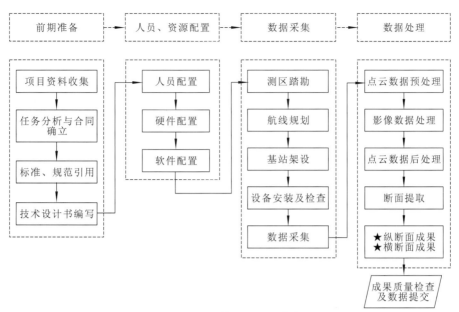

图 7-65　公路勘测项目工艺流程

图 7-66　部分点云数据（一）

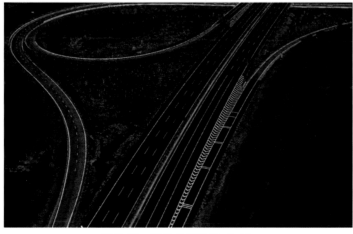

图 7-67　部分点云数据（二）

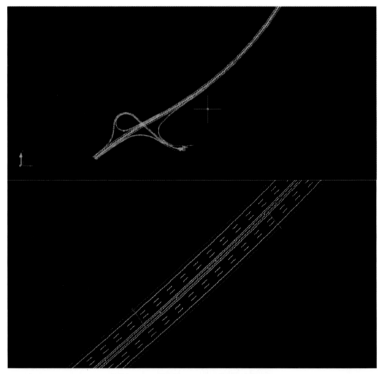

图 7-68　部分 DLG 成果及细节

在获取完整的车载激光点云后，首先通过点云纠正提升激光雷达点云绝对精度；然后进行点云分类和抽稀以便于后期处理；接着进行道路标记信息提取，便于后期画道路线；然后即可直接提取道路的断面、边线、车道和硬路肩边缘等信息；最后结合拟合的中桩，按要求在点云上进行路面点的提取。路面点一般包括高速公路中边缘路面点、行车道左右侧路面点、行车道中心路面点、硬路肩右侧路面点等路面特征点，提取点位如图 7-69 所示，并提供以上路面特征点的坐标和高程，部分测点成果及精度检验如图 7-70 所示。

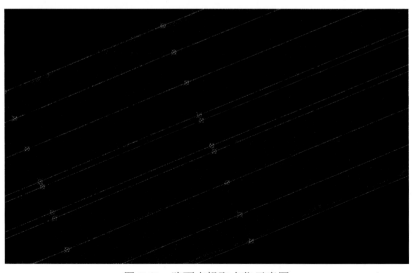

图 7-69　路面点提取点位示意图

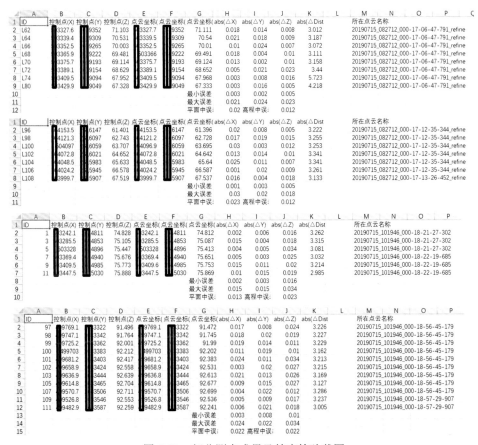

图 7-70　部分测点成果及精度检验截图

结果证明，车载移动测量系统在高速公路改扩建测量项目中表现良好，测量精度较高，点云高程精度控制在 3 cm 以内，满足各项技术要求。

7.3.6　城市三维建模

利用车载激光扫描与全景成像城市测量系统对某化工园和宁波市某小区进行了三维数据采集和三维模型重建（图 7-71）。

（a）现场图　　　　　　　　　　　　　（b）全景图像

图 7-71　化工园内管线设备的数据采集

在建筑三维建模中，采用的流程是：导入点云→对点云切片绘制墙体轮廓→建立每层的建筑单层白模→绘制窗户阳台等突出形体→模型导入 3DS Max→在 3DS Max 中修饰模型→导入纠正后的纹理影像→模型贴图→完成建模（图 7-72）。

 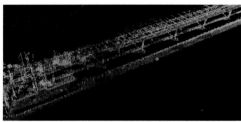

（a）管线三维模型　　　　　　　　　　　（b）管线点云

图 7-72　化工园内管线设备三维建模

由于三维建模和贴图过程非常复杂，需要把握的细节和技巧非常多，点云和全景处理软件所提供的建模功能是建筑主要框架和主要结构的构建。后续的工作还需要在专业软件中完成，如图 7-73～图 7-77 所示。

 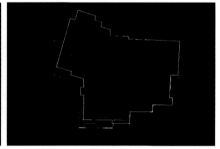

图 7-73　建筑带颜色渲染的点云　　　　　　图 7-74　建筑楼层切片点云

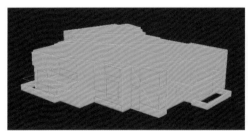 

图 7-75　白模导入 3DS Max　　　　　　　图 7-76　导入全景影像纠正纹理

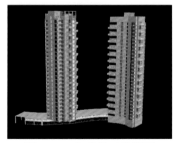

图 7-77　完成的三维模型

即便如此，用点云建立建筑的框架和结构也是非常重要的，能保证模型的精确性，如图 7-78 中基于点云建立的三维模型具有良好的精度，与原始点云套合得很好。

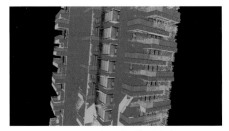

图7-78　点云与模型套合

7.3.7　应急与救灾测绘

重庆地区山地众多，地质构造复杂，加之存在植被茂密、地质灾害分布广泛以及 GNSS 监测点布设不均匀等问题，导致重庆地区地质灾害隐患调查分析工作困难。利用移动测量系统与无人机和车辆搭载平台，于重庆市某地区完成 10 期数据采集，采集面积为 120 km^2，获得空地全域、全时段、长时序的激光点云和全景影像监测数据，为当地的地质灾害防治、组织与管理提供了数据支撑与辅助决策。

在重庆市巫溪的地质滑坡隐患点区域，对空地激光雷达采集的点云数据进行滤波处理生成高精度 DEM，结合 DOM 成果，可用于地裂缝的分析，如图 7-79 所示，解决了植被覆盖下的隐患难以识别发现的问题。

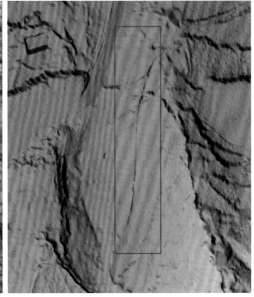

图 7-79　植被覆盖区的地裂缝隐患识别

在重庆市綦江区域，利用机载和车载移动测量系统，结合影像与激光点云制作的高精度 DOM 与 DEM，识别发现了滑坡灾害隐患并确定隐患影响范围（图 7-80），解决了大面积、广分布的地质灾害隐患调查难题。

基于多期点云数据在滑坡变化区域切断面，可以精细化分析每个位置的变化量，同时可以导出矢量成果（图 7-81）。

湖北省恩施土家族苗族自治州曾因连续降雨影响，发生沙子坝山体滑坡，一度堵塞清江河道形成堰塞湖，严重威胁恩施土家族苗族自治州城区和人民群众安全。灾害现场如图 7-82 所示，受灾面积约为 0.5 km^2。

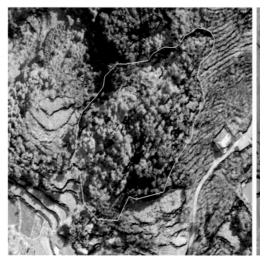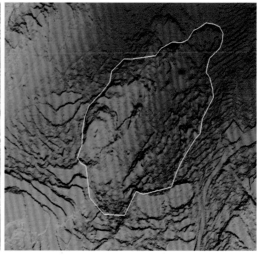

图 7-80　大面积、广分布滑坡隐患识别

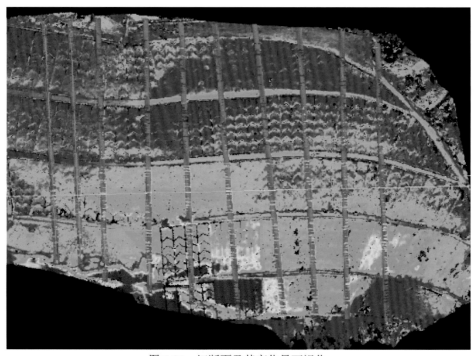

图 7-81　切断面及其变化量可视化

　　通过对现场的踏勘，由于雨雾较大，对无人机的飞行安全有影响，对数据质量有影响。滑坡垮塌造成清江堵塞一半，水流湍急，对无人船安全行进是一种考验。另外，应急管理部门需要多期数据采集来分析滑坡动态趋势，因此需要机动测量及区域补采。故而，采用"天地水"一体化应急测绘保障的解决方案，通过无人机、无人船搭载移动测量系统，快速获取灾区数据、绕开受阻路段到达受灾区域，水上水下同期采集数据，实现大面积巡查。最终实现灾情在线监测、灾害现场三维场景构建。现场 3 天时间共采集 4 期数据，为应急现场制作的地形图如图 7-83 所示。通过精准的三维模型数据指导现场的挖掘工作，终于将河道的堰塞体疏通。

图 7-82　湖北省恩施土家族苗族自治州沙子坝山体滑坡灾害现场

图 7-83　4 期沙子坝滑坡地形图

7.3.8　自动驾驶高精度地图

高精度地图是在传统导航电子地图基础上基于自动驾驶系统需求演变发展而来的，在保留传统导航地图检索、道路规划、渲染、诱导等功能基础上，高精度地图更加侧重地图信息的丰富性、高精度、提升汽车智能化三大方向，以及高频更新、标识横纵向定位、坡度曲率节能应用等。利用华测导航研发的 AU900 移动测量系统在上海市某区完成了高精度地图构建项目。图 7-84 为高精度地图构建区域概览。

图 7-84　高精度地图构建区域概览

　　项目经过测区踏勘与资料收集，对测区有一定了解和观察后，对测量路线、控制测量方式和激光扫描方案进行预先粗略规划。经研究讨论，项目决定采用车载移动测量系统快速获取沿路激光点云、全景影像等数据，在遮挡严重区域及车载激光扫描系统采集数据缺失的区域，选用 GPS-RTK 或者全站仪进行缺失区域的数据补测；为提高数据精度，选用 GPS-RTK 或者全站仪进行控制测量，基于控制点来进行点云坐标纠正。

　　最终，经过外业数据采集和内业数据处理后的高精度车载点云、车载激光点云与控制点中误差和高清全景影像分别如图 7-85、图 7-86 和图 7-87 所示。

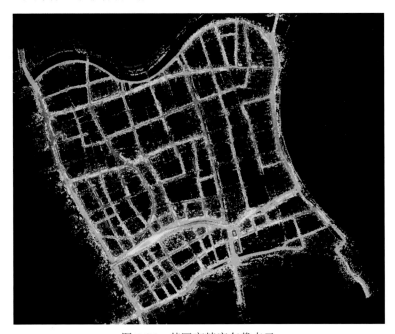

图 7-85　某区高精度车载点云

点号	点云坐标			测量坐标			$\Delta X/m$	$\Delta Y/m$	$\Delta Z/m$
	X/m	Y/m	Z/m	X/m	Y/m	Z/m			
5	4336.650	1324.390	28.490	4336.683	1324.322	28.460	−0.033	0.068	0.030
6	4346.320	1324.590	28.390	4346.307	1324.625	28.399	0.013	−0.035	−0.009
10	4340.410	1453.240	27.930	4340.402	1453.210	27.863	0.008	0.030	0.067
12	4338.320	1453.130	27.910	4338.310	1453.162	27.866	0.010	−0.032	0.044
13	4334.350	1527.130	27.620	4334.349	1527.208	27.640	0.001	−0.078	−0.020
19	4325.740	1526.950	27.680	4325.725	1526.957	27.655	0.015	−0.007	0.025
17	4303.760	1556.040	27.700	4303.744	1556.031	27.665	0.016	0.009	0.035
18	4305.290	1547.340	27.720	4305.305	1547.308	27.707	−0.015	0.032	0.013
14	4348.910	1547.020	27.590	4348.931	1546.982	27.549	−0.021	0.038	0.041
15	4349.380	1555.710	27.630	4349.402	1555.700	27.578	−0.022	0.010	0.052
16	4323.110	1575.090	27.690	4323.119	1575.020	27.656	−0.009	0.070	0.034
20	4320.740	1678.480	28.090	4320.777	1678.401	28.985	−0.037	0.079	0.105
21	4320.460	1695.930	28.090	4320.473	1695.927	28.030	−0.013	0.003	0.060
						最大误差	−0.037	0.079	0.105
						最小误差	0.001	0.003	−0.009
						中误差	±0.035	±0.034	

图 7-86　车载激光点云精度分析

图 7-87　某区高清全景影像

获取道路要素的高精度点云数据后，使用 CoProcess 软件道路线提取模块可自动化提取车道线、道路标识等点、线、面要素。提取出点、线、面要素后，还需对数据的几何形状进行处理，处理内容包括以下几项。

（1）若同一条车道线既有实线也有虚线，就要在虚实分割的位置，对该车道线进行打断处理，将虚线和实线分开。

（2）在车道变化的位置，要打断道路的边线，并记录开始和结束变化的宽度。

（3）每一个车道要对应一条停止线，停止线要在车道线的位置打断。

处理完几何特征后，还需补充要素的属性特征。

（1）将各个图层中，除 ID 字段和各图层的关联字段外的其他字段信息补充完整，填写的要求按照《自动驾驶地图数据规格书》填写。

（2）在要素属性信息中，各个图层之间的关联通过 ID 来实现，因此遵循以下原则来赋值：每一个 ID 都用 6 位数字表示，第一位代表要素的类型（点层、线层、面层和抽象图层）；第二位和第三位表示图层的名称编号；后面的三位为流水号码，从 000 开始依次增加。

（3）根据网络地图录入，无道路编号则为空。

最后还需设计抽象层，以便于高精度地图的存储、管理与可视化，该项目共设计车道拓扑线、道路和点三个抽象层。

（1）车道拓扑线：用圆滑的弧线连接驶入和驶出的车道，线条的矢量化方向应为从驶出到驶入的方向（图7-88）。

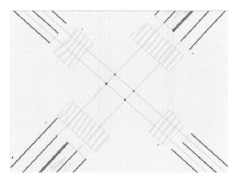

图7-88　车道拓扑线抽象层示意图

（2）道路抽象层：该层表示道路的拓扑关系，用于全局路径规划。如果单向车道的数量是偶数，那么道路线就采用单向道路中间的车道线为道路线，将其复制到道路层中；如果单向车道的数量是奇数，那么道路线就采用单向道路中间两条车道线的中心线为道路线，将其复制到道路层中（图7-89）。

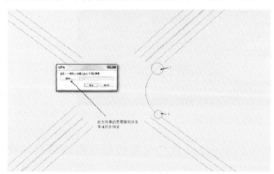

图7-89　道路抽象层示意图

（3）点抽象层：道路的路口点，用于表示道路连接关系。创建好点图层后，在编辑要素模板中直接创建点要素即可，位置是在两条道路相交处（图7-90）。

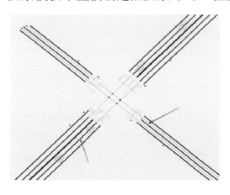
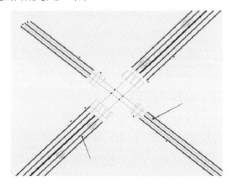

图7-90　点抽象层示意图

从图 7-91 可以看出，以车载移动测量系统为数据获取平台构建的高精度地图车道线完整、道路标记清晰，符合自动驾驶领域高精度地图的技术要求。该项目表明，车载移动测量系统凭借其高精度、高效率的特点，在构建自动驾驶高精度地图方面有巨大应用潜力，相较于传统的 RTK 测量方式，其在人力、数据量、数据完整度和效率等方面具有明显优势。

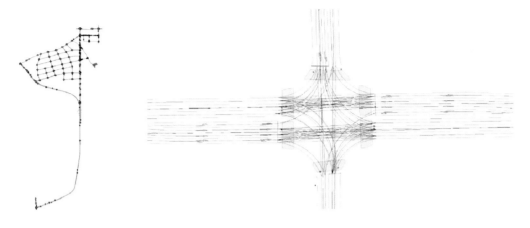

图 7-91　车载移动测量系统构建高精度地图成果

参 考 文 献

曹月玲, 2008. 应用 SLR 对 LAGEOS 卫星精密定轨及测定地心运动. 上海: 同济大学.

陈世同, 2005. 基于光纤陀螺的 SINS/GPS 组合导航系统研究及工程实现. 哈尔滨: 哈尔滨工程大学.

邓松杰, 周松斌, 程韬波, 2010. 利用鱼眼镜头生成全景图像的方法. 工程图学学报, 31(1): 135-138.

方鹏, 2008. GPS/INS 组合导航与定位系统研究. 上海: 同济大学.

高厚磊, 贺家李, 江世, 1995. 基于 GPS 的同步采样及在保护与控制中的应用. 电网技术, 19(7): 30-32.

高文武, 贺赛先, 2004. 基于 GPS 的 CCD 相机同步控制器. 武汉大学学报(信息科学版), 29(8): 744-746.

关凤英, 范少辉, 冯仲科, 等, 2006. 差分 GPS 定位精度研究. 林业资源管理, 12(6): 88-90.

韩友美, 2011. 车载移动测量系统激光扫描仪和线阵相机的检校技术研究. 济南: 山东科技大学.

蒋晶, 刘同明, 2004. 种柱面全景图的生成算法. 华东船舶工业学院学报, 18(4): 62-66.

寇玉民, 盛宏, 金祎, 等, 2008. CCD 图像传感器发展与应用. 器件与应用, 32(4): 39.

李德仁, 2006. 移动测量技术及其应用. 地理空间信息, 4(4): 2.

李德仁, 郭晟, 胡庆武, 2008. 基于 3S 集成技术的 LD 2000 系列移动道路测量系统及其应用. 测绘学报 (3): 272-276.

李德仁, 郑肇葆, 1992. 解析摄影测量学. 北京: 测绘出版社.

李冠, 2010. VLBI 技术用于火星探测器定位的数学模型及参数研究. 武汉: 武汉大学.

李学蕾, 普杰信, 朱逸武, 等, 2004. 基于 GPS 授时的数据同步技术应用研究. 信息技术(10): 86-89.

李玉广, 朱福祥, 2009. 获取舰船液舱数字表面模型的数字立体摄影测量方法. 船舶设计通讯(1): 49-53.

李云伟, 2007. 全景图技术的研究. 武汉: 华中科技大学.

李云翔, 2009. 相机标定与三维重建技术研究. 青岛: 青岛大学.

李征航, 黄劲松, 2005. GPS 测量与数据处理. 武汉: 武汉大学出版社.

李征航, 魏二虎, 王正涛, 等, 2010. 空间大地测量学. 武汉: 武汉大学出版社.

刘帅, 2011. 面向陆地边界场景的三维建模方法研究. 长沙: 中南大学.

刘亚琼, 2010. 基于 IGS 系统的导航卫星自主定轨仿真计算. 西安: 中国科学院国家授时中心.

刘勇, 2004. 基于图像的空间三维数据获取及建模. 武汉: 武汉大学.

马力广, 2005. 地面三维激光扫描测量技术研究. 武汉: 武汉大学.

苏莉, 2010. 立方体全景图的自标定及浏览算法. 北京: 北京化工大学.

苏连成, 朱枫, 2006. 一种新的全向立体视觉系统的设计. 自动化学报, 32(1): 67-72.

孙红星, 2004. 差分 GPS/INS 组合定位定姿及其在 MMS 中的应用. 武汉: 武汉大学.

孙茌, 杨金波, 2007. 全景成像技术在地理信息数据采集中的应用. 中国全球定位系统技术应用协会第 九次年会论文汇编: 241.

孙树侠, 张静, 1992. 捷联式惯性导航系统. 北京: 国防工业大学出版社.

汪嘉业, 杨兴强, 张彩明, 2001. 基于鱼眼镜头拍摄的图像生成漫游模型. 系统仿真学报, 13: 66-68.

王道义, 黄大为, 1998. 全景环形透镜原理与特点剖析. 光学技术(1): 10-12.

王潜心, 徐天河, 许国昌, 2011. 自适应换站算法及其在长距离机载 GPS 动态相对定位中的应用. 测绘 学报, 40(4): 429-434.

王元虎, 周东明, 1998. 卫星时钟在电网中应用的若干技术问题. 中国电力, 31(2): 10-13.

王峥, 2002. 基于 GPS 的变电站内部时间同步方法. 电力系统自动化(4): 36-40.

伍蔡伦, 智奇楠, 2021. 高精度 GNSS/INS 组合定位及测姿技术. 北京: 国防工业出版社.

伍贻威, 朱祥维, 龚航, 等, 2017. 建立 GNSS 时间基准的构想和思考. 电子学报, 45(8): 1818-1826.

夏熙梅, 2002. 差分 GPS 技术及其应用. 情报科学(3): 99-100.

肖进丽, 潘正风, 黄声享, 2007. GPS/INS 组合导航系统时间同步方法研究. 测绘通报(4): 27-30.

肖潇, 杨国光, 2007. 全景成像技术的现状和进展. 光学仪器, 4(29): 84-85.

谢媛媛, 2012. 三维激光扫描技术及其在测量领域的应用. 价值工程, 31(15): 209.

徐胜, 2007. 双 CPU 结构捷联导航数据处理系统硬件设计. 哈尔滨: 哈尔滨工程大学.

杨云涛, 冯莹, 曹毓, 等, 2010. 基于 SURF 的序列图像快速拼接方法. 计算机技术与发展, 21(3): 6-9.

袁洪, 魏东岩, 2021. 多源融合导航技术及其演进. 北京: 国防工业出版社.

曾吉勇, 苏显渝, 2003. 双曲面折反射全景成像系统. 光学学报, 23(9): 1138-1142.

曾祥君, 尹项根, 林干, 等, 2003. 晶振信号同步 GPS 信号产生高精度时钟的方法及实现. 电力系统自动化, 27(8): 49-54.

张欣, 2009. 全景拼接的关键技术研究. 哈尔滨: 哈尔滨工业大学.

张永军, 张祖勋, 张剑清, 2002. 利用二维 DLT 及光束法平差进行数字摄像机标定. 武汉大学学报(信息科学版)(6): 566-572.

张祖勋, 张剑清, 2000. 数字摄影测量学. 武汉: 武汉大学出版社.

朱智勤, 2012. COMPASS/INS 组合测量系统数据后处理技术研究. 武汉: 武汉大学.

Baker S, Nayar S K, 1998. A theory of catadioptric image formation//IEEE Proceedings of Sixth International Conference on Computer Vision: 35-42.

Boult, 1998. Remote reality via omnidirectional imaging//Proeeedings of DARPA Image Understanding Workshop: 1049-1052.

Brazeal R G, Wilkinson B E, Hochmair H H, 2021. A rigorous observation model for the risley prism-based livox mid-40 lidar sensor. Sensors, 21(14): 4722.

Brown M, Lowe D G, 2007. Automatic panoramic image stitching using invariant features. International Journal of Computer Vision, 74(1): 59-73.

Chatfield A B, 1997. Foundmental of high accuracy inertial navigation. Reston: The American Institute of Aeronautics and Astronautics.

Chen C J, Liu Y, Mao Q Z, et al., 2009. Stereo cameras calibration for vehicle based multi-sensors integrated system//Yichang: 6th International Symposium on Multispectral Image Processing and Pattern Recognition.

Chen Z Y, Hu Q W, Sun H X, et al., 2004. Accuracy analysis of LD2000-RH. MMT2004, Kunming, 131(1-7): 304-312.

Colcord J E, 1989. Using fish-eye lens for GPS site reconnaissance. Journal of Surveying Engineering-ASCE, 115(3): 347-352.

Conley R, Lavrakas J W, 2000. Global Implicationson the Removalof Selective Availability//Proceedings of the 2000 IEEE Position Location and Navigation Symposium, SanDie.

Crossley P, 1994. Futureof the Global Positioning System in Power Systems//IEEE Colloquiumon

Developments in the Use of Global Positioning Systems. London: 7/1-7/5.

David D G, 2004. Distinctive image features from scale-invariant keypoints. International Journal of Computer Vision, 60(2): 91-110.

David G L, 2009. Object recognition from local scale-invariant features. International Conference on Computer Vision, 3(1): 1150-1157.

El-Sheimy N, Schwarz K P, 1999. Navigating urban areas by VISAT-A Mobile mapping system integrating GPS/INS/Digital cameras for GIS applications. Navigation: Journal of the Institute of Navigation, 45(4): 275-285.

Fangi G, 2007. The multi-image spherical panoramas as a tool for architectural survey. Proceedings of the ACM, 24(6): 381-395.

Fangi G, 2009. Further developments of the spherical photogrammetry for cultural heritage// 22nd CIPA SymPosiuxn, Kyoto: 1-6.

Fischler M A, Bolles R C, 1981. Random sample consensus: A paradigm for model fitting with application to image analysis and automated cartography. Communications of the ACM, 24(6): 381-395.

George V, Hans G M, 2010. Airborne and Terrestrial Laser Scanning. UK: CRC Press.

He S X, Li D R, Zhong S D, et al., 2004. A portable 3D measuring system// MMT2004, Kunming, 131(1-3).

Herbert T J, 1987. Area projections of fisheye photographic lenses. Agricultural & Forest Meteorology, 39(2-3): 215-223.

Kelley C T, 1999. Iterative Methods for Optimization. Philadelphia: SIAM Press.

Kennedy S, Hamilton J, Martell H, 2008. GPS/INS Integration with the iMAR-FSAS IMU// Shaping the Change XXIII FIG Congress Munich, Germany, Oct 8-13.

Kukko A, Andrei C O, Salminen V, et al., 2007. Road environment mapping system of the Finnish Geodetic Institute–FGI Roamer. Laser Scanning 2007 and SilviLaser 2007, IAPRS, 36(3): 241-247.

Lewandowski W, Petit G, Thomas C, 1993. Precision and accuracy of GPS time transfer. IEEE Transactions on Instrumentation and Measurement, 42(2): 474-479.

Lowe D G, 2009. Object recognition from local scale-invariant features. International Conference on Computer Vision, 3(1): 1150-1157.

Madsen K, Nielsen H B, Tingleff O, 2004. Methods for non-linear least squares problems. Copenhagen: University of Denmark.

Nielsen F, 2005. Surround video: A multihead camera approach. The Visual Computer, 21(1-2): 92-103.

NovAtel, 2017. OEM7 SPAN installation and operation user manual. http://www. novatel. com. OM-20000170 v2: 23-24[2024-03-01].

OpenCPN, 2024. NMEA Communication. https://www. opencpn. org/wiki/dokuwiki/doku. php?id=opencpn:manual_basic:nmea0183[2024-03-01].

Parian J A, Gruena A, 2010. Sensor modeling, self-calibration and accuracy testing of panoramic cameras and laser scanners. ISPRS Journal of Photogrammetry and Remote Sensing, 65(1): 60-76.

Rauch H E, Tung F, Striebel C T, 1965. Maximum likel ihood estimatesof linear dynamic systems. AIAA Journal, 3(8): 1445-1450.

RIGEL, 2009. 2D Laser scanner LMS-Q120i General Description and data interface. http://www. RIGEL.

com[2024-03-01].

RIGEL, 2010. 3D Terrestrial Laser Scaner RIGEL VZ-400 General Description and data interface. http:// www. RIGEL. com[2024-03-01].

Ristevski J, Chon J, Prados M, et al., 2010. Earthmine MARS technology white paper.

Schwarz K P, El-Sheimy, Naser, 1993. VISAT-A mobile high-way survey system of high accuracy// Proceedings of 93'VNIS Conference, Ottawa, Oct. 1993.

Shum H Y, He L W, 1999. Rendering with concentric mosaics. Computer Graphics, ACMSigraph. 299-236 ition(CVPR 1997), Puem Rioo: 237-243.

Slater D, 2010. Using the 6mm Nikon fisheye lens with the Nikon DI camera. http://www. nearfield-com/dall/Photo/Wide/fish/[2023-12-22].

Szeliski R, 1993. Rapid octree construction from image sequences. Computer Vision, Graphics and Image Proeessing: Image Understanding, 58(1): 23-32.

Szeliski R, Kang S B, 1995. Direet Methods for Visual Scene Reconstruction. IEEE Workshop on Representation of Visual Scenes, Cambridge: 26-33.

U-blox, 2008. LEA-4R / TIM-4R ANTARIS 4 GPS Receiver Modules with Dead Reckoning. http://www. u-blox. com[2024-02-01].

U-blox, 2009. LEA -6 u- blox 6 GPS Modules Data Sheet. http://www. u-blox. com[2024-02-01].

U-blox, 2010. LEA-6T u-blox GPS receiver with Precision Timing. http://www. u-blox. com[2024-02-01].

Wald I, Havran V, 2006. On building fast kd-trees for ray tracing, and on doing that in O(NlogN)// IEEE Symposium on Interactive Ray Tracing, Salt Lake City, USA: 61-69.

Weiss M, Zhang V, Nelson L, et al., 1997. DelayVariations in Some GPS Timing Receivers// Proceedings of the 1997 IEEE International Frequency Control Symposium, Orlando, USA.

Xiong Y L, Turkowski K, 1997. Creating image-based VR using a self-calibrating fisheye lens// Proceedings of 1997 Conference on Computer Vision and Patern Recogn, San Juan, Puerto Rico.

Zhao H J, 2008. An efficient extrinsic calibration of a multiple laser scanners and cameras' sensor system on a mobile platform// 2007 IEEE Intelligent Vehicles Symposium, Istanbul, Turkey.

Zhang Z Y, 2000. A flexible new technique for camera calibration. IEEE Transactions on Pattern Analysis and Machine Intelligence, 22(11): 1330-1334.